JN182486

ファイナンス・ライブラリー 13

金融市場の高頻度データ分析

―― データ処理・モデリング・実証分析 ――

林　高樹／佐藤彰洋 著

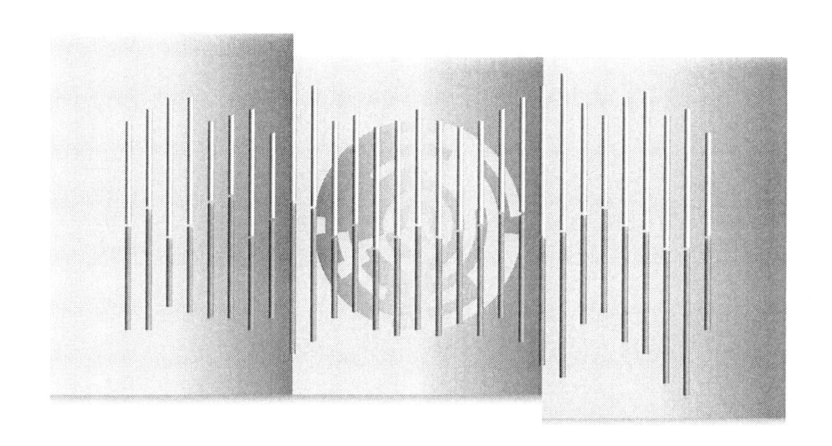

朝倉書店

序

いまや「Volume (ボリューム, 量)」,「Variety (バラエティ, 多様性)」,「Velocity (ベロシティ, 速度)」の「3V」を特徴としてもつ, いわゆる「ビッグデータ」の活用が, 私たちの生きている現代社会の一大関心事となっている.

金融証券市場においては, 1990 年代半ば頃以降「高頻度データ (high-frequency data)」に関する研究活動が盛んに行われている.「ビッグデータ」時代の今日, 高頻度データの応用は大きく広がり, 高頻度データ分析に対するニーズは高まっている. 本書では, これら高頻度データについて, その特徴や代表的なモデル, 分析方法について解説する. 実際の統計分析例も紹介する.

高頻度データとは, 金融証券市場の取引に関するデータで, 特に, 1 日内の取引を記録したデータを指す. そのサンプリング頻度は, 1 分, 5 分, 10 分と言った短時間の等間隔時点における市場情報をスナップショットで記録したものから, 全ての注文, あるいは取引を記録したものまである. 本書執筆時点において入手可能な国内市場の高頻度データは, 最も細かい時間解像度のもので 1 ミリ秒, 米国市場では 1 マイクロ秒である.

高頻度データが生み出される金融証券市場において, いまやスタンダードと言える電子取引であるが, その高速化の進展スピードには目を見張るものがある.

売買プロセスにおける人間の役割は限りなく縮小し, その大部分はマシン (コンピュータ) に取って代わられた. コンピュータ・アルゴリズムを介した売買が, 株式市場においても, 外国為替市場においても大きなシェアを占めるようになってきている. アルゴリズム取引による大口取引の分割発注や高頻度トレード (HFT) による高速・高頻度での注文の発注・キャンセルの繰り返しにより, 気配更新件数, 取引件数は年々増大している. そのようなアルゴリズムを介した取引に対応するように, 市場・取引所のマッチング・エンジン (売買注文同士を付け合わせて取引を成立させるホストコンピュータ) の高速化, 大容量化も進められている.

そのような中, 高頻度データも年を追うごとに時間解像度の微細化が進み, ボリュームも増大している. 例えば, 国内株式の高頻度データを収録している日経 NEEDS の「ティックデータファイル」の「個別株・5 本気配値」の場合, 2006 年頃はテキスト形式に換算して 1 日当たり 1～1.5 GB 程度であったが, 東証によるアローヘッド導入直後の 2010 年においては 1 日当たりで 5 GB を超えるようになった.

2010 年 5 月 6 日, ニューヨーク証券取引所で発生した「フラッシュ・クラッシュ

(Flash Crash)」(数分間にダウ平均が約 1,000 ポイント (9%) 下落. その後大きく値を戻した) にみられるような短時間における大きな価格変動は, HFT/アルゴリズムの普及が要因となっているとの指摘もある. HFT/アルゴリズムの市場シェアが拡大している今日の市場において, 小さな値動きが HFT/アルゴリズムによって増幅され, 金融市場全体を機能不全に陥れる, いわゆる「システミック・リスク」をもたらすのでないかとの危惧もある. 高頻度データの戦略的活用は, いまや金融機関や証券会社を始め全ての市場参加者, 監督当局においてきわめて重要な課題である.

本書が対象とする読者層は, 高頻度データを活用したいと考える実務家や当分野に興味を持つ大学院学生である. 金融に対する基礎知識や, 確率論や統計理論の基礎をすでに学習し, データ解析に関する基本的スキルを有していることを前提としている.

本書の内容理解を深めるため, 本書で掲載しきれなかった補助資料やソフトウエア (**R** や **Perl** のコード) を朝倉書店ウエブサイト (`http://www.asakura.co.jp`) の本書サポートページに掲載し, 初学者が独習できるよう配慮した. 読者の便宜を図るため, 準備編となるテキスト sub.pdf も用意されている. 本書の中で, これらの内容に対する参照が生じるときには, (【補】) により補助資料内の箇所を明記した.

本書は, 計量ファイナンス・金融計量経済学, マイクロストラクチャ, 経済物理学, 人工市場分野における多様なモデルや分析法を紹介し, 読者自ら発展的学習を行えるよう参考文献を数多く掲載した.

高頻度データに関わる研究分野は多岐に渡っているためか, 分野横断的に俯瞰図を与えるような教科書は現在のところ見当たらない. 著者らは, 執筆作業を通じて, 高頻度データ分析の目的や方法論の多様性をあらためて痛感した. 参考となる「モデル」が存在しないこともあり 1 冊の書籍にまとめるのは難しい作業となり, 当初予定をはるかに上回る年数を要してしまった.

本書の構成や内容は, 著者らの当分野における現在までの経験や当分野に対する視点を反映してはいるが, それらは完全なものではない. 本来取り上げるべき内容が, 著者らの視野の狭さや勉強不足により欠落してしまっているかもしれない.

本書執筆開始後も, 急激な市場環境の変化, ICT や AI 技術などの急速な進展を背景にして新たな分析対象や分析手法が次々に生まれ, 広がっている. とりわけ, 注文板データの分析, ヘッドライン・ニュースなど他のデータ・ソースとの同時分析, HFT/アルゴリズム取引に関する分析は, 今後ますます重要となることが予想される. 本書では取り上げなかったが, 著者らは引き続き追いかけていきたいと考えている.

本書執筆に当たり, 生方雅人氏 (釧路公立大学), 太田亘氏 (大阪大学), 黒瀬雄太氏 (関西学院大学), 清水泰隆氏 (早稲田大学), 深澤正彰氏 (大阪大学), 森本孝之氏 (関西学院大学) には原稿に丁寧に目を通して頂き, 多数のコメントを頂いた. また, 小池雄太氏 (首都大学東京) には, コメントの他, **R** コードに関する助言を頂いた. ここに御礼を申し上げる. なお, 当然ながら, 本書に含まれる誤りは全て著者である林・佐藤の責任である.

朝倉書店編集部には, 執筆作業の大幅な遅延により大変ご迷惑をおかけした. 本書の企画から刊行に至るまで木島正明先生 (首都大学東京) には親身なるご相談を頂戴した.

本書執筆は, 直接・間接に複数の研究資金援助のもとに行われた. 林は, 日本学術振興会科学研究費基盤研究 (C) (課題番号 19530186, 2007–2009 年度), 石井証券記念財団 (2008–2009 年), 日本証券奨学財団 (2009–2010 年), 文部科学省科学研究費基盤研究 (A) (代表者 国友直人先生, 課題番号 21243019, 2009–2011 年度) より研究資金を頂いた. 慶應義塾大学学事振興資金 (2012 年度, 2013 年度) の援助も受けた.

佐藤は, 日本学術振興会科学研究費若手研究 (B) (代表者 佐藤彰洋, 課題番号 17760067, 2005–2007 年度), ケン・ミレニアムキャリア支援プログラム (2008–2009 年), 日本学術振興会科学研究費若手研究 (B) (代表者 佐藤彰洋, 課題番号 21760059, 2009–2010 年度), 日本学術振興会科学研究費若手研究 (B) (代表者 佐藤彰洋, 課題番号 23760074, 2011–2012 年度) より研究資金を頂いた.

著者らは, 以上の資金の下で高頻度データの活用に関する研究を遂行し, その成果を本書の中にまとめた.

2016 年 6 月

林　高樹
佐藤彰洋

目　　次

1

高頻度データとは

本章では，高頻度データやそれらを生み出している市場取引について概観する[*1]．世界の主要株式市場に目を向けると，市場の取引価格の刻み幅 (ティック・サイズ) の微小化，取引成立 (約定) スピードの高速化が，年を追うごとに進んでいる．我が国でも，東京証券取引所 (東証) においては 2010 年 1 月に約定システム「アローヘッド (arrowhead)」が導入され，注文処理時間が大幅に短縮された．代替的市場として高速約定と刻み値の小ささを売りとする 2 つの私設取引所 (PTS) (ジャパンネクスト 2008 年 10 月，Chi-X 2010 年 7 月) が相次いで運営を開始した．このような複数ある市場の中から，最も価格のよい市場を見つけて顧客のために注文する SOR (smart order routing) 技術も普及拡大している．トレーディング現場の最前線では，高速の売買シグナル計算や発注，リスク管理にしのぎを削っている．短い間隔で売買を行うこれらの「高頻度トレード (HFT)」や「アルゴリズム取引」の利用が普及する中，高頻度データの有効活用は，取引所や金融証券各社はもちろんのこと，本来は長期投資を行う機関投資家にも関心事となっている．

金融証券市場の高速化に呼応するように，高頻度データのさらなる高頻度化が進んでいる．たとえば，日経 NEEDS は，東証のアローヘッド導入に合わせるように，2010 年 1 月より 1 秒刻みのヒストリカル・データの提供を開始した．ニューヨーク証券取引所 (NYSE) の提供する TAQ データベースは，ミリ秒刻みである．

年々より微細になる高頻度データをつぶさに観察することで一体何がみえてくるのか，興味が尽きない．

1.1 はじめに

「高頻度データ (high-frequency data)」は，金融証券市場における 1 日内の取引を記録したデータである．それには，5 分，10 分など短い時間間隔での市場情報のスナッ

[*1] 本章の 1.2〜1.4 節は，林・吉田 [118]，林 [112] の内容の一部をベースに加筆修正したものである．

プショットの記録から, すべての取引を記録したものまである. そのような高頻度の, 微細な市場取引データを利用することによって, 一体どのような分析ができるようになるのであろうか? それが本書のテーマである.

図 1.1 は, 「大規模データ分析」あるいは「ビッグデータ分析」に関する著者らの理解を 2 次元の概念図として表現したものである. 横軸方向は「時間解像度」を, 縦軸方向は「データ項目数」を表す. 従来の日次, 週次, 月次などの中・低頻度データに対して, 高頻度データは時間解像度の高いデータであり, より右側に位置する.

一方, 分析で扱うデータ項目数が多いデータは, そうでないデータよりもより上方に位置する. たとえば, 金融証券データにおいて, 1 銘柄の価格データのみならず, 取引枚数や売買の種別など複数のデータ項目を同時に分析する場合や, 価格データだけでも複数の株式を同時に分析する場合などがこれに相当する.

このとき, 高頻度領域の分析を行うことになるほど, 分析に用いるデータ項目数が増加するほど, 取り扱うべき「データ量」が増加する. 一般にデータを取り扱うために必要とされる資源 (人, 時間, 設備) は組合せ数の増大に呼応して指数関数的に増大する. 一方, データ分析の結果得られる出力による便益 (あるいは効用) はデータ量に対して高々線形にもしくは対数的に増加 (限界効用が低減) するであろう.

したがって, 分析者は, つねに最大量のデータを分析すればよいのではなく, 資源の投入量 (費用) と出力される便益との間で費用対効果を勘案しながら分析対象となるデータ (量) の決定をしなければならないであろう. そして, このような「分析可能領域」は, 分析者の有する資源の質・量によって異なるであろう. なお, 現在の技術水準において取り扱うことが可能な「計算可能限界」のフロンティアが分析可能領域の外側に広がっていると思われる.

現在のコンピュータの高精度化に伴いこれまで取り扱うことができなかった規模の

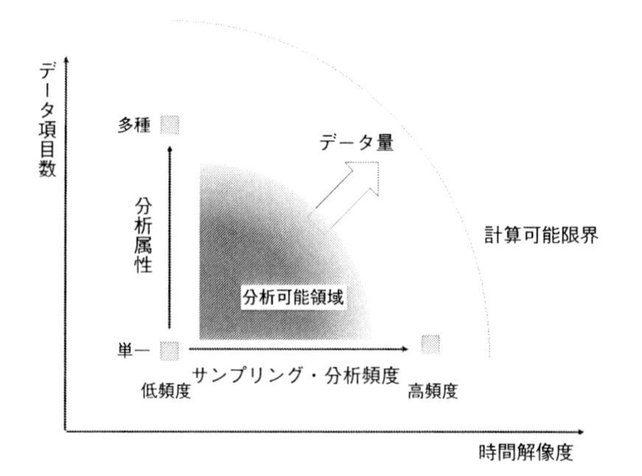

図 1.1 大規模データの分析可能領域と計算限界領域: 時間解像度, データ項目数, データ量との関係

データや, 計算が困難であった分析方法・計算アルゴリズムが利用できるようになってきている. そのため, 計算可能限界のフロンティアは年を追うごとに外側へと広がっており, これまで不可能と思われてきた事柄を実際に計算できるようになってきている. しかしながら, そもそも分析者自らが利用できる資源のキャパシティ (容量) には限度があるわけだから, これから分析しようとする高頻度データの項目数と時間解像度がそれに収まるかを判断してデータの抽出や加工をすることは大切である.

情報ネットワーク技術の発展を背景とした「商取引の電子化」がさまざまなビジネス分野で進行している中, 金融証券市場においても, 場所や時間にかかわらない取引が急拡大している. ヘッジファンド, オイルマネー, 政府系ファンドなど, 世界の各地で集積された富は, いまや収益機会を求めて国境を日常的に越えて移動する. そして電子化された取引情報は, 一方では, 瞬時に配信され市場参加者の自動・手動による意思決定や売買行動に利用され, 他方では, ヒストリカル・データとして蓄積され高度なトレーディング戦略策定やリスク管理技術の開発などに利用されている. 高頻度データを手にすることにより, それまで計測が難しかった市場リスク量をより正確かつ遅延なく計測することができ, また市場の詳細な変動を可視化することで市場に対する理解を深めることができるようになる. すなわち, 高頻度データの活用を通じてより望ましい金融意思決定へとつながることが期待されるのである.

本書で取り上げる「高頻度データ」の分析やその利用法の研究は, 計量ファイナンス/金融計量経済学/統計学, 実証ファイナンス/マイクロストラクチャ, オペレーションズ・リサーチ, 情報科学, 経済物理学などさまざまな分野にかかわる学際的な研究領域である. 金融証券市場の「高速化」が進み, データの量やカバレッジが年を追うごとに増大する中, 高頻度データの有効利用に関する研究の重要性は増すばかりである.

ひとくちに高頻度データといっても, 実際にはさまざまな種類やデータ項目がある. 個々の取引のデータ, すなわち, 価格 (約定価格, 気配値), 時刻, 取引量, 売買の方向のほかに, その取引の行われた市場, その他の取引情報 (取引の相手種類や名前 : 対顧客・対ブローカー・対ディーラー), さらには, ディーラーの在庫, トレーダーの取引履歴, オークション市場における注文板の情報などバラエティに富んでいる. これらの中には有償無償の一般に入手可能なデータもあるが, 当事者しかアクセスできないデータもある. 本書では, 一般の人がアクセス可能な高頻度データのみを対象としているが, 特定の人しか入手できないデータセットを使えばより新たな分析が可能となるのはいうまでもない.

また, 本書が対象とするのは, 株式市場と外国為替市場の高頻度データである. それ以外の市場, 特に, 債券市場や金利市場においては, 金利やキャッシュフローの発生期日, 信用リスクなどの項目が分析に不可欠な要素として加わる.

金融証券時系列データに対しては, これまでさまざまな実証分析に基づいて定型化された事実 (stylized facts) が報告されている. 歴史が相対的に浅い高頻度データ分析においても同様である. 詳細は本書の中で順次取り上げるが, 大まかに述べれば, 高頻度データは,「金融時系列データに典型的な特徴」+「高頻度データに特有な特徴」の両方を兼ね備えており, さらに,「高頻度データに特有な特徴」についても,「全市場・証券に共通する特徴」+「その市場・証券に特有な特徴」を持っているといえよう. こういった特徴を持つ高頻度データを個々の目的に応じてモデル化し分析してゆくことになる.

1.2 高頻度データと市場取引

図 1.1 に表現したように, 高頻度データの特徴はまずデータ・サイズが大きいことである. たとえば, 日経 NEEDS の「ティックデータファイル」に収録されている国内株式の高頻度データ, たとえば,「個別株・5 本気配値」(ヒストリカル) は, アローヘッド導入年である 2010 年のデータでは, テキスト形式で 1 日あたり 5 GB 程度にもなる. Excel などの標準的なデータ分析のソフトで直接扱うのは困難である.

高頻度データ分析は, 他分野における大規模データ分析と同様に, きわめて労働集約的である. 分析に先立ち, 通常, データのクリーニングや整形に大きな労力を要する. 高頻度データは非常に短い時間間隔での市場の動きを克明に記録したデータであるがゆえに, 入力ミスやシステムの故障などに伴うエラーが含まれる可能性もある. さらには, データのサンプル間隔が不均等であったり, 取引の成立の仕方などに関するフラグが付随していたりなど, 特別な対応も必要となる. 中・低頻度の証券価格の分析と同様に, 市場の統廃合, M&A による企業統廃合, 株式の額面変更・株式分割などのイベントについてもデータの調整や前処理が施されなければならない.

高頻度データは日次以上の金融時系列データでは観察することのできない実証的性質を有する. たとえば, 株式市場においては, 1 日内において, 市場の開場 (オープン) 直後と閉場 (クローズ) 間近においてボラティリティが高かったり, 取引量が多い, あるいはビッド・アスク・スプレッドの幅が広いなどの「U 字型 (U-shape)」と呼ばれる現象がみられる. 一方, 1 日 24 時間取引される為替データであれば, 東京時間, ロンドン時間, ニューヨーク時間と主要取引市場の昼間時間の推移に応じた為替の値動きや取引量の変化がみられる. これらは,「日内季節性 (intraday seasonality)」と呼ばれる. そして, 特に外国為替市場においては, 1 週間内単位での規則性を持つことも知られており, 日内季節性と混じり合った複雑なパターンを示す.

さらには, 取引の詳細を高頻度で記録したデータであるがゆえに, データとして記録されるに至った取引プロセスや, その背後にある市場の取引形態やルールを直接反映したものとなっている. これらが価格形成に及ぼす影響を研究する学問分野は「マーケット・マイクロストラクチャ (market microstructure)」研究と呼ばれ, 今日ファイナンスの主要研究領域のひとつである. データ分析の目的に応じて, 市場のマイクロストラクチャを適切に考慮し, 反映させねばならない.

高頻度データ分析は, マイクロストラクチャ研究にとどまらず, これまでにさまざまな目的で数多くの研究者によってなされてきている. 代表的な参考書として, [60] が挙げられる.

市場には, 通常, 実際の取引に用いられる清算 (約定) 価格と, 取引に先立って潜在的な取引の相手方に対して示される売り希望価格 (アスク (ask), オファー (offer)) や買い希望価格 (ビッド (bid)) などの気配価格がある. そこで高頻度データにも,「約定」の記録と, 必ずしも約定には至らない売り買いの「気配」の記録の 2 種類が存在する. これら 1 回更新されるごとの値動きをティックと呼ぶことから, 高頻度データのうち, 特に, 取引が行われるたびに記録されたデータをティック・バイ・ティック (tick-by-tick) データ, あるいは単に, ティックデータ, と呼ぶことも多い. 超高頻度 (ultra high-frequency) データと呼ぶこともある. なお, 取引には直前の取引からの価格変化を伴うものと, 伴わないものがあることから, すべてを記録したものを「取引データ/取引時刻 (transaction data/transaction time)」, 価格変化を伴う取引のみを記録したものを「ティックデータ/ティック時刻 (tick data/tick time)」と区別して呼ぶ研究者もいる [96].

高頻度データの形式と粒度

本書で対象とするのは, 電子化された注文板市場において生成された高頻度データである. 高頻度データには通常, 当該注文や取引に関連する種々のフラグが付随するが, データに含まれるべき最も根本的な情報は, それが約定データであれば, (約定時刻, 約定価格, 約定枚数) の 3 項目, 気配データであれば, (気配更新時刻, 売買の方向, 気配価格, (累積) 気配枚数, 気配レベル) の 5 項目である. ただし, 売買の方向とはビッド (bid; 買い注文), アスク (ask; 売り注文) の 2 種類, 気配レベルとは, 売りサイドであれば最も安い価格を基準としたときのその価格の水準, 買いサイドであれば反対に最も高い値段を基準としたときのその価格の水準である.

気配データは, 異なる気配レベルや売買の方向を持つレコードを同時刻ごとに集めることで, その時点での「注文板」を再現することができる (「注文板データ」).

一方, そもそも約定記録や気配記録を別データに分けず, 注文の種類情報 (新規指値注文, 既存指値注文の取消, 既存指値注文に対する即時約定注文) を付与し, これら異なる種類, 異なる売買方向を持った注文が時間の経過とともに市場に到着する様子を再現する「注文フロー・データ」もある.

本書では, 簡便のため, 約定時刻や気配更新時刻をまとめて「タイムスタンプ」と呼ぶことにする.

提供されるデータセットは, 分析の目的に応じて分析可能な形式へと加工せねばならない. 通常, 気配データのほうがデータ項目が多く, かつデータ件数も多いので, 作業はより煩雑である.

なかでも, 金融データの分析の中心は, 価格変動に関するものである. よって多くの場合 (タイムスタンプ, 価格) の 2 項目を切り出しての分析が行われることになる. その際に, 高頻度データの分析ゆえに, 厄介な問題として浮上するのが, データの粒度である. すなわち, 市場価格は連続変量ではなく, 最小の刻み値 (ティック・サイズ) が存在するし, タイムスタンプも記録上の時間解像度が存在する. より高頻度での分析を試みれば試みるほど, これら時間軸や価格空間の“離散性”の影響が無視できなくなってくることにまず警鐘をならしたい.

さらに, 長期間の高頻度データを分析に使用する場合には, 市場インフラのバージョンアップ (マッチング・エンジンの高速化によるタイムスタンプの時間解像度の細密化とティック・サイズの細分化など) によるデータのスペックの変化についても十分に注意が必要である.

表 1.1 は, 日経 NEEDS「ティックデータファイル (指数先物・オプション・5 本気配値版) (ヒストリカル)」に収録されている日経平均先物データの例 (切出し後) である. 大阪証券取引所 (現在の大阪取引所) のデータが 1 秒間隔となった同年 2 月 27 日から同先物 6 月限の最終取引日 6 月 8 日までの総取引レコード件数は 523,701 件 (ただし, 約定の伴わない終値のレコードを除く), サイズは約 45 MB である. さらに, 1 秒内発生した複数の取引を 1 つに集約した場合には, 総レコード数は 321,355 件に圧縮される. データ日付は 2006 年 3 月 2 日 (ちなみに, 同日の約定レコード総数は 413 件であった), 開場直後の約定記録の最初の 12 件である. データセットの項目数全 15 列のデータ項目のうちの 6 列を掲載する. 第 1 列はデータ日付, 第 2 列が取引時刻 (時分), 第 3 列は上 2 桁が秒を, 下 2 桁は同一秒内にあるレコードの順番を表す (すなわち, 第 2, 3 列によって秒単位のタイムスタンプを復元できる). 第 4 列は約定価格, 第 5 列は出来高 (1 枚単位), 第 6 列は約定種別 (寄付=1, 直前の買い気配で約定=16, 直前の売り気配で約定=48, など) を表す.

表 1.2 は, 同日の気配データを並べ換えることで得られた注文板の短時間での推移である. 各中央の数字は指値水準, 左側は売り注文の枚数, 右側は買い注文の枚数を表す. (1) は, 取引時刻 9 時 0 分 30 秒, 寄付直後の様子であり, (2) は 9 時 0 分 30 秒, 最

表 1.1　ティックデータの例： 日経平均先物 2006 年 6 月限 (2006 年 3 月 2 日)

20060302	0900	3001	16010	63	1
20060302	0900	3004	16020	1	48
20060302	0900	3205	16020	1	48
20060302	0901	0203	16020	5	48
20060302	0901	0601	16020	7	16
20060302	0902	2203	16010	1	16
20060302	0902	2701	16000	1	16
20060302	0902	5001	16000	1	16
20060302	0903	1701	16010	10	48
20060302	0903	1807	16000	5	16
20060302	0903	3601	16020	2	48
20060302	0903	3903	16010	1	16

表 **1.2** 注文板の変化： 日経平均先物 2006 年 6 月限 (2006 年 3 月 2 日)

(1)			(2)			(3)		
37	16,090		37	16,090		37	16,090	
48	16,080		48	16,080		48	16,080	
45	16,070		45	16,070		45	16,070	
41	16,060		41	16,060		41	16,060	
45	16,050		45	16,050		45	16,050	
42	16,040		42	16,040		42	16,040	
86	16,030		86	16,030		91	16,030	
14	16,020		13	16,020		13	16,020	
	16,010			16,010			16,010	
	16,000	49		16,000	49		16,000	49
	15,990	32		15,990	32		15,990	32
	15,980	31		15,980	31		15,980	31
	15,970	30		15,970	30		15,970	30
	15,960	31		15,960	31		15,960	31
	15,950	30		15,950	30		15,950	30
	15,940	38		15,940	38		15,940	38
	15,930	62		15,930	62		15,930	62

良売り気配 16,020 円に対して即時買い注文 1 枚が入り取引が約定した時点, (3) は 9 時 0 分 32 秒, 指値 16,030 円の売り注文 5 枚が板に追加された直後の様子である．このように, 複数気配が記録されたティックデータを用いることにより, 注文板が約定や新規指値注文の到着・取り消しによって少しずつ更新される様子を再現することができる．ここで紹介した日経 NEEDS のティックデータでは, 売り買い各々 8 気配まで記録されている．

1.3　高頻度データと市場のマイクロストラクチャ

ファイナンス分野では,「取引の仕組み (メカニズム) が価格形成のプロセスに与える影響を分析する研究」[179] が 1970 年代に始まって以降活発になされており, それらの成果は総称して**市場のマイクロストラクチャ理論** (market microstructure theory) と呼ばれている．上で解説したような株式売買における, ザラ場方式や板寄方式などの売買約定方式, 単位株制度, ティック・サイズや 1 日の制限値幅の大きさなどは, マイクロストラクチャ理論における「取引の仕組み」を構成する典型的な要素である．市場のマイクロストラクチャ理論あるいは実証研究に関する代表的な教科書としては, たとえば, [106, 179] を参照せよ．

マイクロストラクチャ理論においては, 証券価格の挙動を, マクロ的にみるのではなく, 個別の市場参加者の行動の集積の結果であると考える．Lyons [159: p.5] は, マイクロストラクチャ分析を特徴付ける変数として, **注文フロー** (order flow, 符号付き取引量) およびビッド・アスク・スプレッドをあげている.

マイクロストラクチャ研究における, 市場参加者の行動を説明するための主要なモデルとして, **在庫 (管理) モデル**, **非対称情報モデル**がある. 在庫管理モデルでは, 価格と注文フローの不確実性が, どのように価格 (ビッド, アスク) に影響を及ぼすかという問題を, マーケット・メーカーがリスク回避度に応じて設定した範囲内に在庫を調整することに腐心する (最適化によって価格を決定する) という在庫管理問題と, トレーダーにとっての売買執行問題としてとらえる. 非対称情報モデルは, 情報の非対称性が証券の価格形成プロセスに及ぼす影響について分析するモデルである.

非対称情報モデルでは, そのような市場においては, 「取引が情報を伝達し, それが市場価格に永続的なインパクトをもたらす」という考え方をする. ある 1 つの取引が価格に与える影響は, 「トレーダーの母集団中の潜在的な情報トレーダーの割合」, 「私的情報の正確さ」, 「潜在的な情報トレーダーが実際に私的情報を持っている確率」などの要因に左右される. そして, 実証的マイクロストラクチャ研究において, このような「情報の非対称性の度合」が価格にもたらすインパクトの大きさを実証的に計測しようとする試みがなされる [104]. 特に, 取引を成立させるディーラー (マーケット・メーカー) の逆選択の程度に焦点をあてた議論がなされる.

情報の非対称性を扱う代表的なアプローチとして, Kyle [149] が提案した**戦略的取引モデル** (strategic trade model, または, strategic trader model) と, Copeland and Galai [56], Glosten and Milgrom [88], Easley and O'Hara [67] らによる**逐次取引モデル** (sequential trade model) があげられる.

市場のマイクロストラクチャは, 個々の取引の履歴である高頻度データに直接的な影響を与えている. 当然ながら, 高頻度データを用いた分析や研究を行うに際しては, その目的に応じて, 市場のマイクロストラクチャを適切に考慮する必要がある. 高頻度データの利用法をマイクロストラクチャ研究の立場から概説した論文としては, たとえば [91] を参照せよ. ここでは, 研究を 4 つのグループに分けて説明する.

(1) たとえば, 高頻度データを使って, マイクロストラクチャ理論の妥当性を検証する研究がある. そこでは, 価格は市場参加者の意思決定が集積された結果として形成される観測量であり, 典型的には参加者の行動を記述する構造的モデルが主要素となる. モデルの観察可能な特性を導出できれば, 高頻度データによって理論の妥当性の検証を行うことができる. さらに, モデルが妥当であれば, 高頻度データを用いてモデルのもたらすさまざまな理論値を実際に計測することも可能となる. たとえば, 上記の非対称情報モデルに対する実証分析では, 情報の非対称性の程度が価格にもたらすインパクトの大きさを実証的に計測しようとする試みがそのような研究の一例である.

(2) 次に, 取引データの統計的性質, 特にその時系列構造に焦点をあてる研究がある. ここでは, 価格形成メカニズムなる「ブラックボックス」を解明することよりも, 高頻度データの記述性が重視される. つまり, データと整合的な統計的モデルを構築することによって, より現象をうまく説明することを目指し, さらには価格やボラティリティなどの短期予測を行ったり取引などの意思決定に役立てようとする立場である. 主に本書の第4〜6章がこれに対応する.

(3) さらに, 観測数が多いゆえに高頻度データを用いるという研究もある. この種の研究においては,「効率価格」などの証券の本質的価値部分や「中・低頻度」での価格変動特性を分析するために高頻度データが使われる. したがって, マイクロストラクチャ自体には基本的には関心を持たず, むしろそれらは観測値を汚染するノイズの発生源として扱われる. 実現ボラティリティ研究が代表例である. このグループの研究では,「マイクロストラクチャ・ノイズ」,「マイクロストラクチャ汚染」などの用語が使われることに大きな特徴がある. 実現ボラティリティは, 第7章で扱う.

(4) 一方, 高頻度データを用いる研究の中には, 元来高頻度データ分析と異なる文脈において研究開発されてきた統計的方法論を, 高頻度データに応用するものもある. 観測頻度やサンプル数, データの基本的性質がその方法論の前提条件を満たす限りにおいて, それを適用しようという立場である. ただし, それらの方法論は元来マイクロストラクチャの存在自体を念頭においていないことから高頻度データへの応用に際しては十分な注意が必要となる. 本書では, ARCH/GARCH モデルの応用 (第5章) などが該当する.

1.4　高頻度データの応用分野

高頻度データ分析は, さまざまな目的で行われている.

- **市場リスクの計測**

  日次かそれ以上の期間の市場ボラティリティや相関係数の計測. 市場特性の理解. 流動性 (売買頻度, 出来高, ボラティリティ, スプレッドなど) の計測. オフラインでのリスク管理.

- **市場という「複雑系」システムの理解・知識発見**

  市場の仕組み・ルールや市場参加者の異質性などが, 価格形成や取引量などの観測量に及ぼす影響の分析. ネットワーク構造の理解. 個々のエージェントの行動の集積の結果として起こる, 市場全体の挙動, 特に「フラッシュ・クラッシュ」などの「創発現象」の解明.

- **金融意思決定**

  – アルゴリズム取引 (algorithmic trading)： マーケット・インパクトと注文約定率のトレード・オフのある中で, 大量の注文を短期間に執行させるにはどうすればよいかという,「バイ・サイド」に対して提供される注文執行サービス.

  - 高頻度トレード (high-frequency trading): 高頻度での売買による収益の追求. 注文板情報に基づいた最適な注文方法・価格・量の選択およびキャンセルの戦略.
  - 市場リスクのモニタリング・ポジション管理: ボラティリティ・相関係数, 流動性などのオンラインでのモニタリングやリスク管理.
- 市場制度・アーキテクチャ, 取引ルールなどの設計, 改革の提言

  アルゴリズム取引や高頻度トレードの普及に伴う発注件数やキャンセル件数増大に対する取引ルールの改正. 取引所のホスト・コンピュータの最適設計. 一部の市場参加者のみが恩恵を受けるのではなく, 実体経済さらには社会全体にとって望ましい市場設計の追求.
- 市場の監視, 秩序・機能の維持

  金融機関や金融当局による, 市場ボラティリティや流動性のモニタリング・市場の行きすぎた変動に対する予防策の発動. インサイダー・トレーディングや見せ玉による相場操縦などの監視・不正行為の摘発.

未だ学術研究が実務の最前線に追いついていない領域があるものの, 年々世界の主要市場の注文処理スピードの高速化が進み, 高頻度データの蓄積が飛躍的に進む中で, 高頻度データの活用法に関する研究の意義は今後さらに高まるであろう. さらに, 本書の意味するところの高頻度データではないが, 市場参加者が参照しているニュース情報, 特にヘッドライン・ニュースのテキスト解析を金融意思決定に応用する研究も進んでいる. 高頻度データをこのようなヘッドライン・ニュースなど異なる情報と同時に分析することで, より高度な分析や良質な意思決定へつながることも期待される.

金融証券市場において今や大きな存在感を示しているアルゴリズム取引や高頻度トレードについては本書では扱わない. 興味のある読者は, [6] や [133] などを参照されたい.

高頻度データのモデリングや分析は, 歴史的に, 実証ファイナンス/マイクロストラクチャ, 計量ファイナンス/金融計量経済学, 経済物理学分野へと広がってきたが, いまや, オペレーションズ・リサーチや確率解析/数理ファイナンスの研究者も次々に研究に着手し始めており, 文字通り「百家争鳴」の状況にある.

2

高頻度データ分析の方法

本章では，高頻度データ分析を扱う上での準備や技法，特にソフトウエアでのバッチ処理法や分析用データセットへの加工法，分析結果の集計法について解説する．金融時系列データは，証券，債券，金利，為替といった多くの種類があるばかりでなく，個々の金融証券の価格，約定枚数をはじめとする市場取引データ，それら金融証券の個別属性に関するデータなど多岐にわたり，元来多変量である．また，高頻度データは，サンプリング頻度が 1 日内，すなわち分次や秒次，あるいは個々の取引や注文 1 つずつであったりすることからきわめて多数のデータ点を有している．さらに，近年の金融証券取引の自動化の普及の結果次々に自動生成されるデータの量やその生成スピードは人間の情報処理能力をはるかに上回る．

これらのことを考慮し，金融高頻度データを取り扱う場合，コンピュータを用いたバッチ処理 (データ処理・分析作業の一部あるいは完全自動化) が必要不可欠である．バッチ処理化にはデータ加工の自動処理化とデータの統計的分析の自動処理化の 2 種類が大きく分けて存在する．コンピュータのソフトウエアは得意とする分野ごとに発展してきている．高頻度データを分析する上での工夫としてデータの取り出しや加工はスクリプト言語 (**Perl**, **Ruby**, **PHP**, **Python** など) を用いることが有効である．また，データの統計分析には統計計算用言語 (**R**, **S-PLUS**, **MATLAB**, **Octave** など) を用いることにより多くのパッケージを利用することが可能である．

データの統計分析とデータの加工を組み合わせて複数のファイルの処理の自動化を行うことが分析プログラムの開発期間を短縮しつつ信頼性の高い統計分析を行う上で有効となる．本章で紹介する分析方法は，代表的な統計分析ソフトウエア **R** とスクリプト言語 **Perl** を用いて実行可能である．併設のウエブページに基本的な操作とサンプル・プログラムを記載してあるので，読者はこのウエブページの対応箇所を参考にされたい[*1)]．

さらに，データ分析前の準備，具体的にはデータの処理方法としての「直列法」と「並列法」の考え方と，最重要データ項目である価格やタイムスタンプに関して事前決

---

*1) 本書ウエブサポートページの「統計分析ソフトウエア R」および「Perl スクリプトとの組み合わせ」が該当する．

定すべき要素について解説し, さらには, 個別の分析結果の集計方法について代表的なアプローチを 1 つ紹介する.

2.1 分析前の決定事項：時間軸と価格の選択

一般に, 手元にあるデータを用いて分析を行う場合には, その目的に合致するような手続を選択しデータ処理する必要があるが, 高頻度データ分析においては, 高頻度データであるがゆえに留意すべき事項がある. 以下では, 高頻度データにおいて最も重要な項目である, タイムスタンプおよび価格に関して, 分析者があらかじめ決めねばならない要素について述べる. さらに, 市場の開始直後・終了前時間帯のデータに関する留意点についても述べる.

2.1.1 時間軸の選択

1 日内の取引データの最も細かいものは, すべての約定, あるいはすべての気配更新を記録したティックデータである. このような市場参加者の個別の行動は, 不規則な時点に市場に届くことから, ティックデータは時間的に「不等間隔」に並ぶことになる. 気配データであれば, その指値注文が市場に到着した時刻, 約定データであれば, その取引が成立 (マッチング) した時刻が, 通常, ティックデータの記録時刻 (「タイムスタンプ」) として, データに収録されることになる.

さて, このような不等間隔データに対して, 標準的な時系列解析の手法を適用しようとすれば, 不等間隔であることを考慮せずにそのまま等間隔データとして扱うか, あるいは, 本来あるべき等間隔グリッド上の点において観測データが一部欠損しているとみなし, それを何らかの方法で補間することで等間隔データに変換して処理するアプローチがまず考えられるだろう.

前者は, あるデータをそのまま適用するためデータの前処理が不要であり操作上は最も簡単であるが, 当然ながら分析において不等間隔性を考えなくともよいケースにのみ妥当なアプローチである. 一方, 後者においては, 適当なグリッドの大きさの決定とデータの補間方法の選択が必要となる. たとえば, 実現ボラティリティの計測 (第 7 章参照) にあたっては, 価格に関する全ティックデータを用いるのではなく, 5 分から 10 分間隔程度のグリッドから計算される対数収益率を用いて計算するのが実用的とされてきた. 等間隔に並ぶ価格データ系列の作成として, 所与の間隔を持つ等間隔グリッドに対して, 各グリッド点の時間的に前後する 2 つの価格より線形補間する方法や, 各グリッド点において時間的に一番直近に記録された価格を埋める方法 (直近ティック補間法) が用いられる. 実現ボラティリティ計測の際には, 後者のほうが望ましいことが示されている.

一方, 不等間隔データを不等間隔データとして扱う場合には, 取引間隔 (デュレーション) 自体に興味があり分析の対象となる場合や, 興味はないが別の分析に影響を及ぼす場合があろう. 特に, タイムスタンプと価格データとが独立ではないと考えられるケースは, タイムスタンプが価格変動の特性に関する情報を含んでいる可能性があるため, 注意が必要となる. なお, 不等間隔データをそのまま扱う分析手法はこれまでのところあまり多くはなく, 今後の研究開発が待たれる.

通常, 私たちがある時系列を「等間隔」あるいは「不等間隔」に並んでいると言う場合, 連続的に進む物理的な時間, すなわち「暦時間」を基準に考える.

一方, 暦時間に対して, 金融証券市場において市場参加者の感じる心理的な「時計」のスピードは, 相場の動きや彼らの取引活動の程度によって, 暦時間に対して速く動いたり遅く動いたりするとも考えられる. たとえば市場が熱気にあふれ取引が活発に行われるときには市場参加者はあっという間に時間が過ぎるように感じるであろう. 実際, 分析にあたり暦時間とは異なるスピードで進む代替的時間を考えることでモデルが単純化されたり分析が容易になったりすることがある. 一番単純な代替的時間の例として, 取引が発生するたびに時計の針が 1 回進むような, 取引件数を用いることが考えられる. これは, 「取引時間 (transaction time)」, 「トレード時間 (trade time)」などと呼ばれる. また, ティックデータには通常価格変化を伴わない取引 (「ゼロリターン」) が多数含まれるため, 研究の目的によっては, それらを除去し, 価格変化のあるたびに時計の針が進むと考える「ティック時間 (tick time)」が用いられることもある.

さらには, 市場の活発度を反映した時計として, 取引件数や, 取引枚数などの観測可能な数量を時間の代理変数として用いたり, 直接観測可能ではない場合であっても, 分析の都合上別の時計を概念的に導入することもなされる. これらの暦時間にかわる別の時間は, 文献において「市場時間 (market time)」, 「活動時間 (activity time)」, 「オペレーション時間 (operational time)」, 「ビジネス時間 (business time)」, 「経済時間 (economic time)」などと呼ばれる.

以上のような暦時間から代替的時間への時間軸の読み替えないし変換は, 「時間変更法」と呼ばれる確率過程論における標準的な技法で表現することができる. ある確率過程 $Y(t)$ が単調増加関数 $\theta(t)$ と別の確率過程 $X(s)$ によって

$$Y(t) = X(\theta(t))$$

のように表現されるとき, 元の時間 t から別の時間 s への時間軸の変更を行う関数 $s = \theta(t)$, またはその時間軸変換を**時間変更** (time change) と呼ぶ. 実用上は, Y が (離散時点で) 観測可能 (数学的に扱いにくい), X は直接観測不能 (数学的に扱いやすい), θ は (代理変数を通じて) 観察可能といったパターンが多いようである. 図 2.1 は, 時間変更の概念図である.

Dacorogna et al. [59] は「θ-時間」と彼らの呼ぶビジネス時間尺度を導入し, 外国為替市場の実証分析を行った. 高頻度データ分析における時間変更法の応用に関しては [111] を参照されたい.

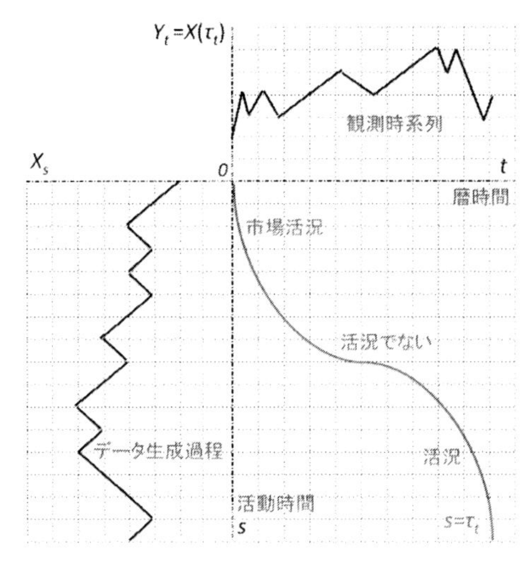

図 2.1　時間変更の例
活動時間軸上を (一定速度で) 進展するデータ生成過程 X が, 暦時間軸上で伸縮しながら確率過程 Y として観察される.

2.1.2　価格データの選択

電子注文板市場においては,「市場価格」として分析に使える候補の数値が複数存在する. 第 1 章でも述べた通り, 電子注文板市場においては, 通常, 最良売り気配・買い気配を中心として複数の希望価格ごとに指値注文の待ち行列 (価格と総注文数量) が形成されており, しかもそれらが時々刻々と更新されていく. そしてそれらの注文板上に並ぶ指値注文を目がけて, 即時執行を希望する指値注文や成行注文が適宜入ってきて, 売買注文の付け合わせ (マッチング) が行われる.

そこで,「市場価格」系列データには, 大別して気配データから作られる系列と, 約定データから作られる系列がある. 気配データから作られる系列には, 最良売り気配のみの系列, 最良買い気配のみの系列のほか, 最良売り気配と最良買い気配の中間値である仲値の系列がある.

気配価格は, あくまでも取引の希望価格であり, 実際に取引が成立したものではない. 最良気配の単純平均 (文献によっては幾何平均) である仲値が「市場価格」として使われることも多いが, 反面, 取引量の多い大型株など最良気配数量が非常に多い銘柄の場合には, 仲値が 1 日を通じてほとんど一定である日などがしばしば発生し, 短時間価格予測やボラティリティ推定などの目的には適さないことになる. 一方, 約定価格は文字通り実際に取引が成立した価格である. 分析目的にもよるが, 証券の「価値」を表す値としてより妥当なものとも考えられる. その反面, 約定価格系列は, 気配更新回数よりもデータ件数ははるかに少ない. さらに, 全約定を記録したティックデータにおいては「ビッド・アスク・バウンス現象」(第 4 章参照) と呼ばれる実証的特徴が現れ, ボラティリティ推定などの際にバイアスの原因となってしまうなど利用上の注意も必要である. すなわち, あらかじめ直前の複数個の約定価格の平均値をとる (pre-averaging) など, 利用目的に応じた適切な前処理が必要となってくる.

なお, 現時点では一般的ではないが, 市場参加者のリアルタイムの動きを反映しにくい仲値の代替的アプローチとして, 最良売り気配と最良買い気配の各々の気配数量が入手可能な場合には, それらの逆数を重みとした仲値である「マイクロ・プライス」系列が用いられることもある [84, 114]. 最良売り気配価格を A, 数量を Q^A, 最良買い気配価格を B, 数量を Q^B とすると, マイクロ・プライスは以下のように与えられる:

$$M = \frac{B \cdot Q^A + A \cdot Q^B}{Q^A + Q^B}.$$

定義から明らかな通り, マイクロ・プライス M は, 最良気配値 A, B がまったく変化せずとも, どちらかに追加の指値注文が入ったり, キャンセルが入ったりすることで数量 Q^A, Q^B が変化すれば, 直ちに反応する. たとえば, 最良買い気配 B に追加の指値注文が入り Q^B が増加すれば, M は上昇し, 逆にキャンセルや B に対して即時執行を求める成行注文や指値注文が入り Q^B が減少すれば, M は下落する.

図 2.2 は, 注文板データをもとにして計算することのできるこれら複数の価格の変化の様子を例示したものである. 図からも明らかなように, マイクロ・プライスが一番激しい動きをする.

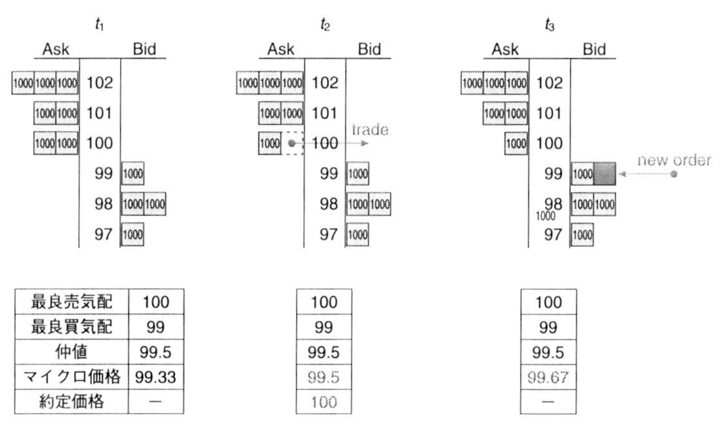

	t_1	t_2	t_3
最良売気配	100	100	100
最良買気配	99	99	99
仲値	99.5	99.5	99.5
マイクロ価格	99.33	99.5	99.67
約定価格	—	100	—

図 2.2　注文板市場における価格変動の例

2.1.3　市場の開始直後・終了前時間帯への対応

高頻度データにおいては, 日次やそれ以上の長い等間隔のデータと違い, 1 日の中で規則的, あるいは不規則にデータの存在しない空白の時間帯があるため, しばしばデータの前処理が面倒になる.

たとえば, 東証データであれば, 現物株式の取引時間 (立会時間) は 平日の午前 9 時から 11 時半 (前場), 午後は 12 時半から 15 時 (後場) である (2013 年 10 月時点) が, 夜間 (オーバーナイト) に加えて, 昼休み (ランチブレーク) をはさんだ収益率を含めて分析するか否かは, ケース・バイ・ケースで判断する必要がある.

また, 個別銘柄の約定ティックデータより等間隔データを生成する (サブサンプル) 場合を考えてみよう. たとえば, 3 分間隔の収益率データを生成する場合, 寄付 (始値) は必ずしも 9 時ちょうどとならないことから, 3 分間隔グリッドをきっちりと 9 時ちょうどスタートとして定義 $(9:00:00, 9:03:00, 9:09:00, \ldots)$ するべきか, 寄付時点をスタートとしてグリッドを定義 (たとえば, $9:02:33, 9:05:33, 9:08:33, \ldots$) するべきか, どちらがよいかは一概にはいえない. 後者においてはデータをより有効に活用できるかもしれないが, 反面, 等間隔データにもかかわらず日によってデータ件数が一定にならず, また, 異なる銘柄データが非同期のグリッドを持つことになり多変量解析を行う場合には望ましくない.

24 時間取引の可能な外国為替市場においても, 明確な市場の開場・閉場時間が存在しないことから, ティックデータから等間隔データを生成する場合には, 同様な課題に直面する.

既存研究 (例, [72]) では, しばしば, 市場の開始や終了前の数分間のデータを, 価格形成における非定常性を理由に除去することが行われる. 取引量の異なる銘柄に対して同一時間長のデータを切り捨てることの妥当性は吟味されねばならないが, このような処理を施しながら等間隔データを作成すれば, 1 日あたりのデータ件数が固定され, 異なる銘柄間のグリッドの同期性は保たれることにはなる.

2.2 複数日にまたがる高頻度データの処理:「直列法」と「並列法」

さて, 1 日内のデータである高頻度データが, 複数の日にわたって収録されている場合, それをまとめて分析する方法として, 2 通りのアプローチが考えられる. 第一の方法は, 異なる日の 1 日内データを日付順にそのままつないでいき, 1 本の時系列データに合成する方法であり, 一般的に行われる方法である. すなわち, いま第 j 日の高頻度データ $\left\{x_{T_1^j}, x_{T_2^j}, \ldots, x_{T_{n(j)}^j}\right\}$ とし, これが J 日分あるとすると, これらを発生順にそのまま「直列に」結合し,

$$\left\{x_{T_1^1}, x_{T_2^1}, \ldots, x_{T_{n(1)}^1}, x_{T_1^2}, x_{T_2^2}, \ldots, x_{T_{n(2)}^2}, \ldots, x_{T_1^J}, x_{T_2^J}, \ldots, x_{T_{n(J)}^J}\right\}$$

を時系列データとして分析するものである. ここで, 第 j 日の第 i 番目のタイムスタンプを T_i^j, データサイズを $n(j)$ で表す. これは, 30 分間隔収益率など 1 日に得られるデータ数が限られるような低・中頻度のケースにおいて, 複数の日のデータをまとめることで, データ数を増やし推定の精度を高めるやり方である. もし, データ期間内

において, モデルやパラメータ値が不変であるとの確信が持てる場合には有効である. 反面, 株式市場のような夜間取引が行われない市場のデータを結合することの是非は問われるだろう. すなわち, 市場の閉場時間が分析結果に影響を与えるかについての吟味や対応が必要になってくるかもしれない. また, 1日あたりのデータ数がすでに十分多い高頻度データに対して, さらにそれらを結合して分析すると, 容易に有意な結果が生じてしまうことにもなり, 推測結果の解釈には注意が必要になるであろう. そもそも, 日ごとにデータ発生の仕方が変化するようなケース, すなわち, データを生成するモデルやパラメータ値が変化するようなケースにおいては適切なやり方とはいえない.

代替的な方法は, まず1日ごとにモデル推定や検定を完結させ, 次に日別の結果をデータ期間全体にわたり集計し全体の分析を行うやり方である. 直感的には, 1日内データを横方向に並べ, それらを縦方向に(「並列に」)積み上げ, すなわち,

$$
\left\{
\begin{array}{c}
x_{T_1^1}, x_{T_2^1}, \ldots, x_{T_{n(1)}^1} \\
x_{T_1^2}, x_{T_2^2}, \ldots, x_{T_{n(2)}^2} \\
\cdots \\
x_{T_1^J}, x_{T_2^J}, \ldots, x_{T_{n(J)}^J}
\end{array}
\right\}
$$

のようにデータを配置する. このとき, 縦方向が日の推移, 横方向が1日内時間推移を表現する. このように配置されたデータに対して各行ごと(1日分)に分析を行い, 得られた結果を集計するものである. 1日内のデータ数が少ない場合には信頼性の高い推測は行えなくなる可能性はあるものの, データ数が十分に確保できるような高頻度のデータを使用できる場合には, 有効なアプローチである. 特に, 1日ごとにデータ発生の仕方が変化するようなケースにおいてもうまく対応できる可能性がある. 反面, タイムスタンプが等間隔に並んでいないティックデータの場合において, 1日内同一番目の要素であっても物理時間が異なることになり, また各日の長さも一定とならないことから, このように配置されたデータを通常の行列として扱うことはできない. 行列として扱いたい場合には, 5分間隔など各日に共通な等間隔グリッドを設定しデータ補間することで整形することも可能ではあるが, その際元データに含まれる情報は一部失われることになる.

本書では, 便宜上, 前者のように高頻度データを1本の時系列につなげて分析するアプローチを「直列法」, 後者のように高頻度データをまず日別に分析し, あとでそれらを統合するアプローチを「並列法」と呼ぶことにする.

この並列法が有効なケースとして, たとえば, モデル構造は異なる日においても共通であるが, モデルのパラメータが日次変化している場合が考えられる. そのような場合には, 日ごとに高頻度データを使ってパラメータ推定すれば, 日次での市場変化(パラメータ値の変化)を追うことができる. 他方, 直列法においてはデータから日付の情報を落とすとそのような日次変化を反映させることは等間隔データで1日のデータ数が一定である場合を除き困難になるものの, その一方で, 移動ウィンドウを設けることで

時間とともにパラメータ値が少しずつ変化する状況に対応することはできる.

一方, ある仮説を検定したい場合には, 直列法においては全データを一度に用いて仮説検定を行うことになるし, 並列法においては, 下で述べるように, データ期間内の個別の日々に対して仮説の有意性評価を行い, それらの結果を集計し総合的に評価すればよい.

ところで, 1 日 24 時間週 5 日地球上のどこかで明確な休みがなく取引が行われる外国為替市場の場合には, 高頻度データに 1 日内のみならず 1 週間内季節性がみられる. したがって, T を 1 日ではなく 1 週間に置き換えて並列法を適用すればよい.

なお, 並列法と直列法を併用するアプローチもある. たとえば, 高頻度データにみられる日内周期性 (確定的非定常成分) をあらかじめ除いた上で分析したいケースがある. そのような場合には, まず生データを並列法で並べ, データ期間全体にわたる日内各時点における平均値をとることで日内周期成分を抽出する. 次に, 生データからこの周期性成分を除去することで定常成分を得る. そして, この季節調整済日内データを直列法でデータ期間全体にわたってつなげて (定常過程を前提とした) 統計分析を行うのである. このようなステップをふむ例として, ACD モデル推定における日内調整がある (第 6 章参照).

Fisher による p 値の統合法

仮に, ある帰無仮説 H_0 がデータ期間内にわたって成立しているかを検定したいとする. このとき, 対立仮説は, 当該データ期間内において 1 回でも帰無仮説が成立しない日がある, ということである.

いま, J 日分の高頻度データがあり, 第 j 日のデータより計算された p 値が p_j であったとする ($j = 1, \ldots, J$). 帰無仮説が正しいもとでは, 検定分布の連続性の仮定のもとで p 値は一様分布 $U(0, 1)$ に従うことが示されるから, $-2\ln(p_j) \sim \chi^2(2)$ であることが導かれる. したがって, 異なる日の間の高頻度データが互いに独立であれば,

$$-2\sum_{j=1}^{J} \ln p_j \sim \chi^2(2J),$$

したがって, データ期間内の全 p 値を使って

$$p_{combined} = \Pr\left[-2\sum_{j=1}^{J} \ln p_j \geq \chi^2(2J); H_0\right]$$

の大きさを評価してやればよい. これを Fisher による統合 p 値 (combined p-value) と呼ぶ.

このような複数の独立なデータの結果を集めて統合的にデータを評価する統計的推測法は統計学においてメタ解析 (meta analysis) と呼ばれ, 医学統計分野を中心に広く使われている.

直列法, 並列法はどちらも一長一短あり, 結果を並べて良し悪しを論ずるのは適当で

はない. 大事なのは, 状況に応じて, 適宜, より望ましいアプローチを選択することである.

3

探索的データ分析

モデルを使ってデータ分析を本格的に行う前に，分析対象データの基本統計量を計算したり，さまざまなプロットを作図しデータを可視化することで，対象データの性質の概要を掴んだり，モデル化のアイデアを得ることを試みる．このようなステップを探索的データ分析と呼ぶ．それをふまえて，ハンドル可能な数のパラメータによって表現される (パラメトリック) モデルを仮説的に作り，データへのあてはまり具合や解釈容易性を検討しながら納得いくまで改良してゆく．最後にできあがったモデルを，当初の目的である計測や，予測，制御などに利用するのである．

本章では，以降の章で行うモデルベースでの高頻度データ分析に先立ち，個別株式および株価指数データを使った探索的データ分析を試みる．

3.1 統計分析の基本手順

一般的に，統計モデリングおよび分析は次のような要素からなる．

(1) 各種プロットを描く，各種記述統計量を計算する
(2) 予備的な統計分析を通じて，モデルに対するアイデアを得る
(3) モデルをあてはめて推定を行う
(4) モデル診断を行う
(5) 推定モデルを用いて結果の解釈をする
(6) 納得いくまで (1) から (5) を繰り返す

具体的には，次の通りである．(1) 興味のある変数のヒストグラムや時系列プロット，変数間の散布図などを描く．プロットによって，パターンを発見したり，データの外れ値を見出す．また，変数の記述統計量 (平均，分散，四分位値，歪度，尖度など) を計算する．変数間の相関係数なども計算する．必要に応じて，計測尺度 (スケール) を変えたり，既存の変数から新たな変数を定義したりする．(2) たとえば多変量解析 (回帰分析，主成分分析，因子分析など) や時系列分析の探索的方法論を適用しながら変数間の関係性や時系列推移を調べ，データを生成した確率モデルに対するアイデアを醸成する．(1), (2) の段階において試行錯誤を繰り返す (ここまでが探索的データ分析)．(3)

(2) で得られたモデルを具体化しデータを使って推定する．たとえば，回帰モデルであれば，説明変数と被説明変数を，モデルの適合度 (F 値)，モデル選択規準，推定回帰係数の有意性，解釈容易性などを勘案しながら決定する．この段階でも試行錯誤を繰り返す．(4) 推定モデルの妥当性について残差分析などを通じて検証する．(5) 推定モデルを使って結果の解釈を行う．解釈が事前の予想と異なる場合には，データ加工方法や分析方法の間違いの可能性のほか，新たな発見の可能性もある．これを見極める必要があることから，その原因を探る．(6) 以上の各ステップにおいて，納得いかない場合には，適宜前のステップに戻る．

以下では，この統計モデリングおよび分析の一般手順における準備段階であるアイデア醸成部分 ((1) と (2))，すなわち特定の確率モデルを前提としない探索的データ分析の例を紹介する．

3.2 個別銘柄株価と株価指数の分析

東京証券取引所 TOPIX Core30 を構成する 30 銘柄 (2010 年 1 月から 2010 年 12 月) の約定価格の変化に関する統計分析を行う (構成銘柄は表 3.1 参照)[*1]．TOPIX Core30 は「TOPIX ニューインデックスシリーズ」のひとつで，東京証券取引所の市場第一部全銘柄のうち，時価総額，流動性の特に高い 30 銘柄の約定価格から計算される指数である．毎年 10 月に構成銘柄の入れ替えが行われる．

また，株価指数として TOPIX 株価指数，2009 年 5 月 2 日から 2010 年 4 月 30 日

表 3.1 TOPIX Core30 指数構成銘柄一覧 (2010 年 10 月末)

証券コード 会社名	証券コード 会社名
2914: 日本たばこ産業	3382: セブン&アイ・ホールディングス
4063: 信越化学工業	4502: 武田薬品工業
4503: アステラス製薬	5401: 新日本製鐵
6301: 小松製作所	6502: 東芝
6752: パナソニック	6758: ソニー
7201: 日産自動車	7203: トヨタ自動車
7267: 本田技研工業	7751: キヤノン
7974: 任天堂	8031: 三井物産
8058: 三菱商事	8306: 三菱 UFJ フィナンシャル・グループ
8316: 三井住友フィナンシャルグループ	8411: みずほフィナンシャルグループ
8604: 野村ホールディングス	8766: 東京海上ホールディングス
8802: 三菱地所	9020: 東日本旅客鉄道
9432: 日本電信電話	9433: KDDI
9437: エヌ・ティ・ティ・ドコモ	9501: 東京電力
9503: 関西電力	9984: ソフトバンク

[*1] 日経 NEEDS「ティックデータファイル」を使用 (p.4 参照)．

までの 1 年分 (時間解像度 15 秒) を用いる[*2].

表 3.2 は, 30 銘柄のデータ期間内 1 日あたりの平均約定株数と件数である. 最小は KDDI (証券コード 9433) の 16,710.45 枚/日, 最大はみずほ FG (証券コード 8411) の 156,320,073.87 枚/日である.

このうち 2 つの銘柄について, 1 秒タイムスタンプの付いたティックデータを用いて取引価格と取引高を時系列データとして 1 年間にわたり図として描いてみよう. 図 3.1 は 2010 年 1 月 4 日から 12 月 30 日までの日本たばこ産業 (証券コード 2914), 新

表 3.2 2010 年 1 月 4 日から 2010 年 12 月 30 日までの TOPIX Core30 銘柄の 1 日平均約定枚数と 1 日平均約定件数

証券コード	1 日平均約定件数	1 日平均約定枚数
2914	2,726.20	22,757.53
3382	2,901.61	3,219,411.83
4063	1,916.93	1,968,087.75
4502	1,993.77	2,441,708.97
4503	1,802.34	1,858,088.97
5401	1,794.91	27,679,812.24
6301	5,248.78	6,781,231.83
6502	3,204.11	41,367,306.12
6752	4,378.18	8,940,874.28
6758	6,159.18	7,489,536.32
7201	4,561.28	19,116,083.67
7203	5,622.93	10,614,116.32
7267	4,526.73	6,459,922.44
7751	3,169.84	5,342,746.12
7974	114.02	29,361.22
8031	5,802.79	13,238,367.34
8058	5,968.12	8,390,662.44
8306	6,696.80	70,774,265.30
8316	7,903.42	13,428,225.71
8411	6,754.89	156,320,073.87
8604	5,522.92	35,768,341.22
8766	3,167.11	2,746,008.97
8802	1,800.91	6,025,775.51
9020	1,489.35	1,276,451.83
9432	2,065.31	2,450,922.04
9433	1,615.21	16,710.45
9437	3,176.04	62,807.95
9501	3,405.31	4,988,088.97
9503	1,951.46	1,842,025.30
9984	5,646.82	7,255,895.10

[*2] シーエムディーラボが販売する「【NEEDS】ティック・データ CSV 版 (データフォーマット Version 4.0)」を使用.

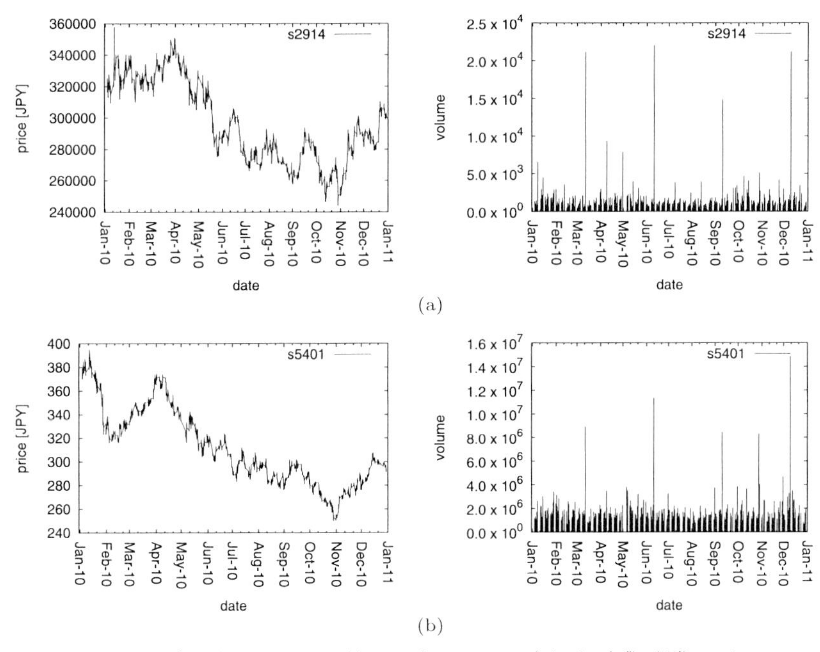

図 **3.1** 2010 年 1 月 4 日から 12 月 30 日までの (a) 日本たばこ産業 (証券コード 2914), (b) 新日本製鐵 (証券コード 5401) の (左) 取引価格と (右) 約定枚数

日本製鐵 (証券コード 5401) の約定価格と取引高 (ボリューム) とをそれぞれプロットしたものである. 価格の時系列は一見すると Wiener 過程の標本データのようにみえる (【補】S2.7 節:図 S2.7.1). 取引高はランダムに変化しつつ, しばしば大きくインパルス状に急上昇することがあるようにみえる.

これらの中から特に, ある 1 営業日だけを取り出し取引がどのように変化するかをみてみよう. 図 3.2 は 2010 年 4 月 1 日の 2 つの銘柄の約定価格と取引高である. 価格の変化は 1 年間をプロットした図 3.1 (左) と比べると, 大きな相違があることに気がつく. 価格変化の離散性が顕著となり Wiener 過程とは違った変化の仕方をしている. これはあとで詳しく述べるティック・サイズの離散性の影響である. 昼休みに線があるが, 立会時間外であるため, 取引は行われていない.

さて, 東証において現物株式の取引が行われる「立会時間」は, 「前場」(午前) が 9 時～11 時半, 「後場」(午後) が 12 時半～15 時半である (2015 年 7 月時点). 前場と後場の間は昼休み時間である. 前場後場の各立会時間の最初および最後の取引は, 時間優先原則によらず価格優先原則のみの「板寄せ方式」が用いられ, 1 つの約定価格によって多数の売買注文が一括して約定される. また, 特別気配の表示などや売買中断後の再開時などにおいても板寄せ方式による約定が行われる. それ以外の立会時間において

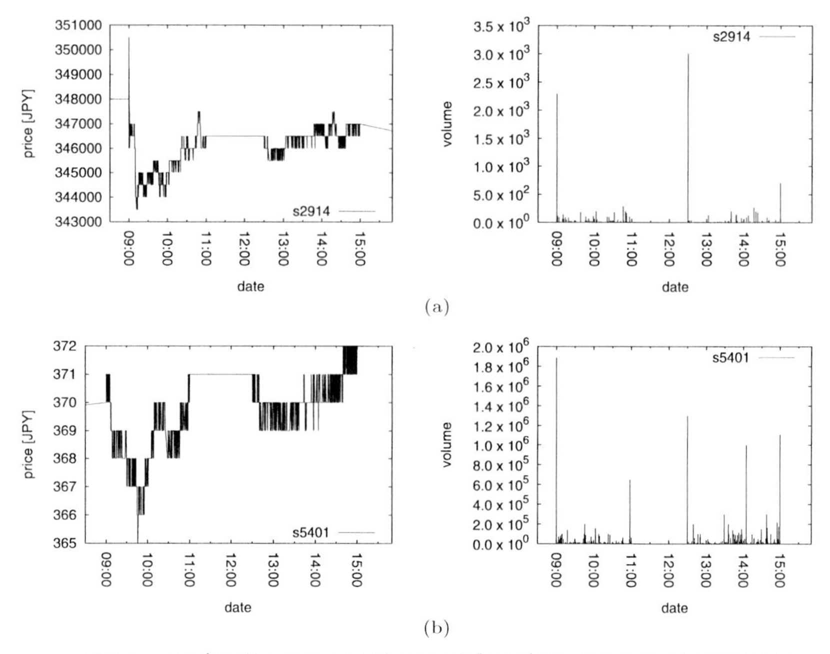

図 **3.2**　2010 年 4 月 1 日の (a) 日本たばこ産業 (証券コード 2914), (b) 新日本製鐵 (証券コード 5401) の (左) 取引価格と (右) 約定枚数

は, 価格優先・時間優先原則に従いながら連続逐次約定を行う「ザラ場方式」が用いられる[*3]. 図 3.2 の左側の取引価格の線グラフ, 右側の出来高 (約定枚数) の棒グラフのパターンが, 以上のような東証の取引制度を反映したものになっていることが確かめられる (なお, 使用データの 2010 年 4 月 1 日時点では, 前場は 9 時〜11 時であった).

ところで, 銘柄 i の第 k 番目の約定成立時刻 (タイムスタンプ) t_k における約定価格を $P_i(t_k)$, 約定間の価格変化 $Z_i(t_k) = P_i(t_k) - P_i(t_{k-1})$ と表記すると, 価格は個別の変化 $Z_i(t_k)$ とタイムスタンプ t_k によって

$$P_i(t_k) = P_i(t_0) + \sum_{l=1}^{k} Z_i(t_l) \tag{3.1}$$

と分解することができる. 価格 $P_i(t_k)$ や価格変化 $Z_i(t_k)$ に対するモデリング, タイムスタンプ t_k やタイムスタンプ間隔 (デュレーション) に対するモデリングについては以降の章 (第 4 章と第 6 章) で取り上げる. 以下ではそのようなモデルに対するアイデアを育むための分析を行う.

[*3] 本書ウエブサポートページ「市場取引のメカニズム」参照.

証券市場において，取引価格の最小刻み幅は「ティック・サイズ」と呼ばれる．東証は，1985 年 12 月に「外国株券の高株価銘柄の上場や日本電信電話株式会社株式の上場」を契機に価格帯に応じてティック・サイズが変わる「テーブル制」を導入して以来，「取引手法の高度化・多様化による細やかな値段での価格形成に対するニーズの高まりや売買システムにおける注文処理能力の向上等，その時々における背景を踏まえながら」，段階的にティック・サイズの縮小化を図ってきた (以上，[145] より引用)．今回分析に使用しているデータの時点である 2010 年においては，たとえば，価格 (呼値) が 3,000 円までは 1 円刻みで値付けが行われていたが $(Z_i(t_k) = 0, \pm 1, \pm 2, \ldots)$，3,000 円を超えると 5,000 円までは 5 円刻みであった $(Z_i(t_k) = 0, \pm 5, \pm 10, \ldots)$[*4]．このように，ティック・サイズの大きさが変化する呼値を境に，価格時系列データの 1 回ごとの変動幅が変わってしまうことに注意が必要である．

図 3.3 は 1998 年から 2010 年までの価格に対するティック・サイズと価格の比を示している．価格水準の変わる大台 (たとえば 3,000 円を境に 1 円から 5 円に変化) 付近において市場参加者の行動が変化することも考えられる．ティック・サイズ変更が市場参加者の行動に与える影響を調べる実証研究もある．以下の探索的分析によりその複雑性の一端を垣間みることができるが，どのような分析であれ，データ生成のメカ

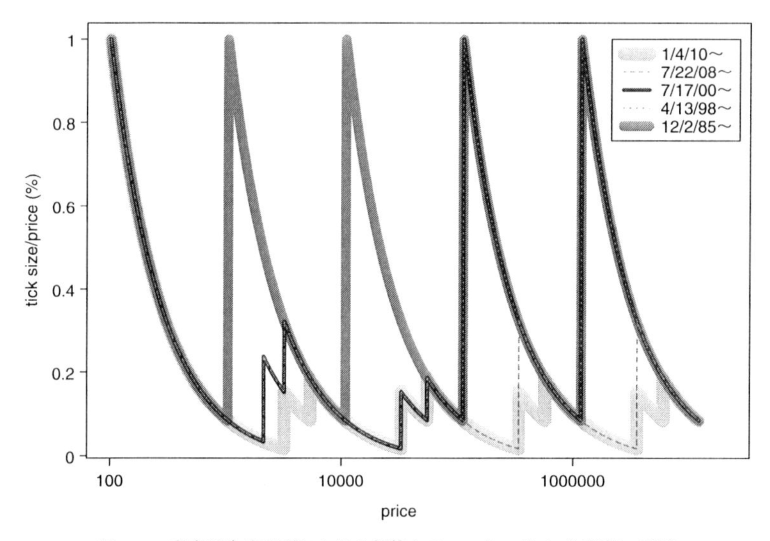

図 3.3 東京証券取引所における価格とティック・サイズ/価格の関係

---

*4) 2014 年には，東証において TOPIX100 銘柄構成銘柄を対象として 2 回にわたりティック・サイズの縮小化が図られた．

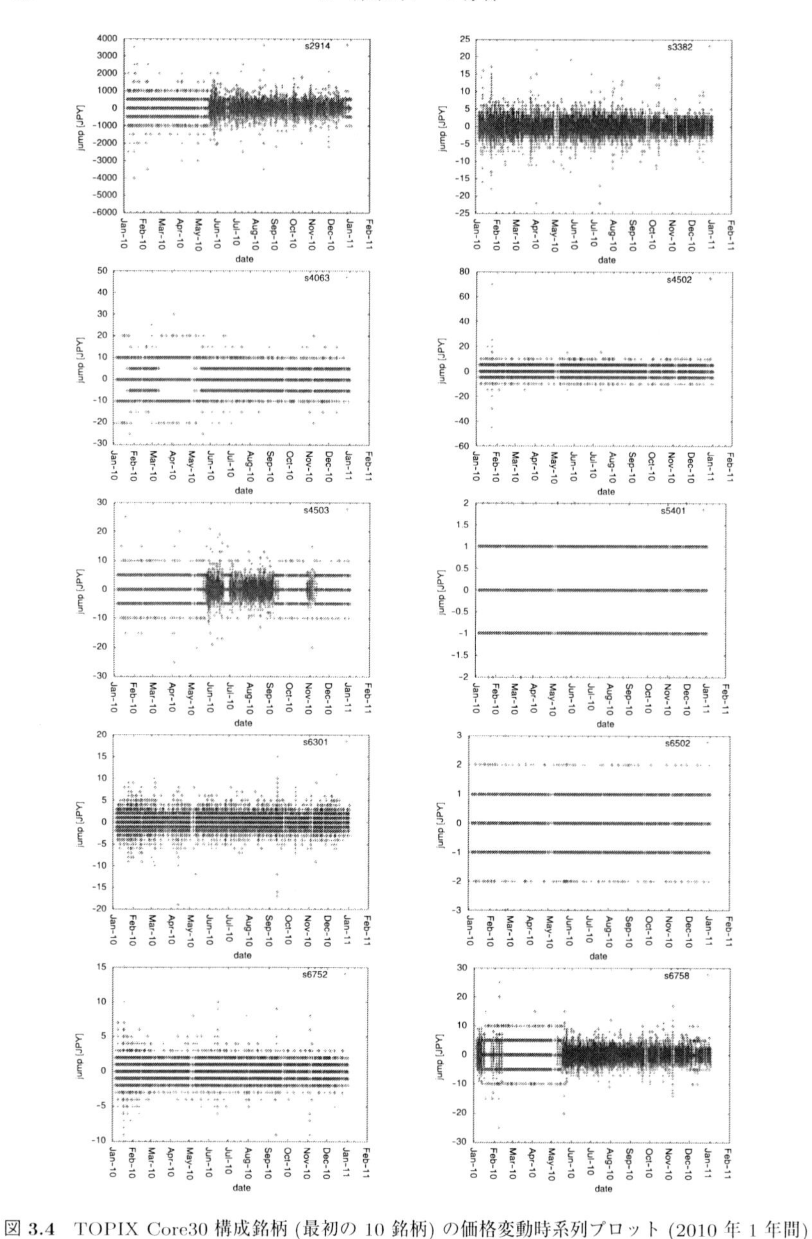

図 3.4　TOPIX Core30 構成銘柄 (最初の 10 銘柄) の価格変動時系列プロット (2010 年 1 年間)

ニズムに関する正しい知識は的確な分析の大前提である．高頻度データ分析において，このような市場のルールを反映したデータ値に対して，目的に応じた適切なデータ処

表 3.3 TOPIX Core30 構成銘柄に関する約定価格の上昇 (+1), 維持 (0), 下降 (−1) の遷移確率: データ期間: 2010 年 1 月 4 日〜同 12 月 30 日

証券コード	$p(-1\|-1)$	$p(0\|-1)$	$p(1\|-1)$	$p(-1\|0)$	$p(0\|0)$	$p(1\|0)$	$p(-1\|1)$	$p(0\|1)$	$p(1\|1)$
2914	0.107162	0.516381	0.376457	0.150227	0.697231	0.152542	0.363335	0.531961	0.104704
3382	0.090155	0.548994	0.360851	0.141411	0.719977	0.138612	0.334537	0.577262	0.088201
4063	0.016978	0.578542	0.404480	0.109439	0.783588	0.106973	0.390602	0.594616	0.014783
4502	0.004795	0.544167	0.451039	0.122095	0.760605	0.117300	0.427785	0.568143	0.004072
4503	0.085123	0.532043	0.382834	0.131429	0.740358	0.128213	0.359276	0.562584	0.078139
5401	0.001416	0.547701	0.450883	0.109452	0.782890	0.107658	0.444523	0.554155	0.001322
6301	0.057261	0.521169	0.421570	0.145433	0.712299	0.142267	0.394105	0.550591	0.055304
6502	0.002055	0.530803	0.467142	0.113201	0.777156	0.109643	0.451439	0.546783	0.001779
6752	0.027882	0.539246	0.432872	0.128943	0.746524	0.124533	0.407162	0.567512	0.025326
6758	0.076898	0.510863	0.412239	0.151730	0.699551	0.148719	0.389969	0.535832	0.074199
7201	0.006235	0.548290	0.445475	0.112484	0.779456	0.108061	0.421514	0.572396	0.006090
7203	0.025112	0.530872	0.444017	0.126981	0.747937	0.125082	0.431791	0.546117	0.022092
7267	0.075940	0.538590	0.385471	0.136355	0.726638	0.137006	0.372871	0.554522	0.072607
7751	0.006983	0.567340	0.425678	0.105716	0.789887	0.104397	0.416047	0.577832	0.006121
7974	0.376547	0.238305	0.385148	0.307472	0.380691	0.311837	0.359624	0.278478	0.361898
8031	0.030631	0.538084	0.431285	0.128404	0.746959	0.124637	0.410321	0.560996	0.028682
8058	0.059874	0.521889	0.418237	0.149129	0.704610	0.146261	0.396639	0.546277	0.057084
8306	0.000687	0.519884	0.479429	0.120912	0.763882	0.115206	0.454142	0.545318	0.000540
8316	0.081998	0.500209	0.417793	0.153144	0.697969	0.148887	0.393319	0.531231	0.075450
8411	0.000107	0.481963	0.517930	0.117354	0.781947	0.100699	0.438378	0.561527	0.000094
8604	0.002586	0.523356	0.474058	0.119383	0.769214	0.111403	0.438012	0.559656	0.002332
8766	0.136380	0.536785	0.326835	0.153735	0.692323	0.153942	0.305555	0.562883	0.131562
8802	0.105358	0.562440	0.332202	0.154801	0.689582	0.155617	0.318670	0.579168	0.102162
9020	0.008312	0.568087	0.423601	0.106819	0.790145	0.103036	0.402650	0.589962	0.007388
9432	0.006402	0.567490	0.426108	0.112996	0.773866	0.113137	0.423821	0.569362	0.006817
9433	0.020872	0.583321	0.395807	0.106745	0.784267	0.108988	0.403887	0.574054	0.022059
9437	0.021665	0.542172	0.436163	0.126203	0.749625	0.124172	0.420678	0.559431	0.019891
9501	0.061871	0.519105	0.419025	0.141675	0.723184	0.135141	0.378546	0.564381	0.057073
9503	0.089251	0.537905	0.372844	0.140100	0.721976	0.137923	0.338649	0.578013	0.083337
9984	0.098562	0.490598	0.410840	0.165932	0.670550	0.163518	0.382640	0.524301	0.093059

理が必要になってくる.

以下の分析では, ザラ場のみを分析対象とし, 前場寄付, 後場寄付の価格は収益率計算の初期値として用いる. 昼休みは取り除く. 分析対称銘柄は, 先述の通り TOPIX Core30 指数構成銘柄である (2010 年 10 月末時点).

図 3.4 は, 2010 年 1 月 4 日から 2010 年 12 月 30 日までの期間における, 約定価格 (円) の価格変化 (縦軸) とその変化が生じた時刻 (横軸) を 30 銘柄中最初の 10 銘柄に

ついてプロットしたものである．上述の理由により価格がティック・サイズの異なる価格帯に出入りするごとに変動幅が変化していることが読みとられる．ティック・サイズを単位として ± 1 単位の価格の変動が大半であるが，それ以上の変動も確認できる．変動 $Z_i(t_k)$ のとりうる値の幅は銘柄に大きく依存している．

ちなみに，変動 $Z_i(t_k)$ はティック・サイズの切りかわりの価格 (たとえば 3,000 円や 5,000 円など) を境に離散性が変化する (たとえば 1 円刻みの変動が 3,000 円を境にそれ以上で 5 円刻みとなる)．これは，$Z_i(t_k) = Z_i(t_k, P_i(t_{k-1}))$ であることを意味する．

約定価格の変化の様子を調べるために，$Z_i(t_k) > 0$ (上昇) であれば $+1$, $Z_i(t_k) = 0$ (維持) であれば 0, $Z_i(t_k) < 0$ (下降) であれば -1 と符号化し，連続する 2 つの変化間での関係を条件付き確率を求めることで調べた．条件付き確率 $p(i|j)$ は結合確率 $p(i,j)$ を用いて $p(i|j) = p(i,j)/\sum_{i=-1}^{1} p(i,j)$ から計算される．結合確率 $p(i,j)$ は相対頻度を用いて計算した．

表 3.3 は TOPIX Core30 を構成する 30 銘柄に対する条件付き確率を表している．表から各状態から 0 となる条件付き確率がほかに比べて大きく 5 割程度であることがわかる．これは次の約定価格が前の約定価格と同じであるケースが多いことに対応している．次に，上昇のあと下降，下降のあと上昇する確率が比較的大きく 3 割程度となっている．連続して上昇または下降が続く確率は小さく 1 割程度である．その結果，状態が変化しない確率は 4 割から 7 割と大きい．また，証券コード 7974 (任天堂) 株は例外的にこれとは違う振舞いをしており，各状態間の条件付き確率がほぼ等しくランダム・ウォークに近い振舞いをしている．

3.3 株価指数の統計的性質

次に，高頻度 TOPIX 株価指数のデータ (15 秒間隔) を用いて，対数収益率の計測間隔を変化させることによりどのように時系列の統計的性質が変化するかを示す．図 3.5 は 2009 年 5 月 1 日から 2010 年 4 月 30 日までの指数の推移を示している．

指数の時刻 t における値を $S(t)$ と表記する．このとき，対数収益率 $Z(t)$ は対数価格 $P(t) = \ln S(t)$ の差分

$$Z(t) = \ln S(t) - \ln S(t - \Delta t) \tag{3.2}$$

により計算される．Δt を 15 秒, 30 秒, 1 分, 5 分, 10 分, 30 分と変化させて対数収益率を計算した．ここで，市場取引が行われていない夜間と昼休みは取り除いて対数収益率を計算している．図 3.6 は 15 秒, 30 秒, 1 分, 5 分, 10 分, 30 分と変化させた場合の対数収益率である．この図から，対数収益率の計測間隔を広くとるにつれて対数収益率の変化幅が大きくなっている様子を読みとることができる．

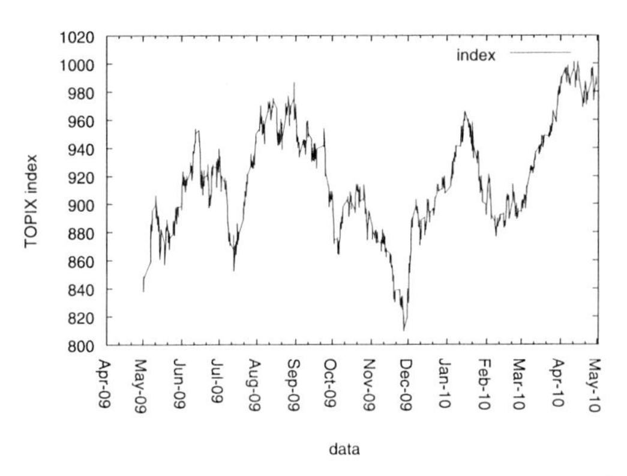

図 **3.5** 2009 年 5 月 1 日から 2010 年 4 月 30 日までの TOPIX 株価指数

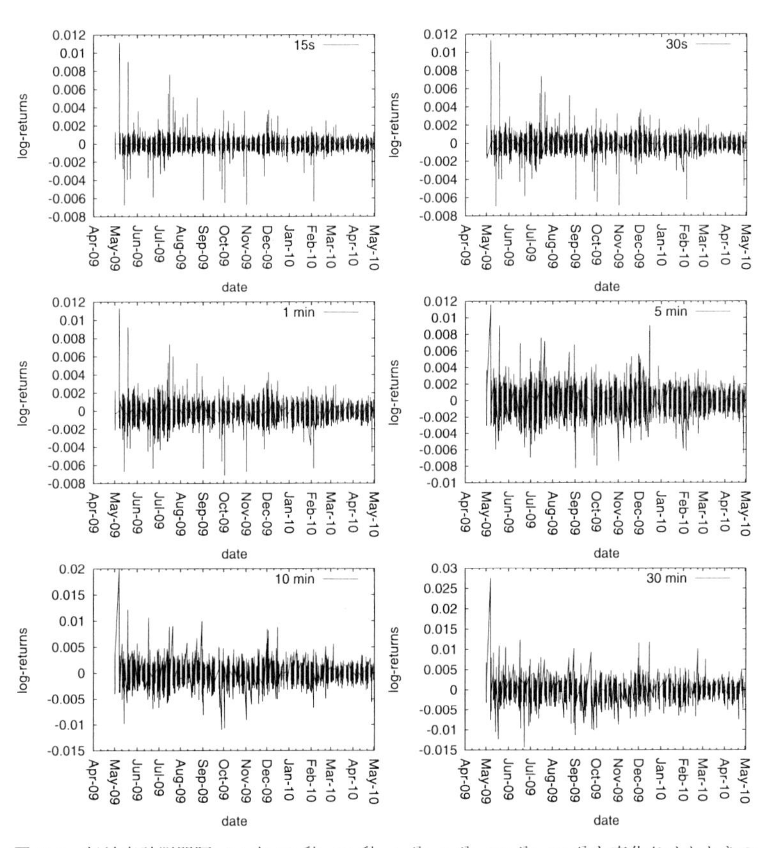

図 **3.6** 収益率計測間隔 Δt を 15 秒, 30 秒, 1 分, 5 分, 10 分, 30 分と変化させたときの TOPIX 株価指数から計算される対数収益率

表 **3.4**　TOPIX 株価指数の高頻度時系列データから計算される対数収益率の統計的性質
括弧内はジャックナイフ法により求めた標本誤差を示す.

duration	最小値	最大値	平均値	標準偏差	歪度	尖度	データ数
15 s	−0.006773	0.011157	−0.0000001311	0.000178	−0.246676	8.004878	263396
			(0.000007)	(0.000033)	(2.763840)	(48.145409)	
30 s	−0.006957	0.011364	−0.0000002627	0.000257	−1.856762	16.242960	131499
			(0.000011)	(0.000048)	(3.151600)	(47.751626)	
1 m	−0.007134	0.011318	−0.0000005193	0.000383	7.698679	120.488016	65591
			(0.000017)	(0.000058)	(2.889796)	(38.133040)	
5 m	−0.008241	0.011644	−0.0000043408	0.000988	−0.124976	7.409449	12866
			(0.000042)	(0.000065)	(0.878078)	(5.255241)	
10 m	−0.011010	0.019907	−0.0000068757	0.001464	0.121235	6.127613	6275
			(0.000061)	(0.000107)	(1.231348)	(11.435928)	
30 m	−0.014408	0.027649	−0.0000281349	0.002606	−0.538097	7.250817	1881
			(0.000101)	(0.000179)	(1.032719)	(8.104110)	

表 3.4 は各時間幅 Δt に対する最小値, 最大値, 平均値, 標準偏差値, 歪度, 尖度を示している. 対数収益率の平均値はすべての Δt において負の値である. また標準偏差は Δt に対する単調増加関数となっている. Δt に応じて歪度は正の場合と負の場合とがあり, 尖度は 3 よりはるかに大きいことから対数収益率の確率密度関数は歪んでおり, 正規分布よりファット・テールであることがわかる (【補】S2.2 節).

標本時系列から計算される統計量には標本誤差が含まれているので, 推定値の標本誤差をジャックナイフ法により計算した (【補】S1.10 節). 表 3.4 に示すように標準偏差の標本誤差は計測間隔が短いほうがデータ数が多いために小さくなる傾向が読みとられる. しかしながら, 歪度と尖度の標本誤差は一概にそうともいえない.

もし対数収益率がランダム・ウォークする, あるいは Wiener 過程の離散時点観測であれば, 計測間隔 Δt と標準偏差との間には $\sigma = const. \times (\Delta t)^{1/2}$ の関係が存在していると期待できる (【補】S2.6, S2.7 節).

標準偏差 σ を計測間隔 Δt の関数としてプロットしてみよう. 図 3.7 に示すように, 両対数プロットにおいて $\Delta t - \sigma$ プロットは直線的な関係にある. $\sigma = const. \times (\Delta t)^a$ の関係を仮定し, その両対数をとった関数, $\ln \sigma = a \ln(\Delta t) + b$ の関係を仮定して最小二乗法により係数 a と b とを計算してみる. 最小二乗法による計算の結果, $a = 0.56$ (標準誤差 5.5×10^{-3}), $b = -10.18$ (同 2.9×10^{-2}) の値を得た ($R^2 = 0.947$).

このことから, TOPIX 指数の対数収益率はランダム・ウォーク/ Wiener 過程から予想される $a = 0.5$ より若干大きいことがわかる. これは, 対数収益率の時系列がランダム・ウォーク/ Wiener 過程に比べてトレンドの持続性を持っていることを示唆している. 次の 4.1 節では高頻度領域において価格変化がランダム・ウォークに従うかについてより厳密に調べてみよう.

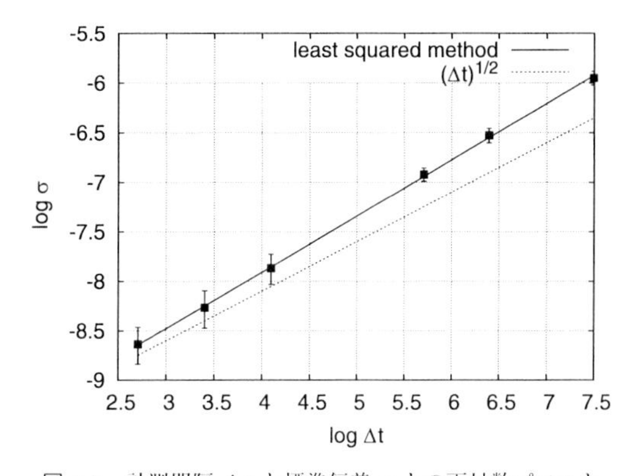

図 3.7 計測間隔 Δt と標準偏差 σ との両対数プロット
実線は最小二乗法により得られた回帰線 $\ln \sigma = a \ln(\Delta t) + b$ ($a = 0.56 \pm 0.005535$, $b = -10.18 \pm 0.02905$) を示す. 破線はランダム・ウォーク/Wiener 過程で予想される直線 (傾き $= 0.5$) を示す ($R^2 = 0.947$).

3.4 統計モデリングの原則

さて, 探索的データ分析を経て, 当初の目的を達するべく, いよいよ確率変数/確率分布を使った統計モデリングに入ることになる.

本章の冒頭 3.1 節でも述べたように, モデリングの各ステップは繰り返し行うことが重要である.

さて, それではそのようなステップは一体いつまで繰り返さなければならないのだろうか? そもそもよいモデルとはどのようなものであろうか? 著者らは, 次の 3 つの原則が統計モデリングにおいて重要だと考える.

- 必要性の原則 (requisite modeling principle)
- 実務決定の原則 (business decision principle)
- ケチの原則 (parsimonious principle)

まず, 3.1 節で示した (1)〜(6) のステップをいつまで繰り返すかという上記の問いに対する答えとして, 推定モデルが予測や制御などの本来の目的のために不安なく使用できるレベルに達するまで行えば十分であると主張するのが,「必要性の原則 (requisite modeling principle)」である. これは, 元来統計学のものではなく, 意思決定分析における意思決定支援モデル構築における原則である. 推定モデルを目的達成のための支援ツールとする実践的立場からはモデルの "完璧性" を追求する姿勢を戒める本原則は, 統計モデリングにおいても不可欠な原則であると著者らは考える.

次に, 統計モデリング・分析のプロセスにおいては, モデルや変数の選択, パラメータの推定方法の選択などをはじめとして, 各ステップにおいて数多くの決定を下さなければならない.

たとえばモデル選択・変数選択の際に AIC あるいは BIC などの情報量規準を 1 つ定めてそれに基づいて決定するのは一般的に行われるアプローチではある. しかし, 現実にはモデルを実務で使用するユーザが失敗のリスクを負うのであるから, そのモデルのユーザが実務上の観点から決定を行うべきであろう. これを「実務決定の原則 (business decision principle)」と呼ぶことにする. この原則は, 統計学の教科書には通常書かれないが, 実務をふまえた上でも決められない場合においてはじめて統計学において提案されている諸指標・規準を用いるべきであり, ア・プリオリに「AIC がこうだからこのモデルにするべきだ」のように考えるのは適切ではない.

最後に, 「ケチの原則 (parsimonious principle)」である. これは統計学において広く知られた原則であり, 科学の一般原理である「オッカムの剃刀 (Occam's razor)」に相当する. すなわち, どんなモデルであっても, 所詮現実の近似にしかすぎないのであるから, 現象を説明するのに必要以上に仮定を導入するべきではない, 競合するモデルがあれば, 最も単純なものがよいという主張である. ちなみに, AIC や BIC などの情報量規準は, データの確率モデルへのあてはまりのよさを表す尤度に対して, モデルで使用するパラメータ数 (モデルの複雑さ) によってペナルティを与えるものでこの原則とも整合的といえる.

これ以外にも, モデルが使える・使いやすいものであるためには, 「解釈容易性」や「操作性」(モデルを操作してそれから解やインプリケーションを得ることがどれだけ容易か) などの特性を有していることが重要である.

4

価格変動のモデルと分析

本章では, 高頻度価格データの価格変動を記述するモデルと統計分析について取り上げる. 特に1変量モデルにフォーカスする. 個々の取引を記録した価格データ系列を注意して眺めるとすぐに気が付くのは, 取引価格が離散値で表現されていることである. そして, この価格系列から対数収益率系列を作りその1次の自己相関を調べると, 負の値をとることがわかる. 本章で扱うのは, 価格変動, とりわけ将来の価格水準や収益率の期待値 (1次モーメント, 期待値) に関する時系列モデリングおよびそれらを使った統計分析である. 短時間の価格変動を微細に観察し分析することで確認される諸現象は, 市場の仕組みや取引ルール (市場のマイクロストラクチャ) を直接反映したものである. しかし, 本章で示すように高頻度の, 特にティックデータにみられるこれらの特徴はファイナンス理論における基本モデルであるランダム・ウォークの有する時系列特性と整合的ではない. そのため, ランダム・ウォークを前提としたボラティリティや相関係数の推定方法をそのまま適用するだけではうまくいかないのである. このような市場のマイクロストラクチャに起因する統計的推測の際に発生する問題は「マイクロストラクチャ効果」と呼ばれる.

高頻度領域においてみられる現象がどのようにモデルで表現されるであろうか? そこでは, マイクロストラクチャ効果が証券の観測不能な本質的価値の変化に比べて相対的に重要になってくる. 特に, 価格水準に比べて相対的にティック・サイズが小さい主要通貨や株式指数よりも, 個別株式において価格の離散性の影響は大きい.

4.1 ランダム・ウォーク

4.1.1 ランダム・ウォーク・モデル

金融証券価格系列を記述する最も基本的なモデルはランダム・ウォーク・モデルである.

離散時間のランダム・ウォーク・モデル (random walk model) は, 次のように定義される (【補】S2.6 節: 式 (S2.6.1)). 時点 t における価格を P_t と書くとすると,

$$P_{t+1} = P_t + \mu + \epsilon_{t+1}, \qquad t = 0, 1, 2, \ldots, \tag{4.1}$$

ただし, μ は 1 期間先の期待価格変化幅 (ドリフト), ϵ_t は, 時点 t におけるノイズを表す.

ノイズ ϵ_t は 1 つの確率変数であり, 離散分布を持つケース, 連続分布を持つケースがある. 離散分布を持つケースとして最も単純なのはバイナリ (2 値) 分布を持つ場合であり, 具体的には, $-\infty < b < 0 < a < \infty$ として, $\epsilon_t = a$ (確率 p), $\epsilon_t = b$ (確率 $1-p$) であるような場合である. このような 2 値のノイズを持つランダム・ウォークを単純ランダム・ウォークと呼ぶ. 一方, 連続分布を持つケースとしては, 一様分布や正規分布を持つ場合などが考えられる.

以下では, 簡便のため, ノイズは各時点において平均 0 を持ち, さらに, 有限の分散を持つとする*1). ノイズが平均 0 の対称な確率分布を持つ場合, 対称ランダム・ウォークと呼ぶ.

さて, ランダム・ウォークを使った価格モデリングに際して, 価格自体にランダム・ウォークを仮定するのか, それとも対数価格 (価格の対数値) に対して仮定するのかを決める必要がある. すなわち, 市場価格が S_t であったとすると, 上記式 (4.1) が成立するのが, $P_t = S_t$ なのか, $P_t = \ln S_t$ なのかということである. 後者は,

$$
\begin{aligned}
S_{t+1} &= S_0 \exp\{\mu t + \epsilon_1 + \cdots + \epsilon_{t+1}\} \\
&= S_0 \exp\{\mu + \epsilon_1\} \cdots \exp\{\mu + \epsilon_{t+1}\}
\end{aligned} \tag{4.2}
$$

と書けることから, 乗法モデルである. 一方, 前者は加法モデルである. なお, 前章の探索的データ解析のステージにおいて, 個別株価に対する分析 (図 3.1〜3.4, 表 3.2, 3.3) と, 株価指数に対する対数価格・対数収益率に対する分析 (図 3.5, 3.6, 表 3.4) を行った. ランダム・ウォークを陽に仮定した分析ではなかったが, それぞれ, 加法モデル, 乗法モデルに対応していた.

それぞれの定式化には, メリット, デメリットがある. まず, 加法モデルの場合には, 市場で定められたティック・サイズの間隔ごとに値段が付与されるという制度上の現実を反映することができるが, 反面, 正の確率で価格が負の値をとってしまう可能性もある. 一方, 乗法モデルの場合には, 価格変化 ($P_{t+1} - P_t = \ln(S_{t+1}/S_t)$) は対数収益率となる. このとき価格が負の値をとることはないものの, 価格がティック・サイズの整数倍をとることはできなくなる. なお, 本書で扱う高頻度データによる 1 日内の分析など短いデータ期間で考える場合には, 価格が負に至る確率は実質的に 0 と考えても構わないので, 加法モデルのデメリットは通常気にする必要はない.

さて, 各時点 t のノイズ ϵ_t は 1 つの確率変数であるが, これらを時点 t をインデックスとして集めたノイズ過程 $\{\epsilon_t\}$ に対する仮定のおき方により, ランダム・ウォークには, いくつかのバージョンが存在する: (i) $\{\epsilon_t\}$ が $i.i.d.$ ノイズのケース, (ii) $\{\epsilon_t\}$

---

*1) ランダム・ウォークの定義 (式 (4.1)) において, 分散の存在は必要でないが, 応用上はほとんどすべての場合それが仮定される.

が (必ずしも同一の分布を持たないが) 互いに独立なノイズのケース, (iii) $\{\epsilon_t\}$ が系列無相関なノイズ (白色ノイズ) のケースである. それぞれ「ランダム・ウォーク仮説 1」,「同 2」,「同 3」と呼ばれることがある (例, [48: ch.2]). (i) ならば (ii) が, (ii) ならば (iii) が成り立つことは明らかである. なお, 応用上, (i) よりさらに強い条件を課した, (iv) $\{\epsilon_t\}$ が $i.i.d.$ 正規分布に従うケース (正規ランダム・ウォーク) を考えることも多い. なお, ノイズの分散が σ^2 のとき, ノイズの仮定は, 慣用的に, (i) のケースでは $\{\epsilon_t\} \sim IID(0, \sigma^2)$, (iii) のケースでは $\{\epsilon_t\} \sim WN(0, \sigma^2)$, (iv) のケースでは $\{\epsilon_t\} \sim NID(0, \sigma^2)$ と表記されることもある. 金融証券市場では, 価格変動の大きさを表すパラメータ σ はボラティリティ (volatility) と呼ばれる.

ところで, 定義式 (4.1) においてドリフトなし ($\mu = 0$) の場合には,

$$\mathrm{E}\left[P_{t+1} \mid P_t, \ldots, P_0\right] = P_t, \qquad t = 0, 1, 2, \ldots \tag{4.3}$$

が成り立つ. したがって, $\{P_t\}$ は, マルチンゲール過程である (【補】S2.4 節). マルチンゲールは, どの時点 t においても, そのときに入手可能な情報に基づく最良の将来予想価格 (条件付き期待値) がそのときの市場価格と等しくなる確率過程であり, 証券 P の売買によって無リスクで正の期待収益を得ることができないという市場の効率性 (無裁定性) を表現するモデルである. 金融工学における証券価格の価格付け理論は, 無リスク金利で割り引いた証券価格 (割引価格) 過程に対するマルチンゲール性をベースとして組み立てられている*2).

なお, 目的にもよるが, 高頻度データのようにデータのサンプル間隔が短いデータの分析においては, ドリフトよりもボラティリティの影響が大きいため, $\mu = 0$ とおかれることも多い.

実際の市場価格がランダム・ウォークに従うか否かについてはファイナンス分野においてこれまで数多くの実証研究がなされてきたが, 私たちは, 特に, 高頻度データにおいてランダム・ウォーク性が成り立つのかに興味がある.

ランダム・ウォーク仮説を検証するための方法に関してはさまざまに提案されているが, ここではその代表的な手法である分散比検定および単位根検定について紹介する.

4.1.2　ランダム・ウォーク仮説の検証 (1)：分散比検定

いま, 対数価格 P_t に対して有限分散を持つようなランダム・ウォーク・モデル (i), すなわち, 式 (4.1) において, $\{\epsilon_t\} \sim IID\,(0, \sigma^2)$ であるケースを考える.

すると式 (4.1) は,

$$P_t = P_0 + \sum_{s=1}^{t} \epsilon_s + \mu t$$

と書けるから, 分散は

---

*2)　たとえば, 木島・田中 [140] を参照.

$$\mathrm{Var}\left[P_t - P_0\right] = t\sigma^2$$

となり, 時間に比例して増加していくことがわかる.

したがって, もし真の確率過程がランダム・ウォークに従っているのならば, データより計算される 1 期間収益率の分散 $\mathrm{Var}\left[P_t - P_{t-1}\right]$ の推定値の k 倍と, k 期間収益率の分散 $\mathrm{Var}\left[P_t - P_{t-k+1}\right]$ の推定値の比は 1 に近いはずである. このように, これら 2 つの分散推定値の比の大きさを調べることによって, 元の確率過程のランダム・ウォーク性を調べる統計的推測法を**分散比検定** (variance ratio test) という. また, 2 つの分散推定値の比ではなく, 差をとる検定法を分散差検定という. 以下では, 分散比検定に絞って紹介する.

いま, $nq+1$ の対数価格データ $\{P_0, P_1, \ldots, P_{nq}\}$ があるとする. 以下のようなドリフト μ と σ^2 の推定量を作る:

$$\widehat{\mu} = \frac{1}{nq}\sum_{k=1}^{nq}\left(P_k - P_{k-1}\right),$$

$$\widehat{\sigma}^2_{(1)} = \frac{1}{nq}\sum_{k=1}^{nq}\left(P_k - P_{k-1} - \widehat{\mu}\right)^2,$$

$$\widehat{\sigma}^2_{(q)} = \frac{1}{n}\sum_{k=1}^{n}\left(P_{qk} - P_{q(k-1)} - q\widehat{\mu}\right)^2.$$

これらより, 分散比の統計量を作る:

$$\widehat{VR}(q) = \frac{\widehat{\sigma}^2_{(q)}}{\widehat{\sigma}^2_{(1)}}.$$

すると, 帰無仮説 (P_t が式 (4.1) のランダム・ウォークに従う) のもとでは, $n \to \infty$ となるときの漸近分布は

$$\sqrt{nq}\left(\widehat{VR}(q) - 1\right) \sim AN\left(0, 2(q-1)\right)$$

となることが示される. なお, $X_n \sim AN(\mu, \sigma^2)$ は, n が無限大に発散するとき, 統計量 X_n が漸近的に正規分布 $N(\mu, \sigma^2)$ に従うことを表す.

Lo and MacKinlay [154, 155] は, $\widehat{VR}(q)$ を改良する方法を提案した. まず, 区間長 q の収益率分散の推定に際しては, q 個ずつに区切った区間を用いるのではなく, 1 時点ずつずらしながら (すなわち隣り合う区間をオーバーラップさせながら), $\widehat{VR}(q)$ を計算するというものである. これによって, オーバーラップさせないときには n 個だった収益率データ数が, ここでは $(nq-q+1)$ 個使えるようになり, より効率的にデータを使えるようになる. さらに, バイアス補正を施して次のような不偏推定量を使用する:

$$\overline{\sigma}^2_{(1)} = \frac{1}{nq-1}\sum_{k=1}^{nq}\left(P_k - P_{k-1} - \widehat{\mu}\right)^2,$$

$$\overline{\sigma}^2_{(q)} = \frac{1}{m}\sum_{k=q}^{nq}(P_k - P_{k-q} - q\widehat{\mu})^2,$$

$$m = q(nq - q + 1)\left(1 - \frac{1}{n}\right).$$

これらの比をとって分散比検定量 $VR(q) = \bar{\sigma}^2_{(q)}/\bar{\sigma}^2_{(1)}$ を作る. 真のプロセスがランダム・ウォーク (i) の場合, すなわち, ϵ_t の分散が均一の場合には, 分散比検定量 $VR(q)$ の漸近分散は

$$\phi(q) = \frac{2(2q-1)(q-1)}{3q(nq)}$$

となることが示される. よって, 分散比検定量を標準化することにより,

$$M(q) = \frac{VR(q) - 1}{\phi(q)^{1/2}} \ \sim\ AN(0, 1) \tag{4.4}$$

となる.

一方, 真のモデルの ϵ_t が不均一分散を持つ場合 (ランダム・ウォーク (ii)) には, 分散比検定量の漸近分散の一致推定量として

$$\phi^*(q) = \sum_{j=1}^{q}\left[\frac{2(q-j)}{q}\right]^2 \hat{\delta}(j)$$

を考える. ただし,

$$\hat{\delta}(j) = \frac{\sum_{t=j+1}^{nq}(S_t - S_{t-1} - \hat{\mu})^2 (S_{t-j} - S_{t-j-1} - \hat{\mu})^2}{\left[\sum_{t=1}^{nq}(S_t - S_{t-1} - \hat{\mu})^2\right]^2}$$

である. このとき,

$$M^*(q) = \frac{VR(q) - 1}{\phi^*(q)^{1/2}} \ \sim\ AN(0, 1) \tag{4.5}$$

となることが示される.

ところで, 観測不能な「効率価格」部分を表すランダム・ウォークが加わってマイクロストラクチャ効果 (観測ノイズや丸め誤差) Blume and Stambaugh [42] モデルが観測される状況においては, 分散比検定がうまく機能しないということは Smith [204] によって指摘された. 彼は, 代替案として L. P. Hansen によって提案された GMM (一般化モーメント法) を用いて検定する方法を提案し, 実証分析を行った.

また, 分散比検定は, 以上のようなランダム・ウォーク仮説の検定のみならず, たとえば, 異なる時間帯, 異なる市場間のボラティリティの大きさを比較する際にも用いられる. 高頻度データを使って, 1 日内のボラティリティ・パターンの変化の検定を行った実証研究としては, たとえば, [13, 129] がある.

▶ 実証分析：分散比検定

3.3 節で用いた TOPIX 株価指数データ 1 年分 (2009 年 5 月 1 日～2010 年 4 月 30

日 (244 営業日) を使い, 対数収益率を計算する計測幅をいくつか変えながら, 高頻度領域において価格の推移がランダム・ウォークに従うかについて調べてみよう.

分析の方法論は, 以上で紹介した Lo and MacKinlay [154, 155] による分散比検定を用い, 分析に使用した対数収益率データは, 15 秒次, 30 秒次, 1 分次, 5 分次, 10 分次, 30 分次の 6 通りである ($h = 15\,\mathrm{s}, \ldots, 30\,\mathrm{m}$). オーバーナイトおよび昼休みの収益率はあらかじめ除去した.

分析は, (i) 直列法, (ii) 並列法の 2 通り (2. 2 節参照) で行った. (i) においては, 6 種類の収益率データに対して, $q = 2, 4, 8, 16, 32, 64, 128$ として検定を行った. (ii) においては, 1 日あたりのデータ件数の制約から, 対数収益率は 15 秒次から 10 分次までの 5 通り, 一方, $q = 2, 4, 8, 16$ の 4 通りとした.

なお, p 値として, [154, 155] によって示された帰無仮説のもとでの分散比検定統計量 $M(q)$, $M^*(q)$ の漸近正規性より計算される近似的な p 値に加えて, 比較のための代替的アプローチとして, ブートストラップ法を用いて有限標本における p 値を計算した. ブートストラップ法としては, データの *i.i.d.* 性, すなわち均一分散を前提とする標準的なブートストラップ法と, 不均一分散を考慮したブートストラップ法の一種であるワイルド・ブートストラップ (wild bootstrap) 法 (例, Kim [141]) を並行して使用した[*3)].

表 4.1 に直列法 (i) による結果を, 表 4.2 に並列法 (ii) の結果を示す. 表 4.1 において, “M1” と記された行は均一分散を仮定した場合の分散比検定量 $M(q)$ (式 (4.4)) の大きさを, “M2” の行は不均一分散を仮定した場合の分散比検定量 $M^*(q)$ (式 (4.5)) の大きさを表す. “*p*-val.M1”, “*p*-val.M2” の行は, それぞれ $M(q), M^*(q)$ の漸近正規性によって得られた近似的 p 値 [155], “*p*-val.iid” は, 通常の (均一分散を前提にした) ブートストラップ法によって得られた (有限標本分布に基づく) p 値, “*p*-val.wild” は, ワイルド・ブートストラップ法によって得られた (同) p 値である.

一方, 並列法 (ii) の結果表 4.2 においては, “χ^2” と書かれた列の値はそれぞれの行の方法で計算された日々の p 値を式 (2. 2) によって統合した場合の χ^2 検定統計量 (自由度 488) である. なお, 行ラベル, “M1”, “M2” の値は日々の p 値が [154, 155] の漸近正規分布によって近似計算される場合を示し, “iid”, “wild” の値は日々の p 値が前述の各ブートストラップ法によって数値的に計算される場合を示す.

表 4.1 においては $h = 10\,\mathrm{m}$ 以上, 表 4.2 においては $h = 5\,\mathrm{m}$ 以上において, $M(q)$, $M^*(q)$ の漸近正規性を使って計算される p 値 (“M1”, “M2”) は, ブートストラップ法によって計算される有限標本分布による p 値 (“iid”, “wild”) との間で乖離がみられた. すなわち, オーバーラップしないブロック数 n ($\simeq$ データ長$/q$) が小さい

---

*3) ブートストラップ法による p 値の計算には, **R** パッケージ **vrtest** 内の **Boot.test** 関数を使用. “*p*-val.iid” は, wild=“normal”, “*p*-val.wild” は, wild=“Normal” を指定し, 反復回数はすべて 500 回と設定した (nboot=500).

表 **4.1** TOPIX 株価指数の Lo–MacKinlay 検定結果 (2009 年 5 月 1 日〜2010 年 4 月 30 日): (i) 直列法

h	stat	$q=2$	$q=4$	$q=8$	$q=16$	$q=32$	$q=64$	$q=128$
15 s	M1	18.969	43.952	55.199	54.186	45.827	35.305	26.976
	p-val.M1	0.000	0.000	0.000	0.000	0.000	0.000	0.000
	p-val.iid	0.000	0.000	0.000	0.000	0.000	0.000	0.000
	M2	12.324	30.731	42.026	44.434	31.852	22.024	17.629
	p-val.M2	0.000	0.000	0.000	0.000	0.000	0.000	0.000
	p-val.wild	0.000	0.000	0.000	0.000	0.000	0.000	0.000
30 s	M1	42.807	52.216	50.155	42.088	32.287	24.671	20.254
	p-val.M1	0.000	0.000	0.000	0.000	0.000	0.000	0.000
	p-val.iid	0.000	0.000	0.000	0.000	0.000	0.000	0.000
	M2	28.417	37.337	38.635	27.731	19.385	15.612	14.245
	p-val.M2	0.000	0.000	0.000	0.000	0.000	0.000	0.000
	p-val.wild	0.000	0.000	0.000	0.000	0.000	0.000	0.000
1 m	M1	34.547	35.544	30.453	23.414	18.009	15.063	10.916
	p-val.M1	0.000	0.000	0.000	0.000	0.000	0.000	0.000
	p-val.iid	0.000	0.000	0.000	0.000	0.000	0.000	0.000
	M2	25.695	27.411	20.371	14.553	11.813	10.871	8.632
	p-val.M2	0.000	0.000	0.000	0.000	0.000	0.000	0.000
	p-val.wild	0.000	0.000	0.000	0.000	0.000	0.000	0.000
5 m	M1	6.235	5.054	4.686	4.392	2.689	0.189	−0.218
	p-val.M1	0.000	0.000	0.000	0.000	0.007	0.850	0.827
	p-val.iid	0.000	0.000	0.000	0.000	0.006	0.646	0.606
	M2	3.952	3.453	3.479	3.497	2.269	0.165	−0.194
	p-val.M2	0.000	0.001	0.001	0.000	0.023	0.869	0.846
	p-val.wild	0.000	0.000	0.000	0.002	0.012	0.698	0.638
10 m	M1	1.413	1.973	2.142	0.979	−1.007	−0.921	−0.442
	p-val.M1	0.158	0.048	0.032	0.328	0.314	0.357	0.659
	p-val.iid	0.196	0.050	0.024	0.318	0.454	0.810	0.570
	M2	0.962	1.454	1.702	0.831	−0.879	−0.814	−0.397
	p-val.M2	0.336	0.146	0.089	0.406	0.379	0.416	0.692
	p-val.wild	0.368	0.136	0.066	0.390	0.484	0.800	0.590
30 m	M1	0.857	0.019	−1.202	−1.701	−0.962	−0.31	0.215
	p-val.M1	0.392	0.985	0.229	0.089	0.336	0.757	0.830
	p-val.iid	0.416	0.972	0.286	0.268	0.960	0.666	0.392
	M2	0.798	0.018	−1.080	−1.490	−0.849	−0.281	0.200
	p-val.M2	0.425	0.986	0.280	0.136	0.396	0.779	0.841
	p-val.wild	0.372	0.970	0.316	0.318	0.960	0.662	0.438

値となるような (h,q) の組合せにおいては，漸近正規性による近似がよくないことを反映していると考えるのが自然である．したがって，これらについては，ブートストラップ法による p 値を参照したほうがよいだろう．

直列法 (i) (表 4.1) においては，$h=1\,\mathrm{m}$ までの計測区間においてはすべての q にお

表 4.2 TOPIX 株価指数の Lo–MacKinlay 検定結果 (2009 年 5 月 1 日〜2010 年 4 月 30 日): (ii) 並列法

h		$q=2$		$q=4$		$q=8$		$q=16$	
		χ^2	p-val	χ^2	p-val	χ^2	p-val	χ^2	p-val
15 s	M1	2978.186	0.000	3037.044	0.000	3270.451	0.000	2993.357	0.000
	iid	845.427	0.000	828.111	0.000	694.194	0.000	752.281	0.000
	M2	2180.114	0.000	2492.351	0.000	2818.116	0.000	2581.902	0.000
	wild	658.937	0.000	759.906	0.000	728.317	0.000	814.177	0.000
30 s	M1	2326.459	0.000	2951.656	0.000	2794.093	0.000	1844.353	0.000
	iid	1097.902	0.000	894.160	0.000	893.658	0.000	968.775	0.000
	M2	1570.276	0.000	2258.113	0.000	2376.955	0.000	1601.941	0.000
	wild	929.118	0.000	887.365	0.000	953.865	0.000	891.539	0.000
1 m	M1	1674.800	0.000	1813.620	0.000	1214.166	0.000	749.129	0.000
	iid	1129.170	0.000	1028.779	0.000	1017.854	0.000	804.523	0.000
	M2	1420.604	0.000	1567.250	0.000	1078.365	0.000	693.170	0.000
	wild	1014.509	0.000	1056.953	0.000	881.656	0.000	769.571	0.000
5 m	M1	484.509	0.536	472.414	0.685	463.334	0.783	473.316	0.675
	iid	465.533	0.761	427.655	0.973	407.261	0.997	406.396	0.997
	M2	524.870	0.120	517.512	0.172	506.410	0.273	538.225	0.057
	wild	444.670	0.921	425.608	0.981	400.411	0.999	385.942	1.000
10 m	M1	502.946	0.310	474.784	0.657	485.386	0.525	528.216	0.101
	iid	438.059	0.949	402.787	0.998	381.634	1.000	410.797	0.995
	M2	627.523	0.000	583.423	0.002	595.659	0.001	677.898	0.000
	wild	476.290	0.639	418.963	0.989	369.892	1.000	326.778	1.000

いて, $M(q), M^*(q)$ が 1 であるという帰無仮説 (ランダム・ウォーク仮説) が棄却された. $h = 5\,\mathrm{m}$ では $q = 32$ までにおいて帰無仮説が 5%未満の有意水準で棄却されるのがわかる. 一方, $h = 10, 30\,\mathrm{m}$ では帰無仮説はおおむね棄却されない.

並列法 (ii) (表 4.2) の結果からは, $h = 1\,\mathrm{m}$ 以下において, 帰無仮説 (すべての日においてランダム・ウォークする) が棄却された. すなわち, データ期間中, 1 日内でランダム・ウォークしなかった日が少なくとも 1 日は存在した可能性が示されたといえる. 一方, $h = 5\,\mathrm{m}$ 以上になると "iid", "wild" ともに帰無仮説は棄却されなかった. なお, 上述の通り, "M1", "M2" ともに漸近分布に基づいた近似的 p 値を統合した p 値であることから, 特に 1 日あたりブロック数 n の小さい $h = 5, 10\,\mathrm{m}$ のケースにおいては結果を信頼することはできないが, 参考値として表に記載した.

4.1.3 ランダム・ウォーク仮説の検証 (2)：単位根検定

単位根検定 (unit-root test) は (対数) 価格がランダム・ウォークに従うか否かを調べるのによく用いられるもうひとつの方法である. 単純なケースとして, $\{P_t\}$ がドリフトのない ($\mu = 0$) ランダム・ウォークに従っているとき, 次の AR(1) モデル (【補】S2.2.1 項) を用いた検定を考える.

$$P_t = \phi_1 P_{t-1} + \epsilon_t \tag{4.6}$$

ランダム・ウォークの定義式 (4.1) によれば, 帰無仮説 $H_0 : \phi_1 = 1$, 対立仮説 $H_0 : \phi_1 < 1$ として仮説検定を行えばよい. AR(1) モデルの挙動は対応する特性方程式 $\Phi(z) = 1 - \phi_1 z = 0$ の解 $z = 1/\phi_1$ の大きさによって決まる. 具体的には, AR 多項式が定常であるための必要十分条件は $\phi_1 \neq 1$ である. $\phi_1 < 1$ においてはシステムが安定的, $\phi_1 > 1$ ではシステムが発散 (不安定) となり, 境界点 $\phi_1 = 1$ ではシステムは非定常でありトレンドを持つ.

簡便法として, 時系列データ $\{p_1, \ldots, p_T\}$ に対して線形回帰し, ϕ_1 の最小二乗推定量を求めるやり方が考えられる. すなわち, 正規方程式を解けば,

$$\widehat{\phi}_1 = \frac{\sum_{t=1}^{T} p_{t-1} p_t}{\sum_{t=1}^{T} p_{t-1}^2}, \qquad \widehat{\sigma}_e^2 = \frac{\sum_{t=1}^{T} (p_t - \widehat{\phi}_1 p_{t-1})^2}{T-1}$$

が得られる (ただし $p_0 = 0$). よって $\widehat{\phi}_1$ の帰無仮説のもとでの値 ($\phi_1 = 1$) からの乖離と $\widehat{\phi}_1$ の標準誤差の比をとって検定統計量

$$DF = \frac{\widehat{\phi}_1 - 1}{\text{標準誤差}\ (\widehat{\phi}_1)} = \frac{\sum_{t=1}^{T} p_{t-1} \epsilon_t}{\widehat{\sigma}_e \sqrt{\sum_{t=1}^{T} p_{t-1}^2}}$$

を定義する. すると, $\{\epsilon_t\}$ が *i.i.d.* ノイズである場合, データ数 $T \to \infty$ のときの漸近分布は $[0, 1]$ 上の Wiener 過程の関数として書けることが示される:

$$DF \quad \overset{\mathcal{D}}{\to} \quad \frac{\frac{1}{2}\left(W(1)^2 - 1\right)}{\sqrt{\int_0^1 W(s)^2 \mathrm{d}s}}.$$

帰無仮説のもとでの漸近分布の% 点は数値的に評価することができるから, データから計算される DF 値を使えば仮説 $\phi_1 = 1$ を検定することができる. これが **Dickey–Fuller 単位根検定** (Dickey–Fuller unit-root test, 略して DF 検定) の最も単純なケースである [63].

これ以外のケースとして, 真の確率過程がやはりドリフトのないランダム・ウォーク式 (4.1) に従っているときにドリフトあり AR(1) モデル

$$P_t = \phi_0 + \phi_1 P_{t-1} + \epsilon_t \tag{4.7}$$

をあてはめて検定を行うケースや, 真の確率過程がドリフトありランダム・ウォーク ($\mu \neq 0$) に従っているときにドリフトあり AR(1) モデル式 (4.7) をあてはめるケース, さらには, 真の確率過程がドリフトありランダム・ウォークに従っているときに時間トレンドの加わった AR(1) モデル

$$P_t = \alpha + \delta t + \phi_1 P_{t-1} + \epsilon_t \tag{4.8}$$

をあてはめるケースなどが考えられる. それぞれにおいて, DF 検定統計量の漸近分布は異なることが知られている (例, [99: 17.4 節]).

さらに, AR(1) では説明しきれない系列相関に対処する方法として, AR(p) モデルがしばしば用いられる. 式 (4.8) を一般化した式

$$P_t = \alpha + \delta t + \rho P_{t-1} + \sum_{i=1}^{p-1} \varsigma_i \Delta P_{t-i} + \epsilon_t \tag{4.9}$$

を考えよう. ただし, $\Delta P_k = P_k - P_{k-1}$ である. 式 (4.9) は, 非確率的トレンド $\alpha + \delta t$ を持つような, 1 階差分過程に関する AR($p-1$) モデルとして書くことができる.

真の過程が式 (4.9) において任意の α, 時間トレンドなし ($\delta = 0$), 単位根を持つ ($\beta = 1$) に従っているとき, 同式を用いて回帰を行う場合を考える. このとき, 上と同様に最小二乗推定によって計算される量

$$ADF = \frac{\widehat{\beta} - 1}{\text{標準誤差}\ (\widehat{\beta})}$$

を使って行う検定を, **augmented Dicky–Fuller 単位根検定** (略して, **ADF 検定**) と呼ぶ.

実用にあたっては, AR 項の次数 p の決め方が問題となる. いくつか提案されているが, ひとつのアプローチとしては, 1 階差分過程をデータにフィットさせ, そのときに AIC や BIC などの基準において最適となるような次数 ($p-1$) を見出しこれに +1 を加えるやり方がある.

なお, ADF 検定の代替的な単位根検定法として, Phillips–Perron 検定が知られている.

▶ 実証分析：単位根検定

TOPIX 株価指数 1 年分 (2009 年 5 月 1 日〜2010 年 4 月 30 日 (244 営業日)) を使って, ADF 検定を行った. 分析に使用した対数価格データは, 15 秒次, 30 秒次, 1 分次, 5 分次, 10 分次, 30 分次の 6 通りである. オーバーナイトおよび昼休みの収益率はあらかじめ除去した. 一方, 真の対数過程として, (A) 式 (4.6) の固定係数 (ドリフト) なしモデル ("nc"), (B) 式 (4.7) の固定係数ありモデル ("c"), (C) 式 (4.8), (4.9) の時間トレンド+固定係数ありモデル ("ct") の 3 つを順に調べた.

分析は, (i) 直列法, (ii) 並列法の 2 通りで行った. 分析に使用したのは **R** パッケージ **fUnitRoots** である. 表 4.3 は (i) の, 表 4.4 は (ii) の結果である. (i) は 6 種類すべての計測間隔 (h) の収益率を, (ii) は, データ件数の制約上 30 分次を除く 5 種類の収益率を使用した. 表 4.3 中, "ADF.nc" は, モデル (A) の場合の ADF 統計量, "ADF.c" は (B) の場合の統計量, "ADF.ct.1" は (C) において最大ラグ $p = 1$ としたときの (**adfTest** のデフォルト値) ADF 統計量, "ADF.ct.lag" は (C) において AIC に関して最適なラグ p を使用したときの ADF 統計量, "p-val" は各々のケースにおける p 値である. ここで, AIC に関して最適なラグとは, 分析対象である対数価格系列を 1 階差分した系列, すなわち対数収益率系列に対して AR(p) モデルをラグ p を変えな

表 4.3 TOPIX 株価指数の ADF 検定結果 (2009 年 5 月 1 日～2010 年 4 月 30 日): (i) 直列法

h	ADF.nc	p-val	ADF.c	p-val	ADF.ct.1	p-val	ADF.ct.lag	p-val	lag
15 s	−0.980	0.304	−0.999	0.690	−2.429	0.396	−2.843	0.219	41
30 s	−1.114	0.261	−1.132	0.640	−2.574	0.334	−2.839	0.220	21
1 m	−1.155	0.248	−1.159	0.629	−2.639	0.307	−2.709	0.277	31
5 m	−0.849	0.346	−0.987	0.692	−2.598	0.325	−2.496	0.368	9
10 m	−1.079	0.273	−1.148	0.632	−2.561	0.341	−2.52	0.358	2
30 m	−0.851	0.345	−0.966	0.700	−2.414	0.403	−1.657	0.724	11

表 4.4 TOPIX 株価指数の ADF 検定結果 (2009 年 5 月 1 日～2010 年 4 月 30 日): (ii) 並列法

h	χ^2.nc	p-val	χ^2.c	p-val	χ^2.ct.1	p-val	χ^2.ct.lag	p-val
15 s	421.016	0.987	626.012	0.000	531.118	0.086	599.199	0.000
30 s	388.626	1.000	661.102	0.000	571.801	0.005	613.741	0.000
1 m	359.714	1.000	709.333	0.000	637.096	0.000	608.691	0.000
5 m	359.640	1.000	605.368	0.000	523.552	0.129	477.953	0.619
10 m	372.348	1.000	541.107	0.048	474.198	0.664	419.012	0.989

がらフィットさせ, その中で AIC を最大化する p を見つけ, それを $+1$ した値である.

また, 表 4.4 内の表記 "χ^2.nc" は, (A) の場合の統合 p 値を表す. ほかも同様である. これらの χ^2 統計量の自由度はすべて $244 \times 2 = 488$ である[*4].

直列法 (i) においては, モデルにかかわらず, p 値は 0.2 を下回ることはなく, 通常の有意水準では帰無仮説は棄却されないことがわかる. 真のモデル (C) においても, 最大ラグ p の選択による結果の相違がほとんどみられない. すなわち, 1 年を通じて, モデルが安定的であったとするならば, TOPIX 株価指数系列は, 計測区間幅にかかわらず, 「単位根を含まない＝ランダム・ウォークではない」という強い証拠は得られなかった, すなわち, おおむねランダム・ウォークの振舞いをしていたといえよう.

一方, 並列法 (ii) においては, 真のモデルが (A) の場合はすべての収益率計測区間幅において, p 値はほとんど 1 に近い値であったのに対し, (B) は 5 分までの計測区間幅で p 値がほとんど 0, 10 分でも 5%有意で帰無仮説を棄却する水準となった. (C) については, ラグを 1 と設定した場合と AIC 最大となるラグを使用した場合とでやはり似たような結果となり, $h = 15\,\mathrm{s}$ では, 5%では有意でなく $h = 30\,\mathrm{s}, 1\,\mathrm{m}$ では 5%未満で有意, 一方, $h = 5, 10\,\mathrm{m}$ では, 10%以上でも有意とはならなかった. なお, この時期の 1 日の東証開場時間は 270 分であり, 特に $h = 10\,\mathrm{m}$ においては, データ件数が十分とはいえないことには注意が必要である.

もとより, 並列法においては, 日によってあてはまりのよいモデルが変化すること

[*4] **ar** 関数を使用. 計算を効率的に行うため, デフォルトの計算方式 (method="yule-walker") を使用.

も考えられることから，モデルを 1 つ決めるのは容易ではないし決めること自体に議論の余地もあるかもしれない．採用するモデルによって結論が異なることに注意は必要であるが，以上の分析結果は，おおむね，TOPIX 株価指数が当該分析期間において，(データの計測間隔によっては) 日によってランダム・ウォーク性が崩れた可能性を示している．そして，このような統合 p 値は，ランダム・ウォーク性が崩れた特定の日を抽出するものではないので，必要に応じて，日々の高頻度データについて詳細な分析をすることになろう．

ところで，第 1 章でも述べたように，高頻度データを細かい時間解像度のままで扱う場合には，必然的に取引価格データがティック・サイズの整数倍の値を持つという「価格の離散性」の影響がより強まることになる．しかし，次節では，価格の離散性のことはいったん忘れ，とりあえず標準的時系列モデルの代表である ARMA モデル (【補】S2.3 節) をティックデータ系列にフィットさせるとどうなるかをみてみよう．その後，その結果として観察される価格系列の負の自己相関性について，それをうまく説明できるモデルについて紹介し，さらに，価格の離散性を記述するためのモデルについても紹介していく．

4.2　高頻度収益率の負の自己相関性

第 1 章でも紹介した日経平均先物 2006 年 6 月限のティックデータを用いて，2006 年 4 月 10 日 (月)〜同 14 日 (金) の 1 週間分 (5 営業日) の約定価格 (1 秒間隔，同一秒内は約定枚数加重平均) の 1 日内時系列プロットを作成してみよう (図 4.1)．

次に，1 日内収益率の 2 次の時系列特性をみるために，4 月 10 日から 14 日までの 5 営業日のデータを用いて，1 ティック (解像度 1 秒，ただし同一秒内の複数レコードは出来高加重平均をとることにより 1 レコードに集約) ごとの収益率に関して，自己相関関数 (ACF) (【補】S2.2 節:式 (S2.2.2))，偏自己相関関数 (PACF) (【補】S2.3 節:式 (S2.3.7), (S2.3.8)) を計算する．前日終値からのオーバーナイトの収益率は除く．図 4.2 は，この期間における 1 ティック収益率の ACF について，図 4.3 は，PACF について，横軸にラグ，縦軸に (偏) 自己相関の値をとったプロットである (コレログラムと呼ぶ)．これらの図を眺めると，当該データ期間において，1 日内ティック収益率の 2 次の時系列特性はほぼ安定していることが確認される (【補】S2.1 節)．

図 4.2 より，1 ティック収益率において，強い負の 1 次自己相関 (ラグ $=1$) がみられる．4 月 10 日から 5 日間の 1 次自己相関の推定値は順に，$\widehat{\rho}_1 = -0.4346$, -0.4347, -0.4499, -0.4512, -0.4314 であった．各日とも同様な大きさであり，取引価格データに共通な何らかの構造的なものを反映していると考えられる．一方，図 4.3 によれば，対応する PACF は幾何的に減衰している．これらのことから，時系列解析の標準

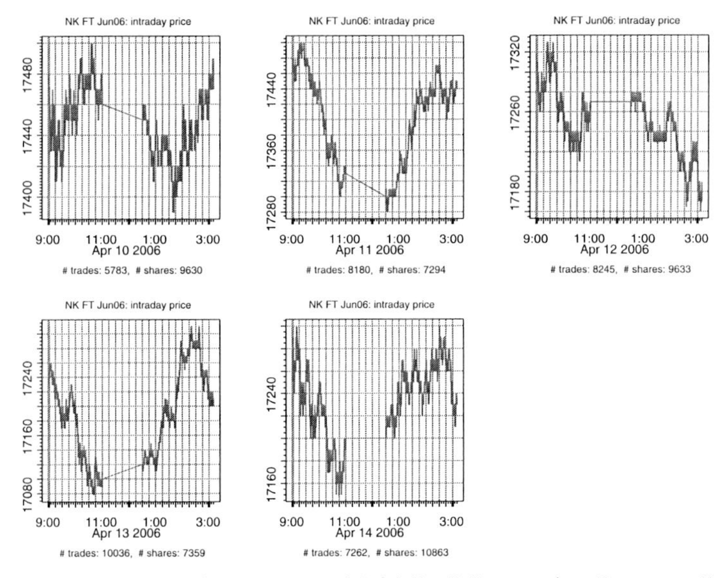

図 **4.1**　日経平均先物 2006 年 6 月限の 1 日内約定価格の推移：2006 年 4 月 10 日～4 月 14 日

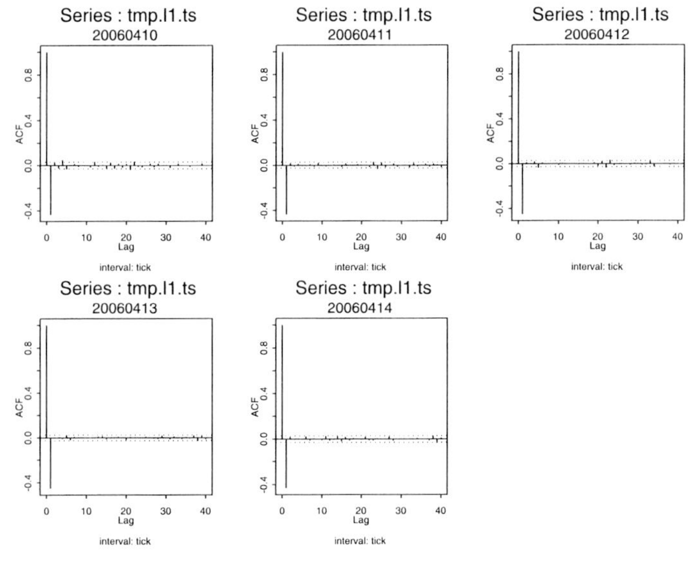

図 **4.2**　日経平均先物 2006 年 6 月限ティック収益率の ACF: 2006 年 4 月 10 日～4 月 14 日

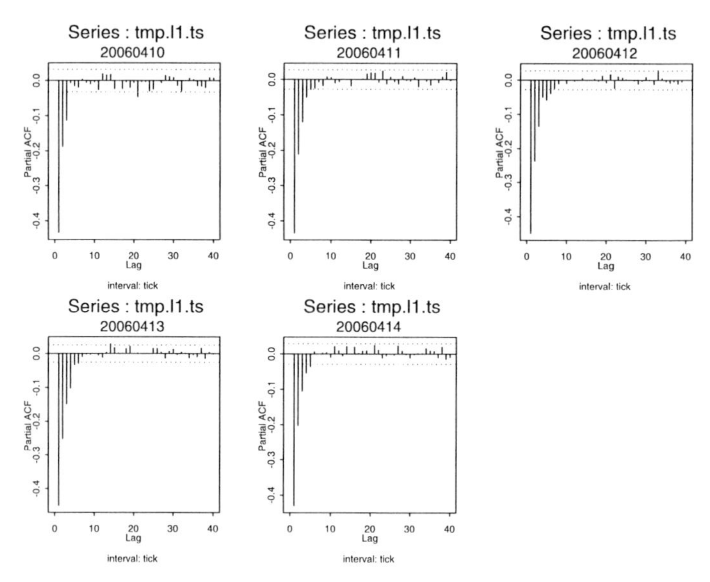

図 **4.3** 日経平均先物 2006 年 6 月限ティック収益率の PACF: 2006 年 4 月 10 日〜4 月 14 日

的アプローチである Box–Jenkins 流の線形定常時系列モデルをティック収益率系列にあてはめると, MA(1) モデルが適当と思われる. さらに, 並行して 1 分次収益率に関しても ACF, PACF を計算してみたところ, ACF に正の 1 次自己相関がみられたが, 値は相対的にずっと小さかった. 一方, PACF にはティックのときのような幾何的な減衰はみられなかった.

図 4.1 でもみられるような, 個別取引価格が短時間に狭いバンド (最良気配値間) を上がったり下がったりする現象が**ビッド・アスク・バウンス現象**であり, ティック・バイ・ティックの価格時系列データにおいて一般的に観察することのできる現象である.

ビッド・アスク・バウンス現象は, ティックデータを使ったボラティリティ推定を行う場合などに深刻な影響をもたらす (第 7 章参照). このように個々の取引が記録されているティックデータは, 市場参加者の意思決定の結果を直接反映したものであり, 市場の仕組みや取引ルール (市場のマイクロストラクチャ) の影響を受ける.

さて, 収益率の自己相関性は, 収益率の予測性 (線形予測性) につながるため, その有意性の検証は市場の効率性の観点から重要な実証研究のテーマである. 文献では, 株式市場や為替市場において, さまざまな計測間隔で計測された収益率系列に対する自己相関係数の大きさに関しての実証報告がなされている. その中で, 高頻度領域において, 約定価格系列のみならず, 最良買い気配 (ベスト・ビッド (best bid)), 最良売り気配 (ベスト・アスク (best ask)), ないしは仲値のみをつないだ気配値系列においても, 負の自己相関性の存在が報告されている. 為替市場の分析では, 初期の代表的な研究である [90] では, ロイター社 (現トマソン・ロイター社) より入手した欧州主要通貨および日本円の 7 通貨の対米ドル気配分次データ 3 日分 (1987 年秋) を調べ, アスク収益率の負の 1 次自己相関性を指摘した. [151] では, 「Santa Fe 時系列予測コンペ」による「データセット C」[*5)] と名付けられた, 1 銀行からの米ドル/スイス・フランのビッドのティックデータ (1990 年 8 月からの約 8 か月分) を使い, ティック収益率では負の 1 次自己相関があるが, 1 時間次収益率ではそれが消えるとした. [232] は, Olsen グループの米ドル・日本円・独マルク間の 3 通貨ペアのビッドのティックデータ, 1992 年 10 月からの 1 年分を調べ, 収益率の 1 次の自己相関がすべて負, しかも米ドル/独マルク, 米ドル/日本円が −0.4 を下回る大きさであると報告した. [175] は, Olsen グループの 1996 年 1 年間のデータ (HFDF96) より, 英ポンド, 独マルク, スイス・フラン, 日本円の対米ドルレートの 30 分次の仲値データについて, ラグ 3 までの自己相関係数がほとんど負になったと報告した.

なお, 本書第 9 章において行った外国為替レートの分析においても負の 1 次の自己相関が得られている.

ところで, [128] の米ドル/日本円 (1998 年 1 月から 6 年弱), ユーロ/米ドル (1999 年 1 月から 5 年弱) の EBS データを用いた実証研究 (約定収益率 3 種類, 気配収益率 3 種類を用意) では, 価格系列のみならず, 注文フローのデータを説明変数に使えば, 1 分先, 5 分先などごく短期間先であれば予測性ありと報告した. 実務において予測力の向上を目指すのであれば, 注文フローなど価格以外のデータを使うのはごく自然なことである.

4.3 ビッド・アスク・バウンスのモデル

高頻度データ分析で観察される現象を記述するモデルの代表例として, Roll [189] によるビッド・アスク・バウンスのモデルを紹介しよう. 上で使用した日経平均先物のティックデータのうちの 2006 年 4 月 10 日 1 日分を用いてみよう (図 4.1 の左上図が, 同日の 1 日内約定価格推移である).

いま, 対数証券価格を $X_t = \ln S_t$, 対数収益率を $\Delta X_t = X_t - X_{t-1}$ で表す. $t = 0, 1, 2, \ldots$ は取引の順番を表す. 暦時間軸上を等間隔には並んでいないが, 「トレード時間軸」上の離散サンプル・データとみなすことができる (2. 1 節の時間変更を参照せよ).

4 月 10 日のティック収益率系列の 1 次の自己相関, 分散, 1 次の自己共分散を計算すると,

$$\widehat{\rho}_1 = -0.4346, \qquad \widehat{\gamma}_0 = 6.9695 \times 10^{-8}, \qquad \widehat{\gamma}_1 = -3.0289 \times 10^{-8}$$

---

*5) Santa Fe 時系列予測コンペ「データセット C」については, たとえば, [226], あるいは `http://www-psych.stanford.edu/~andreas/Time-Series/SantaFe.html` を参照のこと.

となる.

先に, 図 4.2, 4.3 より, ラグの大きさ 40 までの ACF, PACF のグラフ形状から, MA(1) モデルが候補として適当であると述べた. そこで, **R** の **arima** 関数 (**stats** ライブラリ内に収録) によってモデル・パラメータを推定すると,

$$\Delta X_t = W_t - \underset{(0.0103)}{0.5222} W_{t-1}, \qquad W_t \sim WN\left(0, 5.379 \times 10^{-8}\right)$$

となる (括弧内は標準誤差).

4.3.1　Roll (1984) モデル

次に, 取引価格ではなく, 証券の本質的価値 (ファンダメンタル・バリュー) がランダム・ウォーク (【補】S2.6 節) するモデルを考える. 本質的価値部分を M_t として,

$$M_t = M_{t-1} + U_t, \tag{4.10}$$

ここで, U_t は M_{t-1} とは独立な *i.i.d.* ノイズ, $\{U_t\} \sim IID(0, \sigma_u^2)$, であるとする. M_t は証券の効率価格 (efficient price) を表す. 取引はディーラーを通して行われ, 顧客の買い注文はディーラーの売り価格 A_t で, 売り注文は買い価格 B_t で行われるものとする.

次に, t 時点 (番目) の取引価格が

$$X_t = M_t + cQ_t \tag{4.11}$$

であるとする. ここで, c はディーラーが顧客の注文に応ずる際に徴収するコストに対応する定数である. Q_t は取引の方向を表す確率変数で, 確率 1/2 で 1 (顧客の買い注文) を, 確率 1/2 で -1 (同売り注文) をとるバイナリ変数であるとする. 以下では, 簡便のため, Q_t は *i.i.d.*, かつ $\{U_t\}$ と $\{Q_s\}$ は独立であるとするが, 一般化は可能である.

このとき, ディーラーの売り値, 買い値は,

$$\text{(売り値)}\ A_t = M_t + c = M_{t-1} + c + U_t,$$
$$\text{(買い値)}\ B_t = M_t - c = M_{t-1} - c + U_t,$$

よって, ビッド・アスク・スプレッドは, $A_t - B_t = 2c$ である.

一方, 取引価格の変化は,

$$\begin{aligned}\Delta X_t = X_t - X_{t-1} &= (M_t - M_{t-1}) + c\,(Q_t - Q_{t-1}) \\ &= c\,(Q_t - Q_{t-1}) + U_t\end{aligned}$$

であるから, 確率過程 $\{\Delta X_t, t = 1, 2, \ldots\}$ の自己共分散は,

$$\gamma_0 = \mathrm{E}\left[\Delta X_t^2\right] = 2c^2 + \sigma_u^2,$$
$$\gamma_1 = \mathrm{E}\left[\Delta X_t \Delta X_{t-1}\right] = -c^2; \qquad \gamma_k = 0, \qquad k \geq 2$$

となる．すなわち，

$$c = \sqrt{-\gamma_1}, \qquad \sigma_u^2 = \gamma_0 + 2\gamma_1$$

なる関係式が得られる．定常時系列に対する基本的な性質 (「Wold 分解」,【補】S2.3 節:式 (S2.3.1)) より，価格変化過程 $\{\Delta X_t\}$ は MA(1) 過程として表現可能なことがわかる:

$$\Delta X_t = W_t + \theta W_{t-1}, \qquad W_t \sim WN\left(0, \sigma_w^2\right).$$

これより，γ_0, γ_1 に関して比較することにより，次の等式が成立する：

$$(1+\theta^2)\sigma_w^2 = \gamma_0 = 2c^2 + \sigma_u^2, \qquad \theta\sigma_w^2 = \gamma_1 = -c^2.$$

すなわち，MA パラメータ (θ, σ_w^2) から構造パラメータ (c, σ_u^2) が一意に定まる．

さらに，これらの 0 次および 1 次の自己共分散を用いて，Roll モデルの構造パラメータを計算してみよう．なお，Roll モデルは元来は取引価格についてのモデルであるが，対数価格に対して Roll モデルをあてはめると，対数価格の差分が連続複利収益率として解釈でき，価格が負にならないというメリットもある．念のため，ここでの分析と並行して，取引価格そのものに対して自己共分散を計算し，Roll モデルの構造パラメータを推定したが，使用データ期間における市場条件，価格や 1 日内ボラティリティの大きさにおいては，対数をとることによる影響は軽微で，ほぼ同様な結果が得られることが確認された．そこで以下では対数価格に対する分析についてさらに話を進めることにする．

日経平均先物 2006 年 6 月限データ (4 月 10 日) において，$\widehat{\gamma}_0 = 6.9695 \times 10^{-8}$, $\widehat{\gamma}_1 = -3.0289 \times 10^{-8}$ であったから，

$$\widehat{c} = 1.7406 \times 10^{-4}, \qquad \widehat{\sigma}_u^2 = 9.1200 \times 10^{-9}$$

と求めることができる．一方，日経先物のティック・サイズは 10 円であるから，スプレッド/2 は 5 円である．先物価格をおよそ 17,500 円として，

$$c = \log\left(1 \pm \frac{5}{17500}\right) \simeq \pm\frac{5}{17500} = 2.8567 \times 10^{-4}$$

と計算される．上で得られた $\widehat{c}$ よりは大きな値だが，オーダーとしては同じである．

Roll はこのように約定価格から計測される $2\widehat{c}$ を実効スプレッドと呼んだ*6)．マイクロストラクチャ研究によれば，ビッド・アスク・スプレッドは，注文処理コスト，在庫保有コスト [124, 206]，逆選択コスト [56, 67, 88] からなるとの説明がなされる．

売買の方向性の検証

実測値の理論値からの乖離は，Q_t の系列独立性，U_t と Q_s の独立性などのモデルの前提条件が現実と合致しないことによるとも考えられる．ここでは，Q_t の系列独立

---

*6) なお，今日のマイクロストラクチャ研究においては，通常，実効スプレッドは約定価格と約定直前の仲値を用い，(約定価格 − 直前仲値) × 2 と定義される．

表 4.5　売買方向の推移頻度: 日経平均先物 2006 年 6 月限約定データ
(2006 年 2 月 27 日〜同 6 月 8 日)

	−1	1
−1	196,026	68,191
1	68,187	190,699

性を注文の方向性を示すデータを使って確かめてみよう. 日経 NEEDS の「ティックデータファイル」にある「約定種別」項目 (表 1.1 の第 6 列) を用いて, 各約定レコードを売り主導の取引か, 買い主導の取引かを推測し, 分類を行う. 日経平均先物 2006 年 6 月限約定データ (2006 年 2 月 27 日〜同 6 月 8 日) 計 523,631 件の各レコードを売り主導 (−1), 買い主導 (+1) に分類し, 次に連続する約定レコードの売買方向の推移を集計したのが表 4.5 である (分類不能レコード 264 件除く)[*7].

同表によれば, 売り主導の取引のあとは, 3 : 1 の割合で買い主導よりも売り主導の取引が発生することを示している. 買い主導のケースも同様である. 推察した通り, 実際のデータは, Roll モデルにおける Q_t の *i.i.d.* 性の仮定とは相容れないものであることが示された. なお, 同方向の注文が連続する現象は, 既存研究によっても指摘されている. たとえば, 生方・坂和 [219] は東証 1 部 39 銘柄について Q_t の 1 次の自己相関 $\phi(1)$ を推定し, その平均値 $\overline{\phi}(1) \simeq 0.25$ であると報告した. なお, 経済物理学分野において, 注文フローの符号に関する長期記憶性も実証報告されている (例, [45, 153]).

このように, 現実のデータとは乖離する仮定を有するものの, Roll モデルは, それが予想する価格データの時系列特性が市場データのそれとよく符合することが確認された.

先述のように, 自己相関の有無は, 将来の線形予測性に関係している. 約定ティックデータにみられるかなり強い負の 1 次自己相関を活用すればトレーダーは収益をあげられるそうではあるが, 現実はもちろん甘くはない. 仮に最良買い気配値で買えたとして, すぐに反対売買を行うために最良売り気配値に指値注文を入れたとしても, 同一指値注文に対しては時間優先原則が適用されるため, その価格にはすでに待ち行列が形成されている可能性が高いからである. このような市場の “摩擦” の存在が市場における裁定機会 (フリーランチ) の発生を妨げ, 価格のランダム・ウォーク性をおおむね維持しているとも解釈される.

4.3.2　Roll モデルの一般化

次に Roll モデルを拡張する研究をいくつか紹介する. Hasbrouck and Ho [107] は, NYSE の個別株式およそ 700 銘柄に対して, 約定価格および気配仲値による収益率系列約 2 か月分に対して自己相関係数を計測し, どちらの収益率系列においても, ラグ 1

[*7] 実証マイクロストラクチャの文献において, 約定データと気配データを使って, 各取引の売り買いの方向性を推測するアルゴリズムとしては [152] がある.

は (Roll モデルの示すところと同様に) 有意に負, ラグ 2 から 5 までは有意に正であるとした. この有意に正になるという結果は, Roll モデルでは説明されないものである. [107] は, 実証的発見と整合的なモデルとして, Roll モデルを拡張して, 観測されない効率価格 (ランダム・ウォーク, 式 (4.10)) M_t に加えて, 気配仲値 P_t が

$$P_t = P_{t-1} + \alpha\,(M_t - P_{t-1}),$$

ただし, $0 < \alpha < 1$ は価格調整パラメータ, および, 式 (4.11) において M_t と P_t を置き換えた取引価格

$$X_t = P_t + cQ_t$$

からなるモデルを提案した. ここで, 注文の方向性を表す Q_t は 1 回前の取引の方向に確率が次のように依存する:

$$Q_t = \begin{cases} 1 & (\text{買い注文}) \qquad \text{確率}\ p(Q_{t-1}), \\ -1 & (\text{売り注文}) \qquad \text{確率}\ 1 - p(Q_{t-1}), \end{cases}$$

$$p(x) = \frac{1 + \delta\,\mathrm{sgn}(x)}{2}, \qquad 0 < \delta < 1.$$

一方, Harris [102] は, ビッド・アスク・バウンスと価格の離散性を同時に考慮することによって Roll モデルの拡張を図り, そのモデルのもとで観測価格を用いて計算される分散や自己共分散の値の評価と, 以下の μ, σ, c に関して最尤推定法によるパラメータ推定を試みた. 特に, [102] は, ビッド・アスク・バウンスのみならず, 価格の離散性も価格変化系列の負の 1 次自己相関性の原因となることを指摘した.

いま, 配当金調整後の観測不能な潜在価格 M_t は, ドリフト μ を持つランダム・ウォークに従い, 観測価格 P_t は M_t から最も近いティック ($d = 1/8$ ドルの整数倍) の値をとるとする.

$$\begin{aligned} &(\text{潜在価格}) \qquad M_t = M_{t-1} - D_{t-1} + \varepsilon_t, \qquad \{\varepsilon_t\} \sim NID\left(0, \sigma^2\right), \\ &(\text{観測価格}) \qquad P_t = \mathrm{Round}\,(M_t + cQ_t, d), \end{aligned}$$

ここで, 時点 t における配当金支払額を D_t と書く. $\mathrm{Round}\,(x, d)$ は, x の値をそれに最も近いグリッド値 (ティック・サイズ d の整数倍) へと丸めるための関数である. Q_t は取引の方向を表す変数であり, Roll モデルと同様に定義される. さらに, $\{Q_t\}$ は *i.i.d.*, かつほかの変数とは独立であるとする. このモデルは, 丸め誤差を考慮していることから, 下述の [93] をも含んでいるともいえる. すなわち, $c = 0$ のケースでは, [93] の離散時間版が得られる. このモデルによれば, 丸め誤差

$$\eta_t = M_t + cQ_t - \mathrm{Round}\,(M_t + cQ_t, d)$$

によって, 観測価格の変化が

$$\begin{aligned} \Delta P_t &= P_t - P_{t-1} + D_t \\ &= \mu + c\,(Q_t - Q_{t-1}) + (\eta_t - \eta_{t-1}) + \varepsilon_t \end{aligned}$$

と書ける. [102] は, この丸め誤差過程 $\{\eta_t\}$ が, (ビッド・アスク・バウンスによる効果に加えて) 観測価格系列を用いた分散推定値を増加させ, 1 次の自己共分散を負にするように働くことを指摘した. また, 丸め誤差は観測収益率に 2 次以上の自己相関にも非ゼロの値をもたらすことを指摘した. さらに, 真の価格分散 σ^2 が十分大きいとき, 丸め誤差の分散は $d^2/6$, 観測価格系列の 1 次の自己共分散は $-d^2/12$ (高次の自己共分散は 0) で近似されることを示した.

Hasbrouck [105] は, ビッド・アスク・バウンスおよび価格の離散性に加えて, マーケット・メーキングの費用および ARCH ボラティリティ効果 (5.1 節参照) をも考慮した. 特に, 値付け費用 (アスクへの上乗せ分, ビッドからの差引き分) を確率過程にしたという点において, Harris [102] モデルの拡張ともいえる. [105] は, このモデルによって, 米国の個別株式 15 分間隔データを分析し, 値付け費用の確率的要素が, 確定的な「U 字型」要素よりも, 相対的に持続性が強くかつ値が大きいことを見出した. また, ARCH 構造によって, M_t の持続的な 1 日内確率ボラティリティをとらえ, さらに, この両サイドの値付け費用は共通の要素を持ちうること, そしてそれらの費用は ARCH 分散の予測値によって表現されるリスクの大きさを反映したものである可能性のあることを指摘した.

一方, 観測価格系列の自己相関が生じる要因として, 価格形成メカニズムの観点から, 価格の部分調整をあげたのが Amihud and Mendelson [9] である. 彼らは, 観測価格が本質的価値に調整されてゆくスピードを表す係数の関数として 1 次の自己相関を表現し, 係数がオーバーシューティングを示す状況では, 自己相関が負, 部分調整を示す状況では正となることを導いた. さらに, NYSE の 30 銘柄の日次収益率約 1 年分のデータを使って, 各々の始値–始値, 終値–終値での収益率系列を計算しその自己相関を計測した. 終値ベースの自己相関は正の値をとる傾向が, 始値ベースの自己相関は負の値をとる傾向がみられた. このことは, 終値ではオーバーシューティングが起こっているとは考えにくいが, 始値ではありうるとした.

取引価格の負の 1 次自己相関を説明する研究は, ここで紹介したもの以外にも, [42, 178] などがある. [204] では, ビッド・アスク・バウンスに加えて非同期取引 (nonsynchronous trading) (7.2.2 項) をも考慮に入れながら, ランダム・ウォークその他のモデルに関するパラメータ推定や検定について議論している.

4.4 離散価格変動のモデル

以上, Roll モデルを軸に収益率の負の自己相関性を表現するモデルとその一般化について紹介した. 次に, 価格の離散性を記述することに主眼をおいたモデル, すなわち, 実際の市場価格が離散値をとることや, 価格変化を伴わない約定のあることを反映させられるような, 高頻度での価格変動を記述するモデリングのアプローチを述べる.

実際には，取引価格が離散的であるという現実を無視し，連続パスを持つモデルを用いてしまうのが簡単ではあるが，日次など十分長い領域とは異なり，高頻度領域においては離散性の影響が無視できなくなる．たとえば，[48: pp.109–128] において，この種のアプローチによる誤差の大きさが評価されている．離散価格を表現する際には，そもそも離散値のみをとるモデルを考えるか，背後に観測不能な連続的に値の変化するモデル (離散時間または連続時間モデル) があって，それが丸められて離散価格として観測されると考えるアプローチがある．

4.4.1　順序回帰モデル

離散値をとる証券価格のモデル化のアプローチのひとつとして，順序回帰モデルによるモデル化がある．これは，順序尺度を持つ離散値データを従属変数として扱える回帰モデルである．このアプローチによって，価格の離散性のみならず，説明変数の被説明変数への影響をとらえたり，取引間隔の不規則性も取り込むことができる．

いま，$P_0, P_1, \ldots, P_n$ を取引価格，$Y_k = P_k - P_{k-1}$ を価格変化 (ティックの整数倍と仮定)，Y_k^* を観測不能な連続変数で

$$Y_k^* = \boldsymbol{x}'_k\beta + \varepsilon_k \tag{4.12}$$

であるとする．ここで，$\mathrm{E}\left[\varepsilon_k | \boldsymbol{x}_k\right] = 0$, $\mathrm{Var}\left[\varepsilon_k | \boldsymbol{x}_k\right] = \sigma_k^2$, $\mathrm{Cov}\left[\varepsilon_k, \varepsilon_l | \boldsymbol{x}_k, \boldsymbol{x}_l\right] = 0$ $(k \neq l)$ を仮定する．k は取引時点 (離散時間) を表すとする．$\boldsymbol{x}_k$ は説明変数ベクトルである．さらに，条件付き分散 σ_k^2 は説明変数 $\boldsymbol{x}_k$ に依存してもよい．

いま，観測価格変化 Y_k は，観測不能な Y_k^* が次のような m 個の閾値に区切られて生成されると仮定する．すなわち，

$$Y_k = \sum_{j=1}^{m+1} s_j 1_{\left\{\alpha_{j-1} < Y_k^* \leq \alpha_j\right\}},$$

ここで，$\{\alpha_j\}$ は実数，$-\infty = \alpha_0 < \alpha_1 < \cdots < \alpha_m < \alpha_{m+1} = \infty$, $\{s_j\}$ は Y_k の状態空間を区切る閾値，ここではティック・サイズの整数倍を表す．当然ながら，閾値の個数を減らすとモデルの解像度が低下する．

さらに，$\lim_{z\to-\infty} h(z) = 0$, $\lim_{z\to+\infty} h(z) = 1$ となるような単調増加関数 $h(z)$ によって，

$$\begin{aligned}\Pr\left[Y_k = s_j | \boldsymbol{x}_k\right] &= P\left[\alpha_{j-1} < \boldsymbol{x}'_k\beta + \varepsilon_k \leq \alpha_j | \boldsymbol{x}_k\right] \\ &= h\left(\frac{\alpha_j - \boldsymbol{x}'_k\beta}{\sigma_k}\right) - h\left(\frac{\alpha_{j-1} - \boldsymbol{x}'_k\beta}{\sigma_k}\right)\end{aligned}$$

と表現されるとする．応用上は次の 2 つの $h(x)$ が重要である．

(i) 順序プロビット・モデル (ordered probit model)：$h(x) = \Phi(x)$，ただし，$\Phi(\cdot)$ は標準正規累積確率分布関数

$$\Phi(x) = \int_{-\infty}^{x} \frac{1}{\sqrt{2\pi}} e^{-u^2/2} \mathrm{d}u. \tag{4.13}$$

(ii) 順序ロジット・モデル (ordered logit model):

$$h(x) = \frac{1}{1+\exp(-x)}. \tag{4.14}$$

Hausman et al. [108] は, 順序プロビット・モデルを用い, 条件付き分散が外生変数ベクトル $\boldsymbol{w}_k$ に依存するケース, 具体的には係数ベクトル γ として

$$\sigma_k^2 = 1 + \boldsymbol{w}_k'\gamma \tag{4.15}$$

で表されるケースを考えた. 被説明変数である価格変動については $s_1 = -4$ ティックかそれ以下, $s_9 = +4$ ティックかそれ以上, $s_2 = -3$ ティック, $s_8 = +3$ ティック, などとおいて, 100 を超える米国株式銘柄の 1988 年の取引データに対して, 価格変化, デュレーション (取引間隔), ビッド・アスク・スプレッド, SP500 先物収益率, 売買符号 (買い = 1, 売り = −1), 約定金額, それらを組み合わせた 13 変数を式 (4.12) の説明変数に, デュレーションとビッド・アスク・スプレッドの 2 変数を式 (4.15) の説明変数において実証分析を行った.

最近では, 高頻度トレード (HFT) を行う業者の行動を説明するために順序ロジット・モデルが用いられた例がある [47].

▶ 実証分析

上記 TOPIX Core30 構成銘柄 2010 年 1 年間 (245 日分) のデータを用いて, 順序ロジット・モデルの推定を行った. 今回の分析においては, どの銘柄とも日ごとにデータ生成メカニズムの変動はないものとし, 年間のすべての日のティックデータを結合して 1 本の時系列データとして扱った (「直列法」, 2.2 節参照). 分析の前に, 同一タイムスタンプを持つレコード (デュレーション=0) は最初のレコードのみを残し, 1 タイムスタンプ 1 レコードとした. また, 前場, 後場の寄付データ (すなわち, オーバーナイトや昼休みの変動を記録したレコード) はあらかじめ除去した.

被説明変数の水準数は, 上下 ±2 の計 5 ティックの範囲とし (閾値数 $m = 4$), それを上回る変動についてはすべて 2 ティックの変動に数えた. 説明変数としては, [108] を参考に, AIC や係数の有意性も考慮しながら, デュレーション (Δt_k), 直前 3 回の価格変化 $Y_{t_{k-1}}, Y_{t_{k-2}}, Y_{t_{k-3}}$, 売買圧力 $vBS_{k-1}, vBS_{k-2}, vBS_{k-3}$ の 7 変数を使用した. ここで, 売買圧力とは, 約定枚数を V_k, 売買符号を BS_k で表したときの $vBS_k = BS_k\sqrt{V_k}$ である. なお, Hausman らのモデルでは, 平方根ではなくより一般の Box–Cox 変換を用いている. また, 条件付き分散については, 簡便性のため説明変数に依存せず一定 $\sigma \equiv \sigma_k$ である場合を想定した.

表 4.6 に, **R** パッケージ **MASS** に含まれる関数である **polr** 関数を用いて行ったモデル推定結果 (Core30 に含まれる 30 銘柄中最初の 15 銘柄) を示す. 表 4.7 内の最終列の n は, データ長を表す. 推定係数はほとんどすべての場合について t 値が非常に大きい結果となったが, これはデータ件数が大きい今回のような分析では驚くにあ

表 **4.6** 順序ロジット・モデルの推定結果: TOPIX Core30 構成銘柄中最初の 15 銘柄 (2010 年) 上段はパラメータ推定値, 下段は t 値.

code	dur	dp_1	dp_2	dp_3	vBS_1	vBS_2	vBS_3
2914	−0.00283	−0.94992	−0.28449	−0.07886	−0.00333	0.02008	0.02816
	−13.292	−215.506	−63.006	−18.751	−3.764	20.805	28.273
3382	−0.001	−1.125	−0.44	−0.168	0.003	0.003	0.002
	−6.001	−230.1	−88.152	−36.506	28.118	29.662	29.271
4063	−0.001	−2.28	−1.269	−0.582	−0	0.001	0.001
	−4.733	−277.752	−149.604	−77.952	−0.96	8.605	9.154
4502	0.001	−2.762	−1.686	−0.79	−0.003	−0.001	−0.002
	2.251	−316.534	−195.893	−112.969	−21.909	−12.628	−18.617
4503	0.001	−1.205	−0.459	−0.152	−0.001	0.001	0.001
	2.919	−191.805	−72.255	−25.786	−10.964	9.176	14.047
5401	−0.002	−3.1	−1.923	−0.911	−0.001	−0.001	−0.001
	−7.033	−318.974	−202.449	−118.805	−22.096	−20.887	−25.819
6301	−0.004	−1.677	−0.876	−0.388	0.002	0.002	0.001
	−10.614	−421.982	−217.332	−110.115	27.269	25.794	18.814
6502	0	−3.136	−1.945	−0.918	−0.001	−0.001	−0.001
	1.089	−430.822	−273.171	−161.834	−26.931	−23.042	−28.917
6752	−0.001	−2.172	−1.224	−0.564	0	0.001	0
	−2.615	−436.35	−242.229	−129.016	9.283	13.394	8.215
6758	−0.002	−1.426	−0.692	−0.293	0.001	0.001	0.001
	−6.075	−424.564	−203.796	−97.385	24.111	21.697	19.614
7201	−0.001	−2.8	−1.708	−0.83	−0	−0	−0
	−2.572	−492.452	−300.504	−173.29	−10.533	−8.409	−11.493
7203	−0.001	−2.324	−1.301	−0.582	−0.001	−0	−0
	−3.692	−512.796	−287.256	−151.656	−21.836	−10.035	−9.653
7267	−0.002	−1.339	−0.575	−0.219	0	0.001	0.001
	−5.978	−335.562	−140.906	−58.856	8.37	21.45	22.872
7751	−0.001	−2.729	−1.657	−0.802	−0.001	−0	−0.001
	−3.883	−397.757	−240.081	−135.635	−11.94	−4.698	−7.201
7974	0	0.017	0.037	0.019	−0.006	0	0
	0.137	1.958	4.229	2.169	−7.949	0.373	0.6

たらない. 推定係数に関する特徴的な結果として, デュレーションに対する係数 dur が 3 銘柄を除いて負であること, 過去 3 回の価格変化に対する係数 $dp_3 = Y_{t_{k-3}}$ が, 大証銘柄である任天堂 (7974) を除いて, すべての銘柄において 3 つの係数 (dp_1, dp_2, dp_3) とも負となった. すなわち, 前者は (次の取引までの) 待ち時間が長くなると, その価格変化は負の傾向になることを, 後者は価格系列が反転 (ビッド・アスク・バウンス) しやすい傾向を表している. これらの結果は, 上記 [108] のそれと整合的である.

表 **4.7** 順序ロジット・モデルの推定結果 (続き)

code	α_1	α_2	α_3	α_4	AIC	n
2914	−3.97568	−1.62763	1.5774	4.05326	1331958.591	667,386
	−467.026	−455.182	446.599	454.705		
3382	−4.503	−1.748	1.722	4.602	1294756.558	710,392
	−427.931	−482.752	478.179	416.532		
4063	−6.962	−2.243	2.232	7.204	638296.243	469,151
	−195.928	−415.799	414.193	180.473		
4502	−8.565	−2.276	2.281	8.813	653026.628	487,975
	−126.906	−414.258	412.691	116.605		
4503	−4.68	−1.799	1.803	4.758	777133.79	441,070
	−327.014	−383.525	383.307	323.127		
5401	−11.019	−2.45	2.424	10.884	547291.576	439,260
	−141402.268	−398.615	396.007	51.028		
6301	−4.944	−1.814	1.777	5.09	2249803.5	1,285,459
	−562.651	−644.188	635.076	541.152		
6502	−8.956	−2.401	2.408	9.886	992119.062	784,514
	−152.442	−532.564	530.945	105.447		
6752	−5.965	−2.044	2.038	6.186	1633782.733	1,072,160
	−413.393	−608.164	605.189	389.613		
6758	−4.598	−1.701	1.678	4.694	2800551.991	1,508,508
	−642.499	−681.547	674.693	627.693		
7201	−7.965	−2.336	2.327	8.241	1456903.383	1,117,021
	−238.033	−636.036	632.407	216.506		
7203	−6.538	−2.081	2.068	6.659	2047975.175	1,377,127
	−407.297	−692.812	689.194	391.283		
7267	−4.794	−1.792	1.766	4.876	1960624.156	1,108,558
	−514.695	−604.238	598.741	501.905		
7751	−8.012	−2.376	2.36	8.262	992526.864	776,118
	−191.003	−535.646	533.637	174.045		
7974	−1.323	−0.622	0.595	1.351	85530.381	27,223
	−83.182	−45.081	43.273	84.252		

4.4.2 積分解モデル

Rydberg and Shephard [192] は, 取引ごとに記録されたティックデータの価格変化の積分解モデル (decomposition model) を考えた. Z_t を価格変化を表す整数値をとる確率過程とし, 自身の過去の履歴を $\mathcal{F}_t = \sigma(Z_s; s \leq t)$ と書く [*8]. Z_t の履歴の結合分布

[*8] 確率変数 X によって生成される σ-加法族を $\sigma(X)$ と書く. $\sigma(X)$ は X がそれに対して可測となるような σ-加法族の中で最小の大きさを持つものと定義される. 確率過程の履歴 $(X_t; s \leq t)$ によって生成される σ-加法族, $\sigma(X_s; s \leq t)$, についても同様に定義される.

$$\Pr(Z_1 = z_1, Z_2 = z_2, \ldots, Z_n = z_n | \mathcal{F}_0) = \prod_{t=1}^{n} \Pr(Z_t = z_t | \mathcal{F}_{t-1})$$

を考える $(z_1, \ldots, z_n \in \mathbb{R})$.

いま, 価格変化 Z_t が次のように 3 つの部分に積分解されると仮定する.

$$Z_t = A_t D_t S_t$$

ここで, A_t は「アクティビティ」, $A_t = 0$ (価格変化なし), 1 (価格変化あり); D_t は価格変化の方向, $D_t = 1$ (上昇), -1 (下降); S_t は価格変化幅を表す変数であり, $A_t = 0$ のときは $D_t = S_t = 0$, $A_t = 1$ のときは $D_t = -1, 1$, $S_t = 1, 2, \ldots$ であるとする. すると, $\Pr(Z_t = \cdot | \mathcal{F}_{t-1})$ は次のように分解される:

$$\Pr(Z_t = 0 | \mathcal{F}_{t-1}) = \Pr(A_t = 0 | \mathcal{F}_{t-1}),$$

$$\begin{aligned} &(z_t \neq 0 \text{ に対して}) \qquad \Pr(Z_t = z_t | \mathcal{F}_{t-1}) = \Pr(A_t = 1 | \mathcal{F}_{t-1}) \\ &\quad \times \{\Pr(S_t = z_t | A_t = 1, D_t = 1, \mathcal{F}_{t-1}) \Pr(D_t = 1 | A_t = 1, \mathcal{F}_{t-1}) \\ &\quad + \Pr(S_t = -z_t | A_t = 1, D_t = -1, \mathcal{F}_{t-1}) \Pr(D_t = -1 | A_t = 1, \mathcal{F}_{t-1})\}. \end{aligned}$$

よって, アクティビティ $\Pr(A_t = \cdot | \mathcal{F}_{t-1})$, 価格変化の方向 $\Pr(D_t = \cdot | A_t = 1, \mathcal{F}_{t-1})$, 価格変化幅 $\Pr(S_t = \cdot | A_t = 1, D_t, \mathcal{F}_{t-1})$ の 3 つの要素についてモデリングを行えばよい. ここでは, Tsay [215] によるモデリング例を紹介しよう.

まず, アクティビティのモデルとして, $p_i = \Pr(A_i = 1 | \mathcal{F}_{i-1})$ とおいて,

$$\log\left(\frac{p_i}{1 - p_i}\right) = \boldsymbol{x}_i' \beta,$$

$\boldsymbol{x}_i$ は $\mathcal{F}_{i-1}$ で入手可能な情報より生成される説明変数ベクトル, β は $\boldsymbol{x}_i$ と次元の等しいパラメータ・ベクトルである. 次に, 価格変化のモデルとして, $\delta_i = P[D_i = 1 | A_i = 1, \mathcal{F}_{i-1}]$ に対して,

$$\log\left(\frac{\delta_i}{1 - \delta_i}\right) = \boldsymbol{z}_i' \gamma,$$

$\boldsymbol{z}_i$ は $\mathcal{F}_{i-1}$ で入手可能な情報より生成される説明変数ベクトル, γ は対応するパラメータ・ベクトルである. さらに

$$S_i | (A_i = 1, D_i, \mathcal{F}_{i-1}) \sim 1 + \begin{cases} g(\lambda_{u,i}) & A_i = 1, D_i = 1 \text{ のとき}, \\ g(\lambda_{d,i}) & A_i = 1, D_i = -1 \text{ のとき}, \end{cases}$$

ただし, $g(\lambda)$ はパラメータ λ の幾何分布に従う確率変数である. さらに, $\lambda_{u,i}$, $\lambda_{d,i}$ は時間とともに次のように変化する:

$$\log\left(\frac{\lambda_{u,i}}{1 - \lambda_{u,i}}\right) = \boldsymbol{w}_i' \theta_u, \qquad \log\left(\frac{\lambda_{d,i}}{1 - \lambda_{d,i}}\right) = \boldsymbol{w}_i' \theta_d,$$

$\boldsymbol{w}_i$ は $\mathcal{F}_{i-1}$ で入手可能な情報より生成される説明変数ベクトル, θ_u, θ_d は対応するパラメータ・ベクトルである. このモデルによる実証分析例については, [215] を参照せよ.

4.4.3 丸めによるアプローチ

離散価格を表現するもうひとつの方法, すなわち, 連続時間において連続的に変化する観測不能な価格過程があって, それが離散時間において観測されるというアプローチを紹介する.

Gottlieb and Kalay [93] は, 幾何 Brown 運動 (【補】S2 章: 章末問題 (3)) に従う均衡価格 (効率価格) 過程 P_t が,

$$\widehat{P}_t = \mathrm{Round}\left(P_t + \frac{d}{2}, d\right)$$

によって, 取引価格 $\widehat{P}_t$ として幅 d のグリッド上の値として実現されるようなモデルを考えた. そして, $\widehat{P}_t$ に基づいて計算される標本標準偏差 $\widehat{\sigma}$ が, ボラティリティ σ (この場合は一定値) を過大推定することを定量的に示した. そのバイアスは, 株価が低いほど, 真のボラティリティ σ が小さいほど, 大きくなることを示した. たとえば, $\mu = 0$, $\sigma = 0.001$ を持つ価格が 1 ドルの株式 (ティック・サイズ $d = 1/8$ ドル) は, 彼らの試算によると, $\widehat{\sigma} = 0.014$ にもなる. また, 標本尖度 $\widehat{\kappa}$ に関しても, 同様の傾向を示した.

Cho and Frees [50] は, [93] と同様の設定で, 連続過程 P のグリッドへの最初の到達時間 (first passage time) を利用して, 一致性と漸近正規性を持つ σ の新しい推定量を提案した. Ball [27] は, [93] のモデルを, 均衡価格過程が連続パスを持つ連続時間マルコフ過程に拡張して, [93] と同様に $\widehat{\sigma}$ および $\widehat{\kappa}$ の過大バイアスを定量評価した.

1990 年代終わりより活発に行われている「実現ボラティリティ」研究 (7.1.3 項参照) においても, 丸めを利用したモデリングが行われている. たとえば, Jacod et al. [131] は, 価格の離散性, ビッド・アスク・バウンス現象, さらには, 多数の価格変化がゼロとなるティックデータの実証的特徴を同時に表現するモデルを考案し, そのもとでのボラティリティの推定方法を考えた.

ところで, 本章で紹介しているマイクロストラクチャ効果の大きさは, 本質的価値の大きさに対して一体どれくらいの割合であろうか. 同じく, 実現ボラティリティ研究の中で報告がなされている. Hansen and Lunde [101] は, NYSE と NASDAQ の 30 銘柄について調べ, ノイズ部分の分散推定値と本質的価値の分散推定値 (実現ボラティリティ) の比は 0.0002～0.006 であると報告した. 一方, 生方 [217] は, 大証の 30 銘柄のうち, ノイズの分散が有意であった 22 銘柄について 0.0003～0.0029 との値を示した.

4.4.4 その他のアプローチ

整数値 ARMA モデルによるアプローチ

本章の導入部において, 刻み値の整数倍の値しかとらない価格系列の対数をとり 1 階差分をとった系列, 対数収益率系列に対して標準的 ARMA モデルをフィットさせた. 実のところ, 元の価格データの離散性の影響により, このようにして得られる対数収益率系列も 1 日内ではおおよそグリッド上の値を移動することは容易に想像がつ

く．近年，時系列分析の研究分野では，整数値をとる時系列データに対する ARMA モデル (integer-valued ARMA, INARMA) に関する理論・応用研究が進められている (例, [5, 41])．推定が容易でないため応用例はいまのところ限られているが，元来離散値データである高頻度価格データの時系列分析は自然な応用先であり，今後さまざまな実証研究がなされるものと期待される (例, [184])．

マルコフ連鎖モデルによるアプローチ

マルコフ連鎖は，離散値をとるマルコフ過程 (【補】S2.5 節) であり，ティック・レベルでの価格変動を表現するのに，簡便かつ自然なモデルである．たとえば，Darolles et al. [62] は，マルコフ連鎖の一種である出生死滅過程を価格変動の記述に用い，あわせて取引間隔 (デュレーション) の確率的変動をも考慮することで，価格変動と取引価格変動の同時モデリングのアプローチを提案した．

4.5　その他のモデル

多変量のティックデータを用いて複数銘柄間の相関係数を計測する際には，取引時点 (タイムスタンプ) が等間隔に並んでいないという現象に対処する必要が生じる [156, 200]. 本書では 7.2.2 項において，非同期性を考慮した相関係数の推定方法 (Hayashi–Yoshida 推定量) について解説する．

本章では取り上げなかったが，高頻度の注文板を観察すると，離散値をとる市場価格は一様に分布するのではなく，小さい桁を丸めた値の近辺においてクラスタリングする「価格クラスタリング」現象が知られている [103, 180].

近年，高頻度の注文板データの入手が容易になってきている．注文板では，複数の離散価格 (および注文数量) が異時点において更新されゆく．このような，多変量の離散価格，タイムスタンプの非同期性を同時に扱うモデルの研究が盛んである [1, 24, 54]. 本書の 6.3 節でも紹介する Hawkes モデルの多変量への拡張はそのような試みの典型例である．

5

ボラティリティ変動のモデルと分析

金融時系列データにおいては通常ボラティリティが確率的に変動し, しかも, いったん高くなるとしばらくその状態が続き, 低くなるとその状態が続く, いわゆるクラスタリング現象がみられる.

第 4 章では, 高頻度 (= 高解像度) でみた市場価格の値動きの特徴, 特に価格の離散性やビッド・アスク・バウンス現象などを考慮しながら, 価格パス自体ないしはその方向性・予測性に関心をおいた分析やモデリングの方法論について解説した. 本章では, 高頻度での時系列の変動性, 特にボラティリティの動的な変動性を記述するためのアプローチに焦点をあてる. 特に, 従来の「低頻度」金融時系列に対するモデリングとの違いを明確にする.

ところで, 情報の非対称性のある市場においては, 取引自体が情報源となりえ, 価格変化やボラティリティ, 取引量, 取引件数や取引間隔などの間には相互に密接な関係がある. このような観点から, 取引間隔の分析を目的とする第 6 章とは補完的な関係にある.

まず, 5.1 節にてファイナンスにおけるボラティリティの時間的変動を表す標準的なモデルである ARCH/GARCH モデルについて解説する. ARCH ファミリーのモデルは, 歴史的には, 日次かそれ以上の収益率系列に適用されてきたが, 高頻度データが普及するにつれ, これらを高頻度データにも適用しようとするのは自然な流れであった. このような, 高頻度データへ ARCH クラスのモデルを適用した初期の研究として, [11, 25, 75] などがあげられる. これらは, 主要外国為替や株式指数先物データを対象にしたものであり, ティック・サイズの大きさでいえば第 4 章で取り上げた価格の離散性の影響が比較的小さい市場を対象としたものであった. 一方, 同じ章で紹介した [105] は, 個別株式の高頻度データを分析対象に価格の離散性と ARCH 効果を同時にモデルに組み込んだ研究である.

5.3 節において, GARCH モデルの限界について述べる. 価格の離散性に加えて, ARCH ファミリーを高頻度データに適用する際に, 注意するべき点としては,「時間的合算性」と呼ばれる仮説が高頻度領域で成立しないという実証的報告がある. [11, 12] は, 日内 ARCH 型モデルの推定に際し日内季節性を組み込むことによって, この問題に対処した. 5.4 節において, この時間的合算性の問題を回避するためのそれ以外の代替的なアプローチについても紹介する.

5.1 ARCH/GARCH モデル

第 4 章の式 (4.1) の対数価格 P_t に対するランダム・ウォーク・モデルにおいて, 1 期間収益率 (連続複利) を $r_t = P_t - P_{t-1}$ で表せば,

$$r_t = \mu + \epsilon_t$$

と書ける. すなわち, 残差系列 $\{\epsilon_t\}$ が系列無相関であるから, サンプル・パスから得られるコレログラム (【補】S2.3 節) の形状は 0 次のラグを除いて, ゼロ近辺の値をとることが期待される. ところが, 実際の収益率時系列データにおいては, たとえば日次収益率データの自己相関関数はそのような形状となるものの, 2 乗や絶対値をとって自己相関関数をプロットすると, 高次のラグまでのゆるやかな減衰が観察される. つまり, 誤差項 ϵ_t は系列相関を持たないが, 独立系列ではないことが確認されるのである (4.2 節の図 4.2, 4.3, 9.1.3 項の図 9.9, 9.10 も参照)[*1].

以下では, 議論の単純化のため $\mu = 0$ とおく.

R. F. Engle は, 次のようなノイズ部分が時間変動するモデルを提案した:

$$\epsilon_t = z_t \sqrt{h_t}, \tag{5.1}$$

ここで, $\{z_t\} \sim NID(0,1)$, すなわち標準正規ノイズ, 条件付き分散 h_t は過去 p 時点までの収益率誤差項の実現値に依存する関数である:

$$h_t = \alpha_0 + \alpha_1 \epsilon_{t-1}^2 + \cdots + \alpha_p \epsilon_{t-p}^2, \tag{5.2}$$

ただし, $\alpha_i \geq 0,\ i = 0, \ldots, p,$ とする. このモデルは **ARCH(p)** モデル (autoregressive conditional heteroskedastic model) と呼ばれる.

h_t は $(t-1)$ 時点までの情報を与えたもとでの収益率の条件付き分散を表す. すなわち, ARCH(p) モデルにおいては, 今期 (t 時点) 収益率の条件付き分散 h_t は $(t-p)$ 時点から直前の $(t-1)$ 時点までの誤差項の実現値 2 乗の線形関数として与えられる.

ARCH(p) モデルにおいては, 実際の収益率 (2 乗) 過程を記述するのに, 比較的大きな次数 p が必要となりうる. この点を改善するのが, T. P. Bollerslev による GARCH(p, q) モデル (generalized ARCH model) である. GARCH(p, q) は, 条件付き分散 h_t が自分自身の過去の履歴にも線形に依存するように ARCH(p) を拡張したモデルである:

$$h_t = \alpha_0 + \alpha_1 \epsilon_{t-1}^2 + \cdots + \alpha_p \epsilon_{t-p}^2 + \beta_1 h_{t-1} + \cdots + \beta_q h_{t-q} \tag{5.3}$$

[*1] 本書ウエブサポートページの第 4 章練習問題参照.

ここで, 条件付き分散の値を正に保つための十分条件として, 通常 $\alpha_i \geq 0$ $(i = 0, \ldots, p)$, $\beta_i \geq 0$ $(i = 1, \ldots, q)$ を課す. なお, これらは十分条件であって必要条件ではない (例, [177]).

GARCH(1,1) モデルのパラメータ推定には, (疑似) 最尤法が用いられる. T 個の標本を $\{\epsilon_t\}$ とし, z_t が *i.i.d.* の標準正規分布に従うと仮定すると, 対数尤度関数は

$$l_T(\alpha_0, \alpha_1, \beta_1) = -\frac{1}{2T} \sum_{t=1}^{T} \left(\ln h_t + \frac{\epsilon_t^2}{h_t} \right) \tag{5.4}$$

となる. ここで,

$$\begin{aligned} h_t &= \alpha_0 + \alpha_1 \epsilon_{t-1}^2 + \beta_1 h_{t-1}, \qquad t > 1 \\ h_1 &= \frac{\alpha_0}{1 - \alpha_1 - \beta_1} \end{aligned}$$

である.

GARCH モデルは, ボラティリティの持続性 (ボラティリティ・クラスタリング), すなわち大きい (小さい) 変動のあとは大きい (小さい) 変動が続く, というよく知られた金融時系列の実証的性質を記述することができる. とりわけ, パラメータ数の少ない GARCH(1,1) モデルは大変よく用いられる.

5.2 asymmetric power ARCH

ARCH/GARCH モデルには, EGARCH, TGARCH, FIGARCH モデルなどのさまざまな拡張が提案されている. たとえば, [43] によるレビューを参照せよ. 以下では, Ding et al. [64] によって提案された APARCH モデル (asymmetric power ARCH model) について紹介しよう.

APARCH(p,q) モデルは残差の非正規性と残差の非対称性を表現できるモデルである. 一般に対象とする対数収益率の時系列を r_t とするとき, r_t を AR(m) モデル (【補】S2.2.1 項)

$$r_t = \mu + \sum_{i=1}^{m} \phi_i r_{t-i} + \epsilon_t \tag{5.5}$$

で推定し, 残差項 ϵ について適用する. APARCH(p,q) モデルは

$$\begin{aligned} \epsilon_t &= z_t \sigma_t \\ z_t &\sim D_\theta(0, 1) \\ \sigma_t^\delta &= \omega + \textstyle\sum_{i=1}^{p} \alpha_i \left(|\epsilon_{t-i}| - \gamma_i \epsilon_{t-i} \right)^\delta + \textstyle\sum_{j=1}^{q} \beta_j \sigma_{t-j}^\delta \end{aligned} \tag{5.6}$$

により与えられる. ここで, $\delta > 0$, $-1 < \gamma_i < 1$, $D_\theta(0, 1)$ は平均 0, 分散 1 のイノベーションの確率密度関数を表す. 付加的に θ として分布の歪みや形状パラメータを含むことができる.

▶ 実証分析

はじめに, 第 3 章でも使用した TOPIX 株価指数 2009 年 5 月 1 日〜2010 年 4 月 30 日までの 1 年分の高頻度データを使用して GARCH モデルの推定を試みたところ (「直列法」, 2.2 節参照), 5 分次以下の高頻度においては TOPIX 株価指数の対数収益率は AR(2)+GARCH(1,1) では収束しなかった. 高頻度領域においては GARCH モデルのあてはまりはよくないようである. そこで, レバレッジ効果とイノベーションのファット・テール性を考慮した APARCH を採用した. すると, 平均方程式を AR(2) でイノベーションを対称スチューデント t 分布 ($D_\theta(0,1)$ に対応) としたときパラメータが安定的に推定できた. 表 5.1〜5.3 に 15 秒次, 30 秒次, 1 分次, 5 分次, 10 分次収益率データに対するモデルの推定結果を示す. 各表内, 各計測区間 h において最初の行がパラメータ推定値を, 2 行目 (s.e.) が推定誤差を, 3 行目 (pval) が p 値を表す. 表 5.3 の "shape" は対称スチューデント t 分布の自由度 ν を示す. まず, サンプル・サイズが h の大きさによって異なることに注意しよう. 表 5.1 によれば, h の大きさによって, 平均方程式 (AR(2)) のパラメータ ("ar1", "ar2") の値が大きく変わっているのがわかる. 特に, $h = 10\,\mathrm{m}$ においては, 2 つの AR パラメータ推定値とも有意な結果とはならなかった.

表 5.2 においては, "gamma1" パラメータ値が有意でない結果となった. 一方, "alpha1" パラメータ値は, 凹凸があるものの h が大きくなるにつれ, 0 に近づいてゆく傾向のあるようにみえる.

表 5.3 では, "beta1" パラメータ値は, h が最小の 15 秒次である場合と, それ以外

表 5.1 TOPIX (2009 年 5 月〜2010 年 4 月) による AR(2)+APARCH(1,1) モデル推定結果 (平均方程式)

h	mu	ar1	ar2
15 s	1.170×10^{-6}	-9.535×10^{-2}	4.980×10^{-2}
s.e.	2.460×10^{-7}	2.172×10^{-3}	1.857×10^{-3}
pval	1.920×10^{-6}	0.000	0.000
30 s	2.100×10^{-6}	3.461×10^{-2}	7.431×10^{-2}
s.e.	4.550×10^{-7}	2.350×10^{-3}	2.210×10^{-3}
pval	3.820×10^{-6}	0.000	0.000
1 m	5.190×10^{-6}	9.894×10^{-2}	4.935×10^{-2}
s.e.	9.060×10^{-7}	3.268×10^{-3}	3.121×10^{-3}
pval	1.010×10^{-8}	0.000	0.000
5 m	9.100×10^{-6}	2.593×10^{-2}	-2.015×10^{-2}
s.e.	6.640×10^{-6}	8.287×10^{-3}	8.188×10^{-3}
pval	1.703×10^{-1}	1.755×10^{-3}	1.385×10^{-2}
10 m	8.030×10^{-6}	-1.030×10^{-2}	-4.070×10^{-3}
s.e.	1.470×10^{-5}	1.195×10^{-2}	1.153×10^{-2}
pval	5.854×10^{-1}	3.884×10^{-1}	7.241×10^{-1}

の場合で値が大きく異なっている．時系列構造の相違を表しているのだろうか．しかも h が大きくなるにつれ，“beta1” の値は 1 に近づいてゆく傾向がみえる．すなわち，下述の GARCH 時間合産性の観点から興味深い結果となった．

表 5.2　TOPIX (2009 年 5 月～2010 年 4 月) データによる AR(2)+APARCH(1,1) モデル推定結果 (ボラティリティ方程式その 1)

h	omega	alpha1	gamma1
15 s	2.680×10^{-6}	2.024×10^{-1}	1.570×10^{-2}
s.e.	1.160×10^{-7}	4.959×10^{-3}	8.155×10^{-3}
pval	0.000	0.000	5.417×10^{-2}
30 s	1.990×10^{-5}	5.452×10^{-2}	-2.019×10^{-2}
s.e.	1.110×10^{-6}	1.612×10^{-3}	1.720×10^{-2}
pval	0.000	0.000	2.405×10^{-1}
1 m	7.640×10^{-6}	8.295×10^{-2}	-3.002×10^{-2}
s.e.	5.720×10^{-7}	3.335×10^{-3}	2.069×10^{-2}
pval	0.000	0.000	1.468×10^{-1}
5 m	7.040×10^{-7}	3.771×10^{-2}	5.232×10^{-2}
s.e.	1.810×10^{-7}	4.105×10^{-3}	4.761×10^{-2}
pval	9.790×10^{-5}	0.000	2.719×10^{-1}
10 m	6.460×10^{-6}	2.983×10^{-2}	7.753×10^{-2}
s.e.	1.860×10^{-6}	3.478×10^{-3}	9.212×10^{-2}
pval	5.355×10^{-4}	0.000	4.000×10^{-1}

表 5.3　TOPIX (2009 年 5 月～2010 年 4 月) データによる AR(2)+APARCH(1,1) モデル推定結果 (ボラティリティ方程式その 2)

h	beta1	delta	shape
15 s	5.346×10^{-1}	1.342	3.696
s.e.	1.732×10^{-2}	3.340×10^{-2}	2.701×10^{-2}
pval	0.000	0.000	0.000
30 s	9.490×10^{-1}	8.023×10^{-1}	3.014
s.e.	1.655×10^{-3}	3.054×10^{-2}	2.767×10^{-2}
pval	0.000	0.000	0.000
1 m	9.328×10^{-1}	1.004	2.685
s.e.	2.811×10^{-3}	4.508×10^{-2}	3.345×10^{-2}
pval	0.000	0.000	0.000
5 m	9.676×10^{-1}	1.272	4.137
s.e.	3.565×10^{-3}	1.253×10^{-1}	1.592×10^{-1}
pval	0.000	0.000	0.000
10 m	9.738×10^{-1}	1.003	4.374
s.e.	2.855×10^{-3}	1.877×10^{-1}	2.467×10^{-1}
pval	0.000	9.090×10^{-8}	0.000

5.3 高頻度領域における GARCH モデルの限界と拡張

ARCH/GARCH 型モデルは, その単純な構造や推定の容易性から, 月次, 週次, 日次データに対して広く適用されているが, 1990 年代半ば以降, 高頻度データに対するボラティリティのモデリングへの試みが始まった. しかし, これまで述べてきたように高頻度データは, データ間隔の不等間隔性や日内季節性などの特徴を持っており, ARCH/GARCH 型モデルを従来通り, そのまま高頻度の時系列データに適用すれば済むような単純な話ではないことが明らかになってきた.

5.3.1 GARCH モデルの時間合算

GARCH モデルの高頻度データへの適用可能性について検討する場合の参考となるのが, 時間合算性と呼ばれる GARCH モデルの理論的性質である.

もし, あるサンプリング頻度で得られた離散時系列データが GARCH(1,1) 過程によって生成されているとするならば, それ以外の頻度でサンプルされたデータの示す挙動は, 元の過程を時間軸方向に「合算」あるいは「分解」することによって理論的に求めることができる. これは GARCH 過程の「時間合算 (temporal aggregation)」操作と呼ばれる. 元の時系列の時間合算・分解によって得られるほかの頻度における理論的挙動と, それと同一のサンプリング頻度で得られた実際のデータの挙動とを比較することによって, 背後にデータ生成するただ 1 つの GARCH 過程が存在するという仮説の妥当性を検証することができる.

Drost and Nijman [65] は, 通常の GARCH モデル (「強」GARCH モデル) のイノベーション過程に対する仮定を弱白色ノイズにゆるめた「弱」GARCH モデルが, 時間合算操作に関して閉じていることを示した. すなわち, 基準となる頻度で時間発展する弱 GARCH モデルに対して, その時系列を合算することで別の頻度の時系列を合成すると, それもまた弱 GARCH モデルとなることが示されるのである. 彼らは, サンプリング頻度が高くなればなるほど GARCH(1,1) パラメータ (α, β) は $(0, 1)$ に近付かねばならないことを指摘した. これは, 高頻度になるほど, ボラティリティのクラスターが長くなることを意味する. [65] は日次と週次の外国為替データに関して時間的合算性が成立することを確認した. しかし, [11, 60: sec.8.2.2] は, 米ドル/独マルクデータを使って, ともに 2 時間を超える高頻度領域において, 時間合算性が成立しないことを報告した.

HARCH モデル

以上のように, 高頻度領域においては, 単純な GARCH モデリングはうまくいかないようである. このような高頻度領域におけるボラティリティ・モデリングの方法のひとつとして提案されているものに HARCH モデルがある.

HARCH 過程は異なる測定区間に対する収益率 2 乗をベースに分散に対する方程式を持つ. 自己相関係数に対する実証分析においてみられる性質がこのモデルによって再現されることや, ボラティリティの長期記憶性も再現されるなどの特徴がある.

HARCH(n) モデル (heterogeneous ARCH model) とは, $\{\epsilon_t\} \sim IID(0,1)$ に対して, $r_t = \sigma_t \epsilon_t$ および

$$\sigma_t^2 = c_0 + \sum_{j=1}^{n} c_j \left(\sum_{l=1}^{j} r_{t-l} \right)^2 \tag{5.7}$$

によって定義されるモデルである. ここで, $c_0 > 0, c_j \geq 0, j = 1, \ldots, n-1, c_n > 0$ とする.

ところで, $r_t = \ln P_t - \ln P_{t-1}$ (対数収益率) であるから,

$$\sigma_t^2 = c_0 + c_1 \left(\ln \frac{P_{t-1}}{P_{t-2}} \right)^2 + \cdots + c_n \left(\ln \frac{P_{t-1}}{P_{t-n-1}} \right)^2,$$

すなわち, 分散 σ_t^2 は, 時点 $(t-1)$ までの異なる長さの累積収益率の 2 乗の線形結合である. HARCH 過程は下述の「不均質市場仮説」のもとでは自然なモデルである.

たとえば, HARCH(2) であれば,

$$\begin{aligned}\sigma_t^2 &= c_0 + \sum_{j=1}^{2} c_j \left(\sum_{l=1}^{j} r_{t-l} \right)^2 \\ &= \underbrace{c_0 + (c_1 + c_2) r_{t-1}^2 + c_2 r_{t-2}^2}_{\mathrm{ARCH(2)}} + 2 c_2 r_{t-1} r_{t-2}.\end{aligned}$$

この形より, HARCH(2) モデルは, ARCH(2) 過程に連続する収益率の積 $r_{t-1} r_{t-2}$ の項が加わったものであることがわかる. すなわち, 分散の値は, 前 2 期における収益率絶対値の大きさのみならず, 両者の方向に依存する. 仮に収益率の絶対値の大きさが同じものが 2 回続いた場合, 2 つが同じ符号を持つケースのほうが, 反対の符号を持つケースよりも次の分散の値が大きくなる.

HARCH 過程は ARCH 型モデルの一種ではあるが, 異なる期間で計測された収益率のボラティリティを同時に考慮するという点で他とは異なる.

関連するモデルとして, HAR-RV モデル (7.1.3 項, 式 (7.5)) を参照せよ.

不均質市場仮説

Olsen グループは, 実証研究の成果をふまえ,「不均質市場仮説 (heterogenous market hypothesis)」を提唱した. 不均質市場仮説とは次のような特徴を持つ市場である [60: sec.7.4]：

(1) 不均質市場においては, 異なる市場参加者は異なる運用期間 (ホライズン) やディーリング頻度を持つ. 為替市場を例にとれば, 高頻度側には為替ディーラー

やマーケット・メーカーがいる一方, 低頻度側には, 中央銀行, 事業法人, 年金基金の運用マネージャーなどがいる. ディーリングの頻度の相違は同一市場における同一ニュースに対する反応の違いを意味する.

(2) 不均質市場においては, 異なる市場参加者は異なる価格で精算し, 異なる状況において注文を執行しようとすることから, ボラティリティを生成する.

(3) 市場参加者の地理的位置に関しても不均質である. 為替市場データで観察される熱波効果 (heat wave effect) はこれによって説明される—ボラティリティ過程の自己相関係数を計測すると, 半日 (以下すべて営業日), 1 日半といったラグにおいては相対的に小さい値をとるが, 1 日, 2 日では相対的に大きな値をとる.

なお, 不均質市場仮説における市場参加者は, 運用ホライズンや地理的位置以外にも, リスク回避度や取引コスト, 市場参加者の所属する組織の持つ制約などの側面でも異なっている.

5.3.2 日内季節性への対応

Andersen and Bollerslev [11] は, 標準的な ARCH モデルの高頻度データへの単純な適用の問題点を指摘した上で, 1 日内のボラティリティ・クラスタリングおよび季節性を同時に織り込んだ ARCH モデルの修正版を提案した. [12] ではそれを発展させ, 重要マクロ指標発表などのイベントを反映させることを試みた. いま, 第 t 日 $(t = 1, \ldots, T)$, 第 n 番目データ $(n = 1, \ldots, N = 288)$, データ間隔 $\Delta = 5$ 分として, 5 分対数収益率 $R_{t,n} = \ln(P_{t+\frac{n}{N}}) - \ln(P_{t+\frac{n-1}{N}})$ が 3 つの項の積で生成されているとする:

$$R_{t,n} - \overline{R}_{t,n} = \underbrace{\sigma_{t,n}}_{\text{ARCH}} \cdot \underbrace{s_{t,n}}_{\text{暦・季節性}} \cdot Z_{t,n}.$$

このとき, 対数 2 乗リターン (規準化後) に対する次のような FFT (Fourier flexible form) 回帰モデルを考えた:

$$2\ln\frac{\left|R_{t,n} - \overline{R}_{t,n}\right|}{\widehat{\sigma}_{t,n}} = \widehat{c} + \mu_0 + \underbrace{\sum_{k=1}^{D}\lambda_k \cdot I_k(t,n)}_{\text{マクロ経済指標発表, 暦効果}}$$
$$+ \underbrace{\sum_{p=1}^{4}\left(\delta_{c,p}\cos\frac{p2\pi}{N}n + \delta_{s,p}\sin\frac{q2\pi}{N}n\right)}_{\text{1 日内周期性}} + \widehat{u}_{t,n}.$$

ただし, $I_k(t,n)$ は, 第 k イベントが第 t 日の第 n 区間に発生する指標関数 $(k = 1, \ldots, D)$, $\widehat{\sigma}_{t,n}$ は MA(1)-GARCH(1,1) モデルによる推定値である. 推定は 2 段階で行われる.

同論文は独マルク/米ドル為替レート (1992 年 10 月からの 1 年分, 5 分収益率) を実証分析し, 週初 (月曜午前中) 週末 (金曜午後) 効果, 曜日効果や重要経済指標発表の効果の有無や, 各要素のボラティリティへの寄与度などを定量的に評価し, 提案する方法論の有効性を示した.

一方, 森本・川崎 [173] は, 高頻度収益率系列に対して, デュレーション系列に対する日内周期性調整法 (6.2.3 項, 式 (6.13) 参照) と同様の方法によって日内調整を行った上で, GARCH モデルのパラメータを推定し, それに基づいて計算される 1 期先バリュー・アット・リスク (VaR) (8.1.6 項を参照) の予測精度を評価することで, 複数の GARCH モデルのバージョンを実証的に比較分析した. 彼らは, 2001 年 7 月からの 3 か月分の自動車大手 3 社 (トヨタ, 日産, 本田) の 10 分間隔の収益率データを分析し, 論文中で取り上げた 5 つの多変量 GARCH モデルの中では, 相関構造に動的構造 (dynamic conditional correlation) を仮定する Engle [73] の DCC モデルが最良であるとの結論を示した.

5.4 代替的ボラティリティ・モデリング

5.4.1 ボラティリティと取引量の相関性

ボラティリティを ARCH/GARCH 型モデルのような時系列モデルで表現している限り, なぜボラティリティが変動するのかについて答えることはできない. ボラティリティ自体が自律的に変動するのではなく市場参加者の行動が反映されたものと考えるほうが自然であろう. そして市場参加者の行動変化は取引量の変化を観察することによって把握できるかもしれない.

マイクロストラクチャ研究においては, 株式市場ボラティリティの時系列変動パターンと取引量との関連性について, 情報の非対称性の観点からの説明が試みられている [3, 78].

ボラティリティと取引量との間に正の相関がみられることは多くの実証研究によって報告されている (例, [139]) が, Tauchen and Pitts [211] は, ボラティリティと取引量との間の相関を「分布混合仮説」によって説明しようとする. 「分布混合仮説」は [53] までさかのぼることができる.

[211] は 1 日の約定回数に (系列) 独立な対数正規性を仮定したが, Richardson and Smith [186] は, 逆ガンマ分布や Poisson 分布を仮定する一方, 混合分布仮説の検証を行った. Andersen [10] は, Glosten and Milgrom [88] モデルをベースに, ([211] とは異なり) 新たな情報に反応するような情報トレーダーの存在を仮定し, 収益率–ボリューム関係の動的な 2 変量混合モデルを考えた. Watanabe [224] は, I に日次 AR(1) 過程を仮定し, 収益率やボリュームに関する [10, 211] などの各定式化に対して, 日経平均株価指数 (日次) データを用いてマルコフ連鎖モンテカルロ (MCMC) 法によってモデル推定を行い, それらのアプローチ間の比較を行った. 一方, Lamoureux

and Lastrapes [150] は, 収益率とボリュームの同時分布を定めることを目的とするのではなく, 分布混合と収益率の ARCH 効果を同時に説明するためのモデルとして, GARCH モデルを改良し, ボラティリティ方程式の右辺に 1 期前のボリューム項を外生的に加えたモデルを提案した.

5.4.2 時間変更を応用した確率ボラティリティ・モデル

ARCH/GARCH ファミリーと並んで, 金融資産収益率のボラティリティ変動を表現するもうひとつのポピュラーなモデルとして確率ボラティリティ・モデル (以下, SV モデル) がある. 高頻度データに対しても, SV モデルの利用は可能と考えられるが, その際には, ARCH/GARCH 型モデルのときと同様, ボラティリティの日内 (週内) 変動に対応しなければならない. また, ボラティリティが自律的に変動するのではなく, 取引量などの要因に影響されてボラティリティ水準が変化することをモデルで表現したい場合もある.

Ghysels and Jasiak [85] は, SV モデルに時間変更 (2.1 節参照) を施すアプローチを提案した. 彼らは, SV モデルを構成する 2 つの確率微分方程式のうちのボラティリティ方程式に時間変更を組み込むことによって, ボラティリティの 1 日内パターンの表現を試みた. さらに, 時間変更が観測可能な外生変数 (市場活況度) の非線形関数として表されるような定式化を提案した.

この枠組みにおいては, 潜在的確率過程である確率ボラティリティ過程は暦時間とは別の時間 (オペレーション時間) 軸上で時間発展する. そして, この代替的時間の進展スピードは, 取引量, 価格変化やその他の市場への情報の到着ペースを決めるような変数によって定まると仮定する. 彼らは, それに続く論文 [86] において, 外国為替レート (Olsen and Associates, 20 分間隔) を用いて実証分析を行った. 活況度を表す外生変数として, クォート回数, 絶対収益率, ビッド・アスク・スプレッドの 3 つの観測量を使用し, たとえば, 日本円/米ドル, 独マルク/米ドルの分析において, 市場における実際のクォート数やスプレッド, 収益率が各々の平均値を上回る場合にはオペレーション時間が加速すること, すなわち, 実際の市場の活況度が平均水準から乖離する程度に応じてボラティリティが変化している傾向のみられることなどを報告した.

5.4.3 ボラティリティ・リスク・プレミアム

ところで, 市場がある程度効率的であるがゆえその予測が困難である収益率と違い, ボラティリティは GARCH モデルなどを使えば予測しやすいと考えられている. 一方, 株式のボラティリティと収益率との間には, 負の相関関係, すなわち, 負の収益率のときには, ボラティリティが高くなるという, いわゆる「レバレッジ効果」もよく知られている. これらの経験的事実を組み合わせるとボラティリティ・モデルをデータよりうまく構築できれば, 将来リターンを精度よく予測できるのではないかという実務的な見地からの期待も持ちうる. そのようなリスクと (超過) 収益率の (トレード・オフ) 関係性はファイナンスの最重要テーマのひとつにほかならない (例, [171]). これまで, 株式市場において主に月次や四半期などの低頻度のデータを使って数多く実証研究されてきた. 1 期先期待リターンの生成式に今期の条件付きボラティリティを予測因子として用いることでボラティリティのリスクプレミアムの大きさを計測するGARCH-M (GARCH-in-mean) モデル, レバレッジ効果を考慮した [89] による修正版 GARCH-M モデル (GJR モデル) や [176] による EGARCH モデルはポピュラーなモデルである.

近年, 高頻度データを使ったボラティリティ・リスク・プレミアムの研究もなされつつある. しかしながら, リスクプレミアムが存在するとしても計測間隔や時間ラグの大きさが重要である. 仮に低頻度計測の収益率系列においてボラティリティ・リスク・プレミアムが存在し将来のリターンへ有意な影響を及ぼすとしても, それが高頻度領域で計測されるか否かは別問題である. 目下, このリスクとリターンの関係を調べる研究において, 高頻度データを使うことのメリットは, 第 7 章で紹介するような手法によってボラティリティの推定精度を高めるということにとどまっているようである (例, [26]).

6

取引間隔変動のモデルと分析

取引時間の変動性に関する研究は Engle らのグループの研究が先駆けとなって盛んに行われてきた. 本章では Engle [72] で提案されている収益率をマークとして, 収益率変動と取引間隔変動をマーク付き点過程として同時にモデル表現する試みを紹介する*1). 収益率系列に GARCH 型モデル, デュレーション系列に ACD モデルを用いた UHF-GARCH モデル (ultra high-frequency GARCH model) はその典型例である.

6.1 はじめに

第 4 章で取り上げた, 日経平均先物 2006 年 6 月限における 4 月 10 日の最初の 300 回の約定間隔 (デュレーション) を図 6.1 のように時系列プロットしてみよう (単位: 秒). 横軸は取引の通番である.

これより, 時間的に変動する約定間隔には, クラスタリング現象, すなわち, 大きい値のあとは大きい値が出やすい傾向があるようにもみえる.

本章では, このような不等間隔に並べられたティックデータに記録されているタイムスタンプ (取引時刻) の変動を表現するモデルと統計分析について解説する. 特に, ティックデータを連続時間確率過程が不規則かつランダムな離散時刻に観測されたとみなす立場であり, ノーベル経済学賞受賞者 Engle らが先駆的な研究を行った, マーク付き点過程の枠組みを用いたアプローチを中心に紹介する.

以下, 暦時間を t と表記し, $\{t_i, i = 1, 2, \ldots\}$, $0 \leq t_i \leq t_{i+1}$, を分析対象イベントの到着時刻を表す非負の確率変数列とする. このとき, この列 $\{t_i, i = 1, 2, \ldots\}$ を $[0, \infty)$ 上の**点過程** (point process) と呼ぶ. さらに, つねに $t_i < t_{i+1}$, すなわち複数のイベントが同時生起しない状況であれば, これを単純点過程と呼ぶ. 以下では単純点過程のみを考える.

---

*1) 本章の導入部および ACD モデルに関する解説部分は, [109] の記述を参考に, [113: sec.6.4.5] の内容を加筆修正したものである.

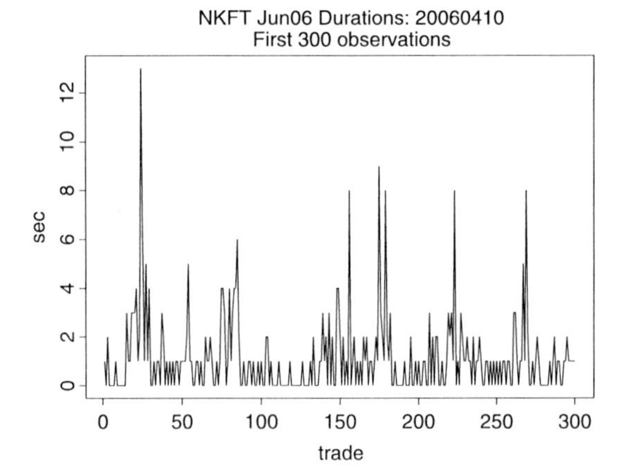

図 6.1　日経平均先物 2006 年 6 月限における 4 月 10 日の前場取引開始直後からの最初の 300 件の約定間隔

取引間隔の単位は秒.

一方, $\{y_i, i = 1, 2, \ldots\}$ を到着時刻 $\{t_i, i = 1, 2, \ldots\}$ に対応する何らかの特性を表す確率変数列, マーク (mark) 列と呼び, 2 つをあわせた列 $\{t_i, y_i, i = 1, 2, \ldots\}$ をマーク付き点過程 (marked point process) と呼ぶ. マークは時間不変な共変量, つまり異時点間で一定の値をとる共変量と解釈してもよいし, 時間とともに変化する共変量の時点 t_i における実現値と考えてもよい.

いま, 各時点 t においてそれまでに生起したイベントの累積発生回数を記録した計数過程

$$N(t) = \sum_{i=1}^{\infty} 1_{\{t_i \le t\}}$$

を考える (【補】S2.8 節: 式 (S2.8.1)). $N(t)$ は各 t_i において $+1$ のジャンプをする右連続な階段関数である. ここで, $\{t_i\}$ のかわりに $N(t)$ が最初に与えられた場合にも, $t_{i+1} = \inf\{t > t_i; N(t) - N(t_i) = 1\}$ なる操作によって $\{t_i\}$ を取り出すことができることから, $N(t)$ を点過程と呼んでも問題はない.

さらに, 2 つの連続する到着時刻の間隔 $d_i = t_i - t_{i-1}$ (ただし, $d_1 = t_1$) より作られる列 $\{d_i, i = 1, 2, \ldots\}$ を $\{t_i\}$ に関する**デュレーション過程** (duration process) と呼ぶ.

$[0, \infty)$ 上の点過程 $N(t)$ がある情報集合列 $\{\mathcal{F}_t\}$ に適合しているとする[*2)]. いま,

---

*2)　確率過程 $X(t)$ が情報集合列 (フィルトレーション) $\{\mathcal{F}_t\}$ に適合しているとは, 各時点 t において, 確率変数 $X(t)$ が $\mathcal{F}_t$-可測となることである. 直感的にいえば, $\mathcal{F}_t$ は時点 t において入手可能な情報全体を表すから, 適合するとは, 各時点 t において $X(t)$ が将来の情報を含んでいないことをいう.

$\lambda(t;\mathcal{F}_t)$ を左連続で右極限を有するようなパスを持つ正の確率過程で, 次のように定義されると仮定する:

$$\lambda(t;\mathcal{F}_t) = \lim_{h\downarrow 0}\frac{1}{h}\mathrm{E}\left[\,N(t+h)-N(t)|\,\mathcal{F}_t\right], \qquad \forall t. \tag{6.1}$$

このとき, $\lambda(t;\mathcal{F}_t)$ を計数過程 $N(t)$ の $\mathcal{F}_t$-強度過程 (intensity process), または強度関数と呼ぶ. $\lambda(t;\mathcal{F}_t)$ は, ある過去の履歴 $\{\mathcal{F}_t\}$ が与えられたという条件のもとでの点過程 $N(t)$ の (時点 t における) 変化率を表す. しばしば, 履歴として, 点過程自身の過去

$$\mathcal{F}_t = \sigma\left(t_{N(t)}, t_{N(t)-1}, \ldots, t_1\right)$$

が選ばれる[*3]. 一般にはもっと広くてもよい. たとえば観測不能な時間とともに変化する共変量であってもよい. 式 (6.1) は次のようにも書き換えることができる.

$$\lambda(t;\mathcal{F}_t) = \lim_{h\downarrow 0}\frac{1}{h}\Pr\left[\,N(t+h)-N(t)>0|\,\mathcal{F}_t\right]$$

つまり, 時点 t までの情報が与えられたもとで, 次の瞬間に (次の) 事象が観測される確率密度 (単位時間あたり発生件数) である.

さて, 最も単純な点過程は (斉時的) Poisson 過程 (homogeneous Poisson process) である. Poisson 過程 (【補】S2.8 節) は, 等価な 3 つの性質によって特徴付けられており, 一般化はそれらを緩和することによって行われる. すなわち, 強度関数を時間とともに変化するものにする, 指数分布をより一般の分布に置き換える, 増分やデュレーションの独立性の仮定をゆるめることにより一般化を図ることができる.

それに対応する形で, 点過程をモデリングするには主に 3 つの方法が行われる: 強度過程に対するモデリング, デュレーション過程に対するモデリング, 計数過程に対するモデリングである. 点過程を用いたモデリング・分析は統計学において (特に生存分析や地震学を中心に) 広く行われてきている [61]. しかし, 点過程モデリングを高頻度データに対して行う際には, 高頻度データに特徴的な (取引間隔や頻度に関する系列相関性や日内季節性などの) 時間構造を組み込んだ動的なモデルを検討する必要がある.

6.2 取引間隔のモデリング

6.2.1 マーク付き点過程

Engle [72] は取引価格過程をマーク付き点過程とみることを提唱した. 取引時点 t_i において $k\times 1$ のマーク・ベクトル y_i が観測されるとする. デュレーション $d_i = t_i - t_{i-1}$ とすれば観測データは $\{(d_i, y_i), i=1,\ldots,N\}$ である.

いま $\mathcal{F}_{i-1}$ を観測値の過去の履歴 $\{(d_j, y_j), j=1,\ldots,i-1\}$ により生成されたフィ

[*3] 確率変数列 $X_1,\ldots,X_n$ によって生成される σ-加法族を $\sigma(X_1,\ldots,X_n)$ と書く.

ルトレーションであるとする．第 i 番目の観測値は過去データ所与のもとで結合密度関数を持ち，

$$(d_i, y_i)|\,\mathcal{F}_{i-1} \sim f\big(d_i, y_i|\,d^{(i-1)}, y^{(i-1)}\big)$$
$$= g\big(d_i|\,y^{(i-1)}, d^{(i-1)}\big)q\big(y_i|\,y^{(i-1)}, d^{(i-1)}, d_i\big). \qquad (6.2)$$

ここで $q(\cdot)$ はマーク y_i の (d と y の過去履歴と現在の d の値が与えられたときの) 条件付き密度関数，$g(\cdot)$ はデュレーション d_i の (d と y の過去の履歴が与えられたときの) 条件付き密度関数である．また，$d^{(i)} = \{d_j, j = 1, \ldots, i\}$ などと表記した．すると，簡単な計算により第 i 番目の取引に関する条件付き強度は過去のデュレーションとマークに依存する形に表現できる．

$$\lambda_i(t; d^{(i-1)}, y^{(i-1)}) = \frac{g\left(t - t_{i-1}|\,y^{(i-1)}, d^{(i-1)}\right)}{\int_{s \geq t} g\left(s - t_{i-1}|\,y^{(i-1)}, d^{(i-1)}\right) \mathrm{d}s}, \qquad t_{i-1} \leq t \leq t_i.$$

統計分析の観点からは，g と q の形をどのように仮定し，推定や検定を行うかが重要である．同論文では推定方法として最尤法について議論している．

6.2.2 ACD モデル

点過程を表現するアプローチのひとつとして，強度関数を特定するかわりに，連続して起こる到着時点間の**時間間隔** (デュレーション) を (離散時間) 確率過程として表現する方法がある．

ここで紹介するモデルは，条件付き強度関数の過去のデュレーションへの依存構造から，**自己回帰条件付きデュレーションモデル** (autoregressive conditional duration model, 略して ACD モデル) と呼ばれる．

このモデルでは，過去のデュレーションが与えられたもとでのデュレーションの密度に対して直接仮定が与えられる．いま，$\mathcal{F}_i$ は $\{d_j, j = 1, \ldots, i\}$ により生成されるとする．ACD モデルは，次の仮定を行う：

$$d_i = \psi_i \varepsilon_i,$$

ここで，$\{\varepsilon_i\}$ は非負の *i.i.d.* 列であり，$\mathrm{E}[\epsilon_i] = 1$ とする (識別可能性条件)．ψ_i は第 i 番目のデュレーションの期待値

$$\psi_i = \mathrm{E}\left[\,d_i|\,\mathcal{F}_{i-1}\right] \qquad (6.3)$$

である．つまり，ACD モデルでは，デュレーションのすべての時間軸上の依存性は平均関数 ψ_i でとらえられると仮定している．この枠組みでは，期待デュレーション ψ_i と ε_i の確率分布の与え方によってさまざまなモデルをカバーすることができる．ε_i の分布としては指数分布 (EACD) を基本として，Weibull 分布 (WACD)，一般化ガンマ分布，対数正規などの選択肢がありうる．

条件付き強度の一般表現を導くために，いま f_0 を ε の密度関数，S_0 をそれに対応

する生存関数とし，ベースライン・ハザード関数

$$\lambda_0(t) = \frac{f_0(t)}{S_0(t)}$$

を考える．すると，ACD モデルの条件付き強度は，一般に

$$\lambda(t|N(t), t_1, \ldots, t_{N(t)}) = \lambda_0 \left(\frac{t - t_{N(t)}}{\psi_{N(t)-1}} \right) \frac{1}{\psi_{N(t)-1}}$$

と表される．すなわち，過去のデュレーション履歴はベースライン・ハザード内のシフトおよび積の係数として条件付き強度に影響を与える．なお，これは，加速的故障時間モデルの一種である．ε_i が平均 1 の指数分布 (標準指数分布)

$$f_0(t) = e^{-t}$$

に従う場合には生存関数は

$$S_0(t) = e^{-t}$$

となり，$\lambda_0(t) \equiv 1$ となる．そのため，条件付き強度は

$$\lambda(t|x_{N(t)}, \ldots, x_1) = \psi_{N(t)-1}^{-1}$$

となる．ϵ_i が標準指数分布に従う場合を特に EACD と呼ぶ．一方，Weibull 分布

$$f_0(t) = \frac{\gamma}{\theta}\left(\frac{t}{\theta}\right)^{\gamma-1} e^{-(t/\theta)^\gamma}$$

の場合には生存関数は

$$S_0(t) = e^{-(t/\theta)^\gamma}$$

となるので，$\mathrm{E}[\epsilon_i] = 1$ となるように $\theta = \Gamma(1+\gamma^{-1})^{-1}$ とすれば，条件付き強度は

$$\lambda(t|x_{N(t)}, \ldots, x_1) = \left(\Gamma(1+1/\gamma)\psi_{N(t)-1}^{-1}\right)^\gamma \left(t - t_{N(t)}\right)^{\gamma-1}\gamma$$

となる．このように ϵ_i が平均 1 の Weibull 分布に従う場合を WACD と呼ぶ．

Engle and Russell [74] は，GARCH モデルとのアナロジーによって，期待値列 $\{\psi_i\}$ に対してさらに線形構造を仮定した簡略化を図った．すなわち，

$$\psi_i = \omega + \sum_{j=1}^{p} \alpha_j d_{i-j} + \sum_{j=1}^{q} \beta_j \psi_{i-j} \tag{6.4}$$

なる構造を持つクラスを考え，これを ACD(p, q) モデルと呼んだ．このモデルの利点のひとつは，ベースライン・ハザードによらずさまざまなモーメントが計算できることである．たとえば，d_i の条件付き期待値は ψ_i，無条件期待値は

$$\mu = \mathrm{E}[d_i] = \frac{\omega}{1 - \sum_{j=1}^{p} \alpha_j - \sum_{j=1}^{q} \beta_j} \tag{6.5}$$

で与えられる．ここで，定常性を保証する条件は $\sum_{j=0}^{p} \alpha_j + \sum_{j=0}^{q} \beta_j < 1$ である．

ACD モデルの中で最も単純なモデルは，$\{\varepsilon_i\}$ が標準指数分布に従う EACD(1,1)

モデルである．このとき，

$$d_i = \psi_i \epsilon_i, \qquad \psi_i = \omega + \alpha d_{i-1} + \beta \psi_{i-1}, \qquad \omega > 0 \tag{6.6}$$

である ($\alpha = \alpha_1, \beta = \beta_1$ と書く)．このとき，(6.4) より

$$\mathrm{E}[d_i] = \frac{\omega}{1 - \alpha - \beta} \tag{6.7}$$

である．ところで，Nelson and Cao [177] は GARCH モデルのパラメータの非負値性を実現するパラメータ範囲に関する議論を行っている．それによると，GARCH パラメータがすべて非負であることは実現値の非負値性のための十分条件であり，必要条件ではないことが示される (本書 p.61 参照)．EACD(1,1) モデルにおいても同様で，$\alpha \geq 0, \beta \geq 0$ はデュレーションの条件付き期待値 ψ_i の非負値性を実現する十分条件であり必要条件ではない．すなわち $\alpha \geq 0, \beta \geq 0$ を必ずしも満足していなくとも実現する値の非負値性が満足される余地はある．一方，EACD(1,1) では，d_i の条件付き分散は ψ_i^2，無条件分散は

$$\mathrm{Var}[d_i] = \mu^2 \left(\frac{1 - \beta^2 - 2\alpha\beta}{1 - \beta^2 - 2\alpha\beta - 2\alpha^2} \right) \tag{6.8}$$

で与えられる．ここで，$\mathrm{E}[\epsilon_i] = 1$, $\mathrm{E}[\epsilon_i^2] = 1$ を使用した．したがって，$\alpha > 0$ の場合，$\sigma > \mu$ となって，取引デュレーション・データで観察されるのと同じ過分散の性質を示す[*4)]．

ACD のパラメータの推定は GARCH モデルのパラメータ推定方法からのアナロジーにより疑似最尤法を用いることができる．ε_i の分布として標準指数分布を仮定した EACD(1,1) の場合，$N(T)$ 個のデュレーション・データ $x_i\,(i = 1, \ldots, N(T))$ に対して疑似対数尤度関数 $l(\omega, \alpha, \beta)$ は

$$l(\omega, \alpha, \beta) = -\sum_{i=1}^{N(T)} \left(\ln(\psi_i) + \frac{x_i}{\psi_i} \right), \tag{6.9}$$

$$\psi_i = \omega + \alpha x_i + \beta \psi_{i-1}, \qquad i > 1, \tag{6.10}$$

$$\psi_1 = \frac{\omega}{1 - \alpha - \beta} \tag{6.11}$$

と書かれる．ここで，ψ_1 は式 (6.7) に基づく[*5)]．WACD(1,1) の場合対数尤度関数 $l(\omega, \alpha, \beta, \gamma)$ は

$$l(\omega, \alpha, \beta, \gamma) = \sum_{i=1}^{N(T)} \left\{ \ln\left(\frac{\gamma}{x_i}\right) + \gamma \ln\left(\frac{\Gamma(1 + 1/\gamma) x_i}{\psi_i}\right) - \left(\frac{\Gamma(1 + 1/\gamma) x_i}{\psi_i}\right)^{\gamma} \right\} \tag{6.12}$$

---

*4) ACD(1,1) が安定であるための必要十分条件は

$$\sup_i \mathrm{E}\left[\ln(\beta + \alpha \epsilon_i) | F_{i-1}\right] < 0$$

である．

*5) Engle [72] では分母の α が記載されていないがこれは誤植と思われる．

により与えられる.

6.2.3 デュレーション・データの日内調整法

図 6.2 は日本たばこ株 (証券コード 2914) の, 2010 年 1 年間のデュレーションの実現値 $d_i = t_i - t_{i-1}$ (単位: 秒) を各々の終了時点 t_i に対してプロットしたものである. 各 t_i は, 東証のオープン時刻 (午前 9 時) を 0, クローズ時刻 (午後 3 時) を 1 となるように規準化した. またデュレーションが 0 となるような同一スタンプを持つ約定レコードはあらかじめデータセットより削除した. なお, ここではプロットを見やすくするため, 全 d_i を表示するかわりに, 同一の区間終了時刻 t_i を持つ d_i ごとに平均値を計算し, それらを 1 点に集約して表示することで全体のデータ個数を削減した. 同図より, 前場開始後と後場終了前のデュレーションが短くなる傾向がわかる. すなわち, これらの時間帯においては取引件数が多いことを示しており, 株式市場で一般にみられる "U 字型カーブ" 現象を反映したものであることがわかる.

この "確定的な非定常成分" を含んだデュレーション時系列データをそのまま使って定常過程である ACD(1,1) 過程のパラメータを推定すると, パラメータ推定にバイアスを生じさせてしまう. そこで, 高頻度のデュレーション時系列データに ACD モデルをフィットさせる場合は, このような確定的な非定常成分に対する補正を行う必要がある.

Engle and Russell [74] はこのような日内変動を調整するため, 実際に観測されたデュレーション系列 d_i を非確率的な周期性成分を表す関数 $g(t)$ によって

$$\hat{d}_i = \frac{d_i}{g(t_i)} \tag{6.13}$$

と割引くことで**日内調整** (diurnal adjustment) を行ったあとに, ACD モデル推定を行っている. 彼らは提案した枠組みの具体的応用例として, IBM の取引データを使って取引時間と価格ボラティリティの実証分析を行った. Tsay [215] は [74] で分析されている IBM のデータに対して 7 次多項式を用いた調整方法を提案している. ここでは, これを参考に 7 次の多項式を用いた調整方法を用いる.

2010 年 1 月 4 日から同年 12 月 30 日までの全期間のデュレーション系列 (データ数 667,879) の対数変換値に対して多項式回帰 (次数 $m = 7$)

$$\ln \hat{d}_i = \phi(t_i) = \beta_0 + \sum_{k=1}^{m} \beta_k t_i^k \tag{6.14}$$

を行い最小二乗法によって係数を決定した. そして, 得られた多項式係数 $\{\beta_0, \ldots, \beta_7\}$ を用いて日内調整

$$\hat{d}_i = \frac{d_i}{\exp(\phi(t_i))}$$

を施した. 図 6.2 の実線は推定された多項式曲線である.

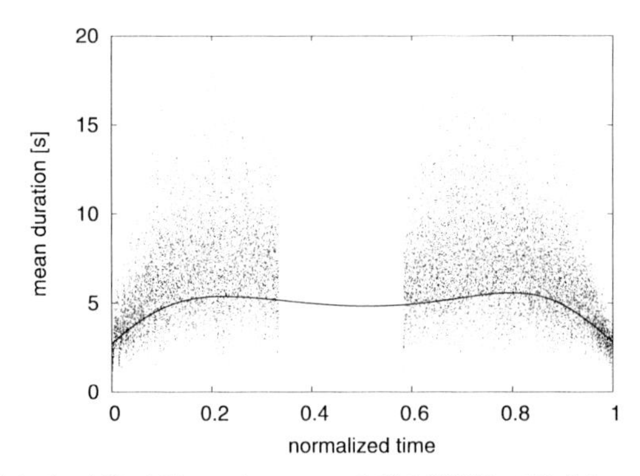

図 6.2　日本たばこ産業 (証券コード 2914) の取引時間間隔の平均値と 7 次多項式回帰によるフィッティング

▶ 実証分析

ACD モデルとして最も単純な $(p, q) = (1, 1)$ の場合である ACD(1,1) モデル

$$\begin{cases} \psi_i = \omega + \alpha d_{i-1} + \beta \psi_{i-1}, \\ \hat{d}_i = \psi_i \varepsilon_i \end{cases}$$

を仮定し, 各営業日のデュレーション系列に対して疑似最尤法によるパラメータ推定を試みる.

ε_i の確率分布として平均値 1 の指数分布の場合と, 形状パラメータ γ の Weibull 分布の場合の 2 つのケースについてパラメータ推定を行った.

日本たばこ産業 (証券コード 2914) に対する推定結果が図 6.3 である. 推定されたパラメータは各営業日に対して一定しているわけではなく日々変化していることが読みとれる. 指数分布は Weibull 分布の特別なケースであるが, 各営業日で推定された Weibull 分布の形状パラメータ γ がほぼ 1 に近い値で推移していることからもわかるように, 2 つの分布のパラメータ推定値の大きさは若干の違いはあるもののデータ期間中おおむね同様な値が得られた.

指数分布と Weibull 分布とともに, 大きい ω 推定値が得られている営業日において, α と β が負の値をとる様子がしばしば確認される. ACD の実現値の非負値性を考えると読者はこの推定値に不自然さを覚えるかもしれない.

そこで, 試しに 2010 年 1 月 7 日の推定値 ($\omega = 2.496638$, $\alpha = 0.067095$, $\beta = -0.299972$) を用いて人工的に EACD(1,1) モデルから *i.i.d.* の指数乱数を 1,000 回発生させることにより, デュレーション系列 $\{d_i\}$ を人工的に生成させてみたのが図 6.4 である.

これより, EACD(1,1) パラメータが負の値であるとしても, デュレーションの実現値はシミュレーションは負になることはなかった. 実際のデュレーション時系列デー

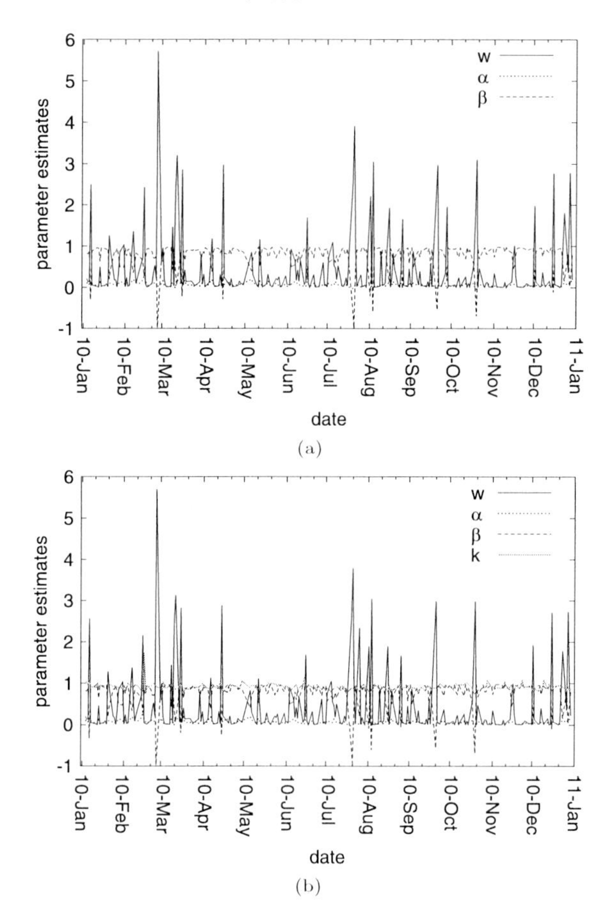

図 6.3 日本たばこ産業 (証券コード 2914) の 2010 年 1 月 4 日から 12 月 30 日までの各営業日に対する ACD(1,1) モデルのパラメータ推定値の推移
イノベーションが (a) 指数分布の場合, (b)Weibull 分布の場合.

タから推定された ACD(1,1) パラメータの値が負の場合には, 念のため. ACD(1,1) モデルに推定パラメータ値を代入し, デュレーション系列を生成させることで非負値性が保たれるのか確認したほうがよいかもしれない.

表 6.1 は日本たばこ産業, 2010 年 1 年間 (1 月 4 日〜12 月 30 日, 245 営業日), 各営業日におけるデータおよび EACD(1,1) モデルによる推定値 245 組に対する要約統計量である. ω の最小値は 0.001878, 最大値は 5.723891 とレンジが広い. 平均値は 0.440259 である. 一方, α は -0.03794 から 0.26519 まで, 平均値は 0.06780, β は -0.9766 から 0.9898 まで, 平均値は 0.7427 である.

表 6.2 は表 6.1 と同じデータによる, 各営業日におけるデータおよび WACD(1,1) モ

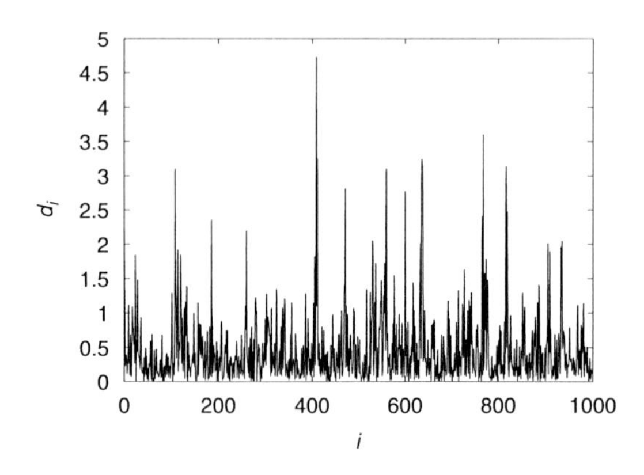

図 6.4　EACD(1,1) モデルに日本たばこ産業 (証券コード 2914) の 2010 年 1 月 7 日時系列から得られたパラメータ推定値 ($\omega = 2.496638$, $\alpha = 0.067095$, $\beta = -0.299972$) を代入し独立同一の指数乱数を用いて作成した人工的なデュレーション時系列

表 6.1　日本たばこ産業 (証券コード 2914), 2010 年 1 月 4 日から 12 月 30 日までの 245 営業日のデータを用いた EACD(1,1) モデルのパラメータ推定値の要約統計量

	データ数	ω	α	β	AIC
Min.	666	0.001878	−0.03794	−0.9766	3452
1st Qu.	1,345	0.026786	0.03372	0.7075	5153
Median	1,618	0.102317	0.06025	0.8800	5540
Mean	1,708	0.440259	0.06780	0.7427	5517
3rd Qu.	2,015	0.456795	0.09159	0.9423	6003
Max.	4,129	5.723891	0.26519	0.9898	6721

表 6.2　日本たばこ産業 (証券コード 2914), 2010 年 1 月 4 日から 12 月 30 日までの 245 営業日のデータを用いた WACD(1,1) モデルのパラメータ推定値の要約統計量

	データ数	ω	α	β	γ	AIC
Min.	666	0.001692	−0.03948	−0.9764	0.7535	3401
1st Qu.	1,345	0.028268	0.03439	0.7011	0.8818	5085
Median	1,618	0.104462	0.06139	0.8728	0.9094	5479
Mean	1,708	0.437058	0.06896	0.7416	0.9181	5472
3rd Qu.	2,015	0.454545	0.09351	0.9424	0.9510	5959
Max.	4,129	5.703176	0.29030	0.9862	1.7604	6723

デルによる推定値の要約統計量である. ω の最小値は 0.001692, 最大値は 5.703176 と, やはりレンジが広い. 平均値は 0.437058 である. 一方, α は -0.03948 から 0.29030 まで, 平均値は 0.06896, β は -0.9764 から 0.9862 まで, 平均値は 0.7416 である.

一方, TOPIX Core30 に含まれる主要 30 銘柄のデータ期間すべてのデータを結合して同様に EACD(1,1) によるパラメータ推定を行った (「直列法」, p.16). 図 6.5 は

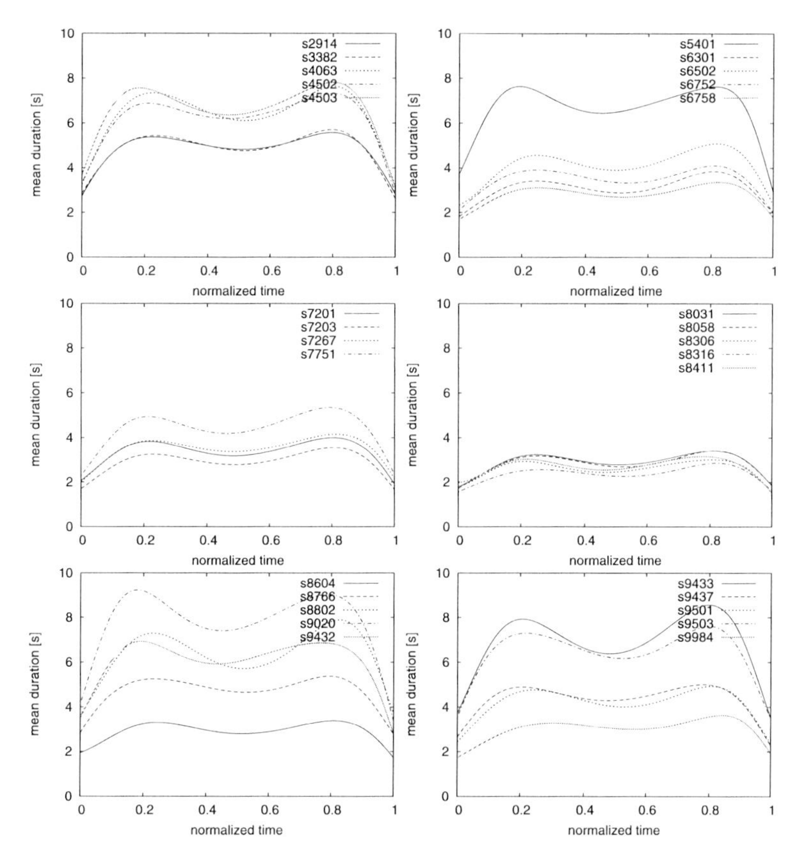

図 6.5 TOPIX Core30 構成銘柄の日内調整 7 次多項式 (6.14) の形状
ただし, 約定件数がほかに比べて極端に少ない任天堂 (7974) はグラフ形状が大きく異なったため図より削除.

時間調整多項式 (6.14) の形状を示している. 多項式の形状はどの銘柄もおおよそ類似していることがわかる. 表 6.3 はパラメータ推定値である. α は β より小さな値を示しており, $\alpha+\beta<1$ ながらもきわめて 1 に近い値を示していることが確認できる. 表 6.1 の値と表 6.3 の値を比較すると, 各営業日のデータから計算されるパラメータ推定値の平均値より, 全期間分のデータを結合して得られたパラメータ推定値のほうが ω では小さく, α では小さく, β では大きくなっていることがわかる. 1 年分を結合したデータに対して 1 つのモデルをフィットさせるケースにおいてはデータ期間中のパラメータの変動を考慮しないため, このような相違が現れたと考えられる.

表 **6.3** TOPIX Core30 構成銘柄, 2010 年 1 年分 (1 月 4 日〜12 月 30 日) データによる EACD(1,1) モデルの推定結果

証券コード	データ数	ω	α	β	AIC
2914	418,572	0.0079	0.0319	0.9642	1355179.11
3382	441,649	0.0084	0.0291	0.9666	1400966.30
4063	323,843	0.0101	0.0403	0.9549	1046455.00
4502	356,905	0.0118	0.0388	0.9550	1116924.66
4503	295,933	0.0103	0.0388	0.9564	974325.17
5401	320,852	0.0175	0.0669	0.9249	1007982.60
6301	810,894	0.0044	0.0325	0.9649	2278585.04
6502	556,609	0.0070	0.0563	0.9403	1624845.61
6752	706,973	0.0031	0.0315	0.9669	2018284.69
6758	918,945	0.0058	0.0402	0.9562	2525447.57
7201	732,063	0.0050	0.0380	0.9592	2079957.87
7203	869,944	0.0037	0.0377	0.9602	2389612.50
7267	673,463	0.0073	0.0375	0.9584	1967703.53
7751	519,856	0.0096	0.0373	0.9574	1571189.61
7974	24,026	0.0143	0.0701	0.9274	95221.08
8031	886,793	0.0034	0.0314	0.9666	2452238.46
8058	909,720	0.0041	0.0311	0.9663	2502496.76
8306	1027,828	0.0055	0.0420	0.9545	2731906.65
8316	1106,064	0.0048	0.0440	0.9532	2958616.55
8411	985,527	0.0036	0.0406	0.9572	2609238.19
8604	886,583	0.0062	0.0420	0.9542	2429502.50
8766	446,741	0.0107	0.0320	0.9627	1438593.54
8802	299,495	0.0087	0.0359	0.9603	1005492.19
9020	254,879	0.0167	0.0387	0.9534	850838.15
9432	355,903	0.0136	0.0373	0.9557	1132897.00
9433	278,773	0.0061	0.0344	0.9631	931273.12
9437	539,270	0.0088	0.0297	0.9653	1621443.59
9501	534,674	0.0014	0.0257	0.9738	1602847.38
9503	311,299	0.0081	0.0272	0.9689	1031541.23
9984	850,732	0.0068	0.0422	0.9538	2378876.43

6.3 取引頻度のモデリング

デュレーション・モデリングは本質的に離散時間モデリングであるが, 次に紹介する取引強度モデリングは連続時間モデリングである.

デュレーション・モデリングでは, 直感的にわかりやすく使い勝手もよいが, 反面, 多変量データを扱ったり時間とともに変化する共変量を取り込んだりするのは困難である. 取引強度のモデリングはこれらのケースに対応できる柔軟なアプローチである.

6.3.1 ACI モデル

自己回帰条件付き強度モデル (autoregressive conditional intensity model, 略して ACI モデル) は, 強度関数に自己回帰構造を組み込むもので, Russell [190] によって提案された. いま, Cox の比例ハザードモデルを動的に拡張したモデルを考える:

$$\lambda(t;\mathcal{F}_t)=\lambda_0(t)\Psi(t)s(t). \tag{6.15}$$

ここで, $\lambda_0(t)$ はベースライン関数を, $s(t)$ は季節変動部分を表す. $\Psi(t)$ は動的構造を持ち,

$$\Psi(t)=\exp\left(\phi_{N(t)}+z'_{N(t)}\gamma\right), \tag{6.16}$$

$$\phi_i=w+\sum_{j=1}^{p}\alpha_j\varepsilon_{i-j}+\sum_{j=1}^{q}\beta_j\phi_{i-j} \tag{6.17}$$

であるとする. なお, z_i は t_i の到着に伴って得られるマークとする. $\varepsilon_i=1-\Lambda(t_{i-1},\ t_i]$ は $i.i.d.$ で平均 0 のイノベーション過程である. ここで, $\Lambda(t_{i-1},\ t_i]=\int_{t_{i-1}}^{t_i}\lambda(s)\mathrm{d}s$ と記す. すなわち, ϕ_i はイノベーション過程によって更新される, ARMA 型のダイナミックスを持つ. 式 (6.15)〜(6.17) を ACI(p,q) モデルと呼ぶ.

実用上はベースライン関数 $\lambda_0(t)$ にさらに具体的モデルを仮定する. たとえば, Weibull 型, Burr 型などである [109].

モデルの性質として興味のある量, 次取引時点の条件付き期待値 $\mathrm{E}[t_i|\mathcal{F}_{i-1}]$ や条件付き期待強度 $\mathrm{E}[\lambda(t_i)|\mathcal{F}_{i-1}]$ は通常解析的には求まらずに数値的に求めることになる. その他デュレーションの自己相関係数などはシミュレーションによって求めることになる. 推定方法は最尤法によって行われる.

Russell [190] では, ACI を使って取引時間と指値注文時間を 2 変量とした実証分析を行った. さらに, 取引価格変化のボラティリティ, 取引量, ビッド・アスク・スプレッド変化の 3 変量をマークとして持つマーク付き点過程としての実証分析も行った.

一方, Gouriéroux et al. [94] は取引強度 (および生存関数) が過去の履歴に依存しないケースを考え, ノンパラメトリックに推定する方法を提案した. 特に, デュレーションをベースとした市場活況度を測る尺度として, あらかじめ定めた枚数や金額の株式を売買するのに要する時間 (重み付きデュレーション) などの尺度を提案した. それらは, 取引間隔や, 取引枚数, 取引価格間の従属性を記述することが可能な流動性の尺度である. パリ市場 (Paris Bourse) の株式データによる実証研究も行った.

6.3.2 Hawkes モデル

地震など過去の履歴に依存するイベント発生を記述, 分析するための一般的な点過程モデルのクラスとして, Hawkes [110] は, 次のような自己励起的な強度関数を有するモデルを提案した:

$$\lambda(t;\mathcal{F}_t)=\mu(t)+\sum_{j=1}^{p}\sum_{i=1}^{N(t-)}\alpha_j\exp\left(-\beta_j(t-t_i)\right),$$

ただし, $\alpha_j \geq 0,\ \beta_j \geq 0,\ j=1,\ldots,p$, かつ $\mu(t)$ は時間に関する非確率的な関数とする. 強度関数は各到着時点までの後ろ向き経過時間の減少関数 (負の値を肩に持つ指数関数) の重み付き和になっている. α_j は各項の重みを, β_j は過去の時点の影響の減衰率を決めるパラメータである.

$\mu(t)$ は非負であればマーク (共変量) $\mathbf{z}'_{N(t)}$ および季節成分 $s(t)$ を使って, たとえば,

$$\mu(t)=\exp(w)+s(t)+\mathbf{z}'_{N(t)}\gamma$$

のように関数形を与えたり, $s(t)$ が全体にかかる形にして

$$\lambda(t;\mathcal{F}_t)=s(t)\Big(\mu(t)+\sum_{j=1}^{p}\sum_{i=1}^{N(t-)}\alpha_j\exp\left\{-\beta_j(t-t_i)\right\}\Big)$$

とすることが考えられる. 指数関数以外の減衰関数を用いてもよい.

Hawkes モデルでは, 強度は過去の全イベントの到着時刻からの後ろ向き経過時間に依存する構造となっている. 過去のイベントが強度の現在値に与える影響度合がその間に起こったイベントの個数に依存しないなどモデル構造上の制約はあるが, その単純さにより信用リスクのモデル化など金融分野への応用も進んでいる.

注文板市場における気配価格の変動のモデル化は現在最もホットな研究テーマのひとつである. 注文板は, 執行されるのを待って並んでいる, いわば多重待ち行列である. たとえば, トレーダーが注文を出す場合に, 指値注文で出すか, 成行注文で出すか, 指値注文ならいくらで出すか, 分割発注するかなどの意思決定がほかの市場参加者による注文やキャンセルの到着率や自身がすでに出した指値注文の状態などの情報に基づいてなされなければならない. このような注文板データの確率変動を表現するモデリングの方法として, たとえば, 多変量 Hawkes モデルは有力なアプローチである [2].

以上紹介した Hawkes モデルや ACI モデルの重要な特徴は, 強度関数が観測可能なファクターの履歴の関数となっているため, プロセスの過去の履歴が与えられたとき, 条件付き強度関数は確定的になるということである. 一方, Bauwens and Veredas [37] は, 動的強度過程の枠組みを強度関数が観測できない潜在的ファクターにも依存する場合に拡張した確率的条件付きデュレーションモデル (stochastic conditional duration model, 略して SCD モデル) を提案した.

6.4 計数過程によるモデリング

前節では, 不等間隔に並ぶ取引間隔データから取引強度を推定するアプローチをとっ

たが, 本節では, 累積取引件数の時系列データを計数過程の実現とみなし, その取引強度を推定するアプローチを紹介する. いずれも時間とともに変動する取引頻度 λ をモデル化するものであり本質的に両者は同じである.

件数データのモデリングおよび統計分析のアプローチの代表的なものに Poisson 回帰モデルがある.

いま, 5, 10 分などの一定間隔に区切ったときの約定件数や気配更新件数のデータを Y_t とする. ここで離散時点 $t = 1, 2, \ldots, n$ は区間の番号を表すとする. 時点 t において観察される変数を $\mathbf{x}_t$ とする. なお, 一般には $\mathbf{x}_t$ には Y_t の過去の履歴を含んでもよい.

Poisson 回帰モデルは, 時点 t の件数 Y_t が共変量 $\mathbf{x}_t$ を与えたときに Poisson 分布に従い,

$$\Pr\left[Y_t = k \middle| \mathbf{x}_t\right] = \frac{e^{-\lambda_t}\lambda_t^k}{k!}, \qquad k = 0, 1, 2, \ldots,$$

条件付き期待値 λ_t が

$$\lambda_t = \mathrm{E}\left[Y_t \middle| \mathbf{x}_t\right] = \exp\left(\mathbf{x}_t'\gamma\right), \tag{6.18}$$

すなわち $\ln(\lambda_t)$ が $\mathbf{x}_t$ に線形に依存するようなモデル (対数線形モデル) である.

Y_t が系列従属性を示すデータの場合には, 式 (6.18) をゆるめ, 時系列構造を織り込んだモデリングの試みがさまざまになされる (例, [46]). このような拡張は, 金融データのモデリングにおいては重要である.

Rydberg and Shephard [191] は λ_t が説明変数データ $\mathbf{x}_t$ の線形関数である場合 (加法モデル) を提案した (BIN モデル). また, Heinen [120] は, 加法モデルでも特に λ_t が GARCH 型モデル

$$\lambda_t = \omega + \sum_{j=1}^{p} \alpha_j Y_{t-j} + \sum_{j=1}^{q} \beta_j \lambda_{t-j}$$

に従うクラス (ACP モデル) や, データの示す分散の過分散性 (Poisson 分布が正しければ期待値と分散は等しくなければならない) を二重 Poisson 分布を使って記述する拡張クラス (DACP モデル) を提案した.

一方, Jorda and Marcellino [136] は

$$\ln(\lambda_t) = \alpha \ln(\lambda_{t-1}) + \beta Y_{t-1} + \mathbf{x}_t'\gamma$$

なる乗法モデルを提案し (ACI(1,1) モデルと呼んだ), Y_t を 30 分間隔の気配提示回数, $\mathbf{x}_t$ を対応する時間帯のビッド・アスク・スプレッド水準 (1 変量) として, 米ドル/独マルクの気配データ 1 年分を使った実証分析を行った.

計数過程によるモデリングは, 物理時間 (暦時間) 軸をそのまま維持することから, 多変量への拡張が容易である (例, [121]).

補外　Poisson 回帰モデルの推定

以下では, Poisson 回帰モデルの推定法について基本的なケースを取り上げてみよう.

Poisson 回帰モデルの推定

説明変数 x に対して被説明変数計数過程 Y の条件付き期待値の対数が

$$\ln(\mathrm{E}[Y|x]) = ax + b$$

であると仮定する. すなわち,

$$\mathrm{E}[Y|x] = \exp(ax + b)$$

を仮定することになる. いま, x を与えたときの Y の (条件付き) 確率分布は, Poisson 分布

$$\Pr[Y_t = y|x] = \frac{\mathrm{E}[Y|x]^y \exp(-\mathrm{E}[Y|x])}{y!} = \frac{e^{y(ax+b)}e^{-\exp(ax+b)}}{y!}$$

である. よって, m 個の標本データの組 (x_i, y_i) に対する対数尤度関数は

$$l(a,b) = \sum_{i=1}^{m}\Big(y_i(ax_i + b) - e^{ax_i+b} - \ln(y_i!)\Big) \tag{6.19}$$

となる. 最尤推定量は尤度方程式

$$\frac{\partial l}{\partial a} = \frac{\partial l}{\partial b} = 0$$

から求められる. 尤度方程式の解は解析的には求まらないが, $l(a,b)$ は上に凸であることが示されるため標準的な数値最適化の方法により最尤推定量 $(\hat{a}, \hat{b})$ を得ることができる.

線形 Poisson 自己回帰モデルの推定

被説明変数が過去の実現値に依存するモデルを考えてみる. 具体的には, 条件付き期待値が以下の AR(p) で表現できると仮定する.

$$\mathrm{E}[Y_t|Y_{t-1}] = \sum_{i=1}^{p}\rho_i Y_{t-i} + \lambda$$

すなわち

$$\mathrm{E}[Y_t] = \sum_{i=1}^{p}\rho_i \mathrm{E}[Y_{t-i}] + \lambda$$

である. よって, 無条件期待値は

$$\mathrm{E}[Y_t] = \frac{\lambda}{1 - \sum_{i=1}^{p} \rho_i} = \mu$$

であるので,

$$\mathrm{E}[Y_t|Y_{t-1}] = \sum_{i=1}^{p} \rho_i Y_{t-i} + \Big(1 - \sum_{i=1}^{p} \rho_i\Big)\mu$$

となる. 条件付き期待値が $\mathrm{E}[Y_t|Y_{t-1}]$ である Poisson 分布は, $Y_{t-1} = y$ のもとでは

$$\Pr[Y_t|Y_{t-1} = y] = \frac{\mathrm{E}[Y_t|Y_{t-1}]^y \exp(-\mathrm{E}[Y_t|Y_{t-1}])}{y!}$$

であるから, 件数の時系列データ $\{y_1, y_2, \ldots, y_m\}$ が得られているとき, 対数尤度関数は

$$\begin{aligned} l(\rho_1, \ldots, \rho_p) = \sum_{t=p+1}^{m} \Big[& y_t \ln\Big(\sum_{i=1}^{p} \rho_i y_{t-i} + \Big(1 - \sum_{i=1}^{p} \rho_i\Big)\mu\Big) \\ & - \Big(\sum_{i=1}^{p} \rho_i y_{t-i} + \Big(1 - \sum_{i=1}^{p} \rho_i\Big)\mu\Big) - \ln(y_t!)\Big] \end{aligned}$$

で与えられる.

より一般のケースにおいては疑似最尤法が用いられる (例, [120]).

7

ボラティリティ・相関の計量

本章では, 高頻度データを用いて, 精度よく市場リスクを計量するための方法論について考える*1) . なかでも, ボラティリティ (標準偏差) は, オプション価格の評価・ヘッジや, 金融証券の資産運用, VaR (バリュー・アット・リスク) に代表される金融機関のリスク計測・管理に不可欠のリスク指標である. ボラティリティを中心に, 高頻度データを用いた市場リスクの計測について代表的な手法を紹介する. 特に, その中心的かつ重要な手法が「実現ボラティリティ (realized volatility)」を用いたボラティリティの計測であり, 本章でもこれを軸に解説する.

次に, 多変量のティックデータを使い, 複数資産間の共分散や相関係数を計測する方法について解説する. 第 6 章でも解説したように, 注文は不規則に市場に到着するため, 個々の気配更新や約定を記録したティックデータに含まれるタイムスタンプは不等間隔に並んでいる. このような不等間隔に並ぶ 2 つの価格時系列を使って共分散や相関係数を計測しようとすると, 標準的な方法ではうまくいかない. 本章では, それを解決するために提案されたアプローチを紹介する.

本章では, 価格過程に次のようなモデルを想定する. 以下で順に紹介する統計量は, データさえあれば確率モデルを仮定せずとも計算できるが, リスク量として適切に使用するためにはモデルを仮定した上での理論的性質の理解が重要である.

時点 t におけるある証券の価格 P_t の対数値を $X_t = \ln P_t$ で表す. 対数価格を考えることにより, たとえば, 時点 s から t への ($s < t$) 対数価格の変化幅 $\ln P_t - \ln P_s = \ln(P_t/P_s)$ は, 証券価格 P の s から t までの累積収益率 (連続複利ベース) を表すことができて都合がよい.

データ期間として, $0 \leq t \leq T$ を考える. 典型的には $T = 1$ 日である. X は次のような拡散過程であるとする:

$$\mathrm{d}X_t = \mu_t \mathrm{d}t + \sigma_t \mathrm{d}W_t, \qquad 0 \leq t \leq T. \tag{7.1}$$

ここで, μ_t はドリフト係数, σ_t は拡散係数である. 離散データが入手可能な状況において, 拡散係数は未知の量であり, これが推定対象であるとする. W_t は Wiener 過程

*1) 本章の主要部分は, [112, 118] をベースに, これらを加筆修正したものである.

である．単純なケースでは σ_t は確定的な (時間の) 関数であるが，一般には σ_t はランダムであり，確率微分方程式，式 (7.1) を成立させるのに十分な正則条件を持つものとする．μ_t は，未知でも既知でもよく，ランダムであってもなくても構わないが，一定の正則条件を満たす必要がある．以下，σ_t と W_t は独立であるとするが，より一般には (各時点において将来の情報を含んでいないのであれば) 互いに依存していてもよい．

7.1 ボラティリティの計測

7.1.1 価格レンジを利用するアプローチ

高頻度データの利用が一般的になる前より，日次終値のみからなるサンプルを用いて計算される標本標準偏差を改良する試みとして，四本値 (始値，高値，安値，終値) を用いるアプローチが提案されていた．

式 (7.1) において，係数が一定，ドリフト $\mu \equiv \mu_t$，ボラティリティ $\sigma \equiv \sigma_t$ (未知) の拡散過程 (ドリフト付き Wiener 過程) とする．以下では，四本値を使った σ_t^2 の代替的推定量を紹介し，それらの分散の大きさ (推定量の精度) によるパフォーマンス比較を行う．

前日クローズ時刻を 0，当日のオープン時刻を S，同クローズ時刻を T とする．すなわち，$[0,S]$ が前日クローズから当日オープンまでの夜間 (オーバーナイト) の時間帯，$[S,T]$ が開場している時間帯である．また，$C_0 = X_0$ を前日の (対数) 終値，$(O_1, H_1, L_1, C_1) = (X_S, \max_{S\le t\le T} X_t, \min_{S\le t\le T} X_t, X_T)$ をそれぞれ，当日 (対数) 始値・高値・安値・終値とする．これらが記録されていれば，それ以外の時間 t のデータは推定に必要ない．

ここでは，簡便のためドリフトなし ($\mu = 0$) とする．さらに，いま，1 回分 1 日分のデータのみを利用した推定を考える．このとき，終値 $C.$ の変化幅のみを使用した σ^2 に対する推定量

$$\widehat{\sigma}_0^2 = \frac{(C_1 - C_0)^2}{T}$$

に対して，オーバーナイトの変動を利用することで得られる推定量

$$\widehat{\sigma}_1^2 = \frac{(O_1 - C_0)^2}{2S} + \frac{(C_1 - O_1)^2}{2(T-S)}$$

を考えると，ドリフトなしのとき，$\mathrm{E}[\widehat{\sigma}_0^2] = \sigma^2 = \mathrm{E}[\widehat{\sigma}_1^2]$ であるから，両者は不偏推定量である．一方，$\mathrm{Var}[\widehat{\sigma}_0^2] = 2\sigma^4$, $\mathrm{Var}[\widehat{\sigma}_1^2] = \sigma^4$ であるから，$\widehat{\sigma}_1^2$ の $\widehat{\sigma}_0^2$ に対する相対効率性 (relative efficiency) は 2 倍に向上している．すなわち，高頻度データの入手不能な状況においては，始値 (または，隣り合う終値の間の価格情報) を使えば，σ の推定精度の向上が図れることが確認される．

さらに，高値・安値の利用を考える．背景にあるアイデアは，これらから計算される 1 日内の値幅が，始値と終値のペアよりも σ に関する情報をより多く含んでいるであ

ろうという点である.

Parkinson 推定量: Parkinson [182] は次のようなボラティリティ推定量を提案した. ドリフトなし ($\mu' = 0$) のケースにおいて,

$$\widehat{\sigma}_2^2 = \frac{(H_1 - L_1)^2}{T\,(4\ln 2)}.$$

この推定量の相対効率性は $\widehat{\sigma}_0^2$ に対しておおよそ 5 である. ここで, 分母に登場する係数は, Wiener 過程の性質

$$\mathrm{E}\left[\max_{0\le s,t\le 1}(W_t - W_s)^2\right] = 4\ln 2$$

に基づいている.

また, 前日クローズから当日オープンまでの変動が使える場合には, ウェイト $0 < a < 1$ として, 推定量

$$\widehat{\sigma}_3^2 = a\frac{(O_1 - C_0)^2}{S} + (1-a)\,\frac{(H_1 - L_1)^2}{(T-S)\,(4\ln 2)} \tag{7.2}$$

を利用してもよい.

さて, 現実的な場面では, 四本値が入手可能なデータ間隔に対して, 複数区間 (n 組) 収集し, そのデータ区間にわたって一定な値 σ^2 を推定することになる (典型的には, オーバーナイトの変動を使わず ($S = 0$), $T = 1$ 日と設定). すなわち, 標本分散は, 終値ベースの 1 区間収益率 $d^i = C^i - C^{i-1}$, $\overline{d} = \frac{1}{n}\sum_i d^i$ として,

$$\widehat{\sigma}_c^2 = \frac{1}{T\,(n-1)}\sum_{i=1}^{n}\left(d^i - \overline{d}\right)^2$$

となる. このような文脈においては上記 Parkinson 推定量 ($\mu = 0$ のケース) は, 第 i 区間における (対数) 高値・安値を H^i, L^i として,

$$\widehat{\sigma}_P^2 = \frac{1}{Tn\,(4\ln 2)}\sum_{i=1}^{n}\left(H^i - L^i\right)^2$$

である.

一方, **Kunitomo 推定量** [147] は, Parkinson 推定量を改良し, $\mu \neq 0$ のケースについて対応させたものである. X_t を平均 0 の Brown 橋過程 Y_t へと変換し,

$$Y_t = X_t - \frac{t}{T}X_T, \qquad 0 \le t \le T$$

(このとき, $Y_0 = Y_T = 0$, $\mathrm{E}\,[Y(t)] = 0$ に注意せよ), Y_t のレンジに対して推定量を提案した. すなわち, $\widetilde{H}^i$, $\widetilde{L}^i$ を第 i 日における Y_t の高値・安値として,

$$\widehat{\sigma}_K^2 = \frac{1}{Tn}\left(\frac{6}{\pi^2}\right)\sum_{i=1}^{n}\left(\widetilde{H}^i - \widetilde{L}^i\right)^2.$$

$\widehat{\sigma}_K^2$ は不偏推定量であり, $\widehat{\sigma}_c^2$ に対する相対効率性は 10 である.

同様な四本値を使用したボラティリティ推定の研究にはこのほかに, [28, 39, 188, 228] らの研究がある. いずれの方法論においても, 時系列のトレンドをどう評価するか, またサンプル価格の離散性によるボラティリティ推定値の過小推定への対応は実務上重要な課題である.

これら価格レンジを使ったボラティリティ推定量の比較研究もなされている. Maillet and Michel [160] はフランス株式の高頻度データを用いて実証分析を行い, Parkinson 推定量は実現ボラティリティ (下の 7.1.3 項参照) と非常に高い相関を持つこと, Kunitomo 推定量は実現ボラティリティおよび Parkinson 推定量と高い相関を持つこと, Garman–Klass 推定量は Kunitomo 推定量と似たような結果ながらも相関の大きさが若干小さくなること, 一方, Rogers–Satchell 推定量は実現ボラティリティおよびほかの推定量との相関が低いことなどを報告した. そして, 実現ボラティリティをベンチマークとしたとき, 精度や使いやすさの点で Parkinson 推定量がベストであると結論付けている.

さらに, 1990 年代末からの実現ボラティリティ研究の発展の中で, 価格レンジを利用したボラティリティ推定法の改良が行われている. これら「実現レンジ分散 (realized range-based variance)」に関する研究については, たとえば, [51] を参照せよ. さらに, 分布の端 (高値・安値) ではなく, より一般的な, 収益率分布のクォンタイル (パーセント点) を用いてのボラティリティ推定法である「クォンタイル・ベース実現分散 (quantile-based realized variance)」が, 同じ研究グループによって提案されている.

価格レンジを利用したボラティリティ推定量は, 途中に実現した価格経路に依存しないことから, 特に, ビッド・アスク・バウンスなどのマイクロストラクチャの影響 (4.2, 4.3 節参照) が限定的であることは明らかである (実現した最大値, 最小値においてビッド・アスク・スプレッドの影響は受ける). 計算の容易性・迅速性, 必要データの保管に必要な容量の小ささとともに, このアプローチの大きなメリットである.

7.1.2 平均絶対偏差とトレンドの継続・反転性

チューリッヒの Olsen グループは, 外国為替レートの変動性 (ボラティリティ) を計測する量として平均絶対偏差の利用を推奨した:

$$V^{abs} = \frac{1}{n}\sum_{i=1}^{n} |r_i|. \tag{7.3}$$

ここで, r_i は対数収益率であり, 計測間隔 Δt として, 15 分から 2 時間の範囲が望ましいとしている [60: p.44]. ボラティリティの定義として通常用いられる標準偏差ではなく, 絶対偏差を用いる理由として, 絶対偏差が極端な値の影響を受けにくいことをあげ, それがファット・テール性のある収益率分布を持つ為替市場においては重要であるとした. トレーディングの収益を幅で認識するのは実務的には自然である. しかし, 絶対値の和でなく 2 乗和をとる操作のほうが数学的扱いが容易であり, 研究・実務ともに分散・標準偏差のほうが多用されるのは周知の通りである．なお, 標本サイズ n によって規準化する前の式 (7.3) は, 後述の実現べき乗分散, 式 (7.8) の特別なケース ($N = 1, r_1 = 1$) に相当する．

Olsen グループは, また, 絶対偏差の比によって, ボラティリティ・レシオ

$$Q = \frac{\left|\sum_{i=1}^{n} r_i\right|}{\sum_{i=1}^{n} |r_i|}$$

を定義した．分散比は, Campbell et al. [48] らによって株価のランダム・ウォーク性の検証に用いられたが (4.1 節参照), ボラティリティ・レシオはその絶対偏差バージョンである．Q の値は, 仮に 2 つの時系列が同じ大きさの「ボラティリティ」(分母 V^{abs}) を持っていても, トレンド (同符号) があれば 1, ランダムであれば 0 に近い値をとることから, 価格系列のトレンド追随性 (値上がりが値上がりを生む現象) を測定することが期待される．同グループは, さらに, これに関連する量として, 「相場反転頻度」と呼ばれる量も提案した．まず, 価格変化の方向によって市場の「モード」(状態) が「上昇」・「下落」・「変化せず」の 3 つあると考える．そして, 直前のモードとは異なる方向に向かってあらかじめ定めた閾値を超えるような価格変化があった場合に新しいモードとして認識する．これを繰り返すことによって, 所定期間内におけるトレンドのリバーサル (反転) の数を数える尺度である．保有ポジションとは反対方向へ (リスク許容度に応じて) あらかじめ定めた閾値以上に価格が変化する状況をリスクととらえるトレーダーにとっては, 自然なリスク尺度であるとしている．詳細は [98] をみよ．

7.1.3　実現ボラティリティ

次に, 四本値のみならず, 1 日内の証券価格が多数入手可能な場合におけるボラティリティの推定法を考えよう．すなわち, 連続時間に変動する拡散過程, 式 (7.1) が高頻度で離散的に観測される状況において, ボラティリティを推定したいとする．時点 t におけるある証券の価格 P_t の対数値を $X_t = \log P_t$ で表す．計測期間としてはいま $T = 1$ 日 を考えよう．

いま, $(m+1)$ 個の離散時点 $0 = t_0 < t_1 < \cdots < t_m = T$ において, 証券価格 P_t の対数価格 $X_t = \ln P_t$ が観測されるとする．**実現ボラティリティ** (realized volatility) は, 以下のように対数収益率の 2 乗和で定義される統計量である:

$$RV_T = \sum_{i=1}^{m} \left(X_{t_i} - X_{t_{i-1}}\right)^2 . \tag{7.4}$$

このとき, 終了時点 T が固定のもと, グリッド数 m が増大するに従い (よって, 最大観測区間幅 $\Delta_{(m)} = \max_{1\le i\le m} |t_i - t_{i-1}|$ が 0 に向かって縮小するに従い),

$$RV_T \overset{P}{\to} \int_0^T \sigma_t^2 \mathrm{d}t =: IV,$$

すなわち, 累積分散 IV に収束する (“$\overset{P}{\to}$” は確率収束を表す; 【補】S1.3 節:式 (S1.3.2))．

IV は未知な量であったので, 実現ボラティリティ RV は累積分散 IV の一致推定量である. IV は, 証券価格 P_t の日次ボラティリティにほかならないので, このことは, 証券の日次ボラティリティを推定するには, 証券の日次データを長期間にわたって収集して推定するのではなく, 1 日分の高頻度データを集めて RV を計算すればよい, しかも, 高頻度データであればあるほど, より精度よく推定できることを意味している.

RV や関連する統計量に関する統計理論は, 1980 年代より整備され, 一致性や漸近正規性などの基本性質はそのころすでに導かれていたが (サーベイ論文として, たとえば, [220] 参照), 1990 年代後半に入ると, 高頻度データを用いた株式や為替レートの日次ボラティリティの推定に対して, 時系列研究者を中心に応用され始めた.

RV は一致性のほか, 拡散過程がドリフト項を持たない ($\mu = 0$) ケースにおいては, "不偏性" が成立するし, また RV の IV に対する誤差項の漸近 (混合) 正規性も示されている. RV に関しては, Andersen, Bollerslev らのグループ (例, [15]) や Barndorff-Nielsen, Shephard らのグループ (例, [30]) を中心に, 数多くの研究者が活発な研究活動をしてきており, これまでのところ, 高頻度データ利用の理論研究・応用研究において最も成功し発展している分野といえよう.

実際の RV の計算にあたっては, 不均等間隔に並んだティックデータをそのまま用いるのではなく, 5 分間隔, 30 分間隔といった等間隔幅 $h = t_i - t_{i-1} = T/m$ のグリッド (格子) 点をとり, 各グリッド点において, 直近の価格により補間をする「直近ティック補間」か, そのグリッドをはさむ両側 (直前・直後) の価格の線形補間をするかが行われる. もっとも, 後者の補間方法はバイアスを混入させることにもなるので注意が必要である [101]. 全データ (ティックデータ) を用いずに, 等間隔に十分離れたグリッド上のサブサンプルを用いるのは, 以下でも述べるように市場のマイクロストラクチャ効果 (第 4 章) の影響を軽減させるためである.

また, 実用にあたっては, 市場がクローズしている時間をボラティリティ評価にどう加えるのかも重要な課題である. Hansen and Lunde [100] は, 株式市場の 1 日内オープン時間から計測される実現ボラティリティを使って, オーバーナイト, つまり市場がクローズしている時間における変動をも考慮したボラティリティ補正の方法を提案した. 第 i 日の開場時間中に計測される実現ボラティリティを RV_i とし, 第 $(i-1)$ 日終値から第 i 日終値までの 1 日収益率を r_i とする. データが n 日分あるとき, 暦時間で 1 日間の実現ボラティリティを RV_i^{scale} とするとき,

$$RV_i^{scale} = \hat{\delta} \cdot RV_i,$$

ただし,

$$\hat{\delta} = \frac{\sum_{i=1}^{n} (r_i - \bar{r})^2}{\sum_{i=1}^{n} RV_i}, \qquad \bar{r} = \frac{1}{n} \sum_{i=1}^{n} r_i.$$

彼らはこれ以外にも 2 つの代替的アプローチを提案しその統計的性質について調べた.

Masuda and Morimoto [168] は, オーバーナイトに加えて昼休みもクローズする

国内株式市場に対して, [100] の方法論を修正し実証分析を行った.

RV によって精度よく日々のボラティリティ推定値が得られれば, その日次時系列データを分析することによりその RV の分布特性や時系列特性を調べることが可能となる. たとえば, RV 研究のパイオニアである Andersen らのグループは為替データや株式データに対して計測された日次の実現ボラティリティや実現相関 (7.2 節) の時系列データを分析し, 長期記憶性などの性質を報告した [14, 15]. 実現ボラティリティに対する時系列モデリングの研究は, 時系列研究者の間で今日までに盛んに研究されている. これらの研究成果は計測された日次ボラティリティを使って将来のボラティリティを精度よく予測することに直接応用できることから, 実務上重要である (例, [16, 87]).

ここでは, Corsi [57] によるアプローチを紹介しよう. [57] は, 異なる期間上で計測された実現ボラティリティを同時に考慮する自己回帰型モデルである, HAR (heterogeneous autoregressive)-RV モデルを提案した:

$$RV_t^{(d)} = \alpha + \beta^{(d)} RV_{t-1}^{(d)} + \beta^{(w)} RV_{t-1}^{(w)} + \beta^{(m)} RV_{t-1}^{(m)} + \epsilon_t. \tag{7.5}$$

ここで, ϵ_t は平均 0 の系列独立なノイズ, $RV_t^{(d)}, RV_t^{(w)}, RV_t^{(m)}$ はそれぞれ日次, 週次, 月次の実現ボラティリティであり, 後二者は典型的には次のように定義される:

$$RV_{t-1}^{(w)} = \frac{1}{5}\big(RV_{t-1}^{(d)} + \cdots + RV_{t-5}^{(d)}\big),$$
$$RV_{t-1}^{(m)} = \frac{1}{22}\big(RV_{t-1}^{(d)} + \cdots + RV_{t-22}^{(d)}\big).$$

各右辺内の分母の 5, 22 は標準的な営業日の日数を表す. [57] は, 長期記憶性, ファット・テール性, 自己相似性などのよく知られた実証的性質を再現することができると主張する. このモデルは, 構造が単純で操作性の高いことからボラティリティの持続性を実証データからとらえるのに今日よく使用されている. 式 (7.5) から明らかな通り, これは過去の実現ボラティリティ実現値の列から 1 期先の実現ボラティリティを予測できる時系列回帰モデルの形をしており, 最小二乗法によって簡単に係数を推定することができる. 同論文は S&P500 株価指数先物データを用いた実証分析を行い, 短期ボラティリティの持続性が高いこと ($\beta^{(d)} > \beta^{(w)} > \beta^{(m)}$) や, 同モデルの予測精度が高いことなどを報告した.

実現ボラティリティ研究においては, マイクロストラクチャ・ノイズへの対応も重要なテーマである. 第 4 章でも述べた通り, 高頻度領域においては, 価格は離散値をとり, しかも約定価格系列は売り気配と買い気配との間を行ったり来たりするビッド・アスク・バウンスの傾向を持ち, RV に関する理論の前提となる拡散過程 (7.1) の仮定からは大きく乖離した特徴がみられる.

図 7.1 に 3 大ファイナンシャル・グループの 2010 年 1 年間の約定価格データを使って計算されたボラティリティ・シグネチャー・プロットを示す. 横軸は, サブサンプルの大きさ ($k = 1 \sim 200$) を表す. 同図では 1 分, 5 分などの暦時間上の等間隔グリッドでのサブサンプルを用いるかわりに, 約定のたびに時計の針が動くと考える「取引

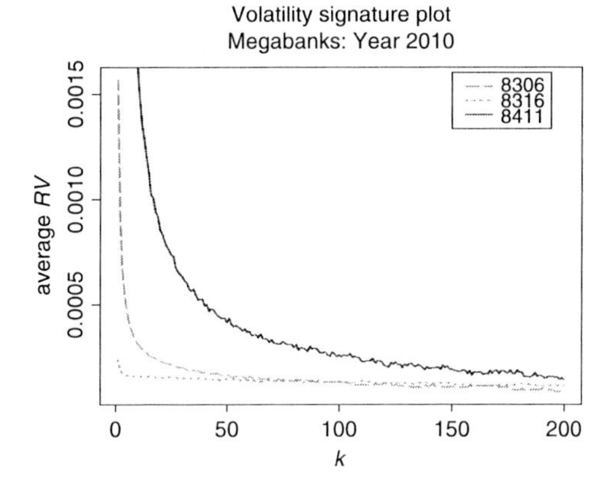

図 7.1 RV のシグネチャー・プロット: 3 大ファイナンシャル・グループ株式 (2010 年 1 年分)

時間軸」上のサブサンプルを考えた (2.1 節). すなわち, 約定価格を k 個ずつ飛ばしながら対数収益率を求めそれより日次 RV を計算した ($k = 1$ は全約定データの使用に対応する). 縦軸は各 k に対する年間 RV 平均値 (各 k ごとに日次 RV を計算し, それを期間内全日数で除した値) である.

同図から明らかなように, 高頻度データの「間引き」回数を減らして, より短い時間間隔の収益率系列に基づいて計算された RV ほど値が増大していくという, RV が理論上有するはずの一致性が成り立っていないことが確認される. とりわけ, みずほ FG (証券コード 8411) はその傾向が顕著である. みずほ FG は, 3 つの中で価格水準が期間中最安値 110 円–最高値 196 円と最も低く (三菱 UFJ FG (8306): 364 円–520 円, 三井住友 FG (8316): 2326 円–3355 円), したがって第 3 章で紹介した価格に対するティック・サイズの比率が最も高い銘柄である. やはり, 価格の離散性が RV の推定精度を大きく損なっているといえるだろう.

RV に関する研究では, これらの現実をふまえて, マイクロストラクチャ効果を考慮した市場価格モデルが考えられている. 観測不能な真の対数価格過程を X, 観測データを $\{Y_{t_i}, i = 0, \ldots, m\}$ として,

$$Y_{t_i} = X_{t_i} + \epsilon_{t_i} \tag{7.6}$$

であるとする. ここで, ϵ_{t_i} は市場のマイクロストラクチャに起因する観測値の汚染部分である. これは X の観測に伴って発生する測定誤差である.

すると, $\epsilon_{t_i} \sim IID(0, v^2)$ とすれば, $m \to \infty$ の状況において

$$RV_T \equiv \sum_{i=1}^{m} \left(X_{t_i} - X_{t_{i-1}}\right)^2 = 2m \times v^2 + O_p\left(m^{1/2}\right)$$

が示される [231].

数理ファイナンスでは, 通常このような誤差を含んだ市場価格モデルは許容されな

いが, いま, このモデル (式 (7.6)) において確率過程 (セミマルチンゲール過程) X_t が無裁定条件からくる効率価格を表すと考えてみよう. 誤差項は, その大きさは事実上の裁定を許さないほど小さいが, 高頻度データを使っての累積分散に対する統計的推測をする際には無視できない役割を果たすと考えれば必ずしも非整合的ではない.

このような誤差項付きのモデルにおけるボラティリティ推定方法に関する研究としては, [29, 34, 101, 181, 231, 232] などがあげられる. この中で, Zhang et al. [231] は, 全ティックデータを K 個のサブサンプルに分割し, 各々から計算される RV の平均値 (これにより誤差分散を減少させる) と全ティックから計算される RV (バイアス補正に使用) を組み合わせて使用する, 次のような形をした「双時間尺度推定量 (two-time scale estimator)」を提案した:

$$\underbrace{\frac{1}{K}\sum_{k=1}^{K}(\text{第 } k \text{ 番目サブサンプルによる } RV)}_{\text{サブサンプル } RV \text{ の平均値}} - \text{係数}\cdot(\text{全サンプルによる } RV).$$

その後, 同推定量は, 未知 IV への収束の最速レートを達成する「マルチスケール」推定量へと拡張されている. 一方, [34] は, 実現カーネル推定量 (realized kernel estimator) を提案した. 等間隔 δ のサンプル X_δ に対して,

$$K(X_\delta) = \underbrace{\gamma_0(X_\delta)}_{RV} + \sum_{h=1}^{H} k\left(\frac{h-1}{H}\right)\{\gamma_h(X_\delta) + \gamma_{-h}(X_\delta)\}$$

を定義する. ここで, $\gamma_h(X_\delta)$ は「実現自己共分散 (realized autocovariance)」,

$$\gamma_h(X_\delta) = \sum_{j=1}^{\lfloor T/\delta \rfloor}\left(X_{\delta j} - X_{\delta(j-1)}\right)\left(X_{\delta(j-h)} - X_{\delta(j-h-1)}\right), \qquad h = -H, \ldots, H$$

である. ただし, $k(\cdot)$ はカーネル関数, H は滑らかさを調整するバンド幅パラメータである. 彼らのアプローチはいわば推定量のクラスを包括的に提案したもので, 先行研究にて提案された推定量はこれに含まれるものも多い (たとえば, [232]: $H = 1, k(0) = 1$, [101]: $k(x) \equiv 1$, [29]: $k(x) = 1 - x$).

国内の研究としては, たとえば, Takahashi et al. [209] は, マイクロストラクチャや夜間・昼休みによる RV のバイアスを考慮して, 日次リターンと RV の変動を同時モデル化する realized stochastic volatility (RSV) モデルを提案した. 同研究グループは, さらにマルコフ連鎖モンテカルロ (MCMC) 法により RSV モデルのベイズ推定を行い, 日経平均株価指数のボラティリティ予測に応用した.

また, 視点を変え, マイクロストラクチャ・ノイズの時系列特性に焦点をあて, その系列相関を調べる研究はたとえば Ubukata and Oya [218] によってなされた.

一方, モデル (7.6) の代替的アプローチとして, 価格の離散性のみならず取引時点の不等間隔性をも同時に表現できるモデルおよびそのもとでのボラティリティ推定に関する研究もなされている [81, 187].

7.1.4 実現双乗変動と価格ジャンプ

実際のデータを観察すると, 取引価格にはしばしばジャンプらしき不連続性が見受けられることから, サンプルパスにジャンプを含む確率過程を用いるほうがより現象を的確に表現できると考えられる. いま, 式 (7.1) のモデルにジャンプの加わった確率過程

$$X_t = X_0 + \int_0^t \mu_s \mathrm{d}s + \underbrace{\int_0^t \sigma_s \mathrm{d}W_s}_{X^c} + J_t$$

を考える. ここで, J_t は有限時間内に高々有限回のジャンプをするようなジャンプ過程であり, しかも連続部分 X^c と独立であるとする (これらの条件はいずれも拡張可能である). このとき, 連続部分 X^c の累積分散

$$IV = \int_0^T \sigma_t^2 \mathrm{d}t = [X^c, X^c]_T$$

を推定したいとする. これは, 連続部分の変動に対するヘッジのための理論・方法論は今日よく整備され, それらによるリスク管理が可能な量と考えられる一方, ジャンプによる変動部分はそうではないため, 性質の異なるリスク量として把握する必要があるからである.

このとき, Barndorff-Nielsen and Shephard [31] は, 以下のような「**実現双乗変動** (realized bipower variation)」を定義した:

$$RBV_T^{(m)} = \sum_{i=2}^{m} \left| X_{t_i} - X_{t_{i-1}} \right| \left| X_{t_{i-1}} - X_{t_{i-2}} \right|.$$

その確率収束の極限を**双乗変動** (bipower variation) と呼んだ. ここでは, $\bar{\nu} = \mathrm{E}|Z| = \sqrt{\frac{2}{\pi}} \simeq 0.79788$ (ただし, $Z \sim N(0,1)$) として, 彼らは, $\mu_t \equiv 0$, σ と W の独立性の仮定のもとで,

$$RBV_T^{(m)} \ \overset{P}{\to} \ \bar{\nu}^2 \int_0^T \sigma_t^2 \mathrm{d}t =: \{X, X\}_T \,,$$

つまり

$$[X, X]_T - \bar{\nu}^{-2} \{X, X\}_T = \sum_{s \le T} (\Delta J_s)^2 \tag{7.7}$$

であることを示した. つまり, 累積分散 (欲しい量) と双乗変動 ($\times$ 定数 $\bar{\nu}^{-2}$) との差は時点 T までのジャンプによる変動によって説明されるのである. すなわち, $\bar{\nu}^{-2} RBV_T^{(m)}$ によって, $IV = [X^c, X^c]_T$ を高頻度に観測するほど精度よく推定可能である.

したがって, 実現ボラティリティと実現双乗変動を併用することによって, 連続パス部分のリスク量とジャンプ部分のリスク量を分離することができるのである. 実現双乗変動の漸近分布も見出されており, X のサンプルパスの連続性に関するノンパラメトリックな検定法も提案されている [32].

このようにして有限個の離散サンプルによって分離されたジャンプ変動部分に関し

てはその精度に問題点は指摘されているが，ジャンプの判定を適当な大きさの閾値以上のものとすることによって誤認識の度合を下げ，改善を図る試みもなされている．このように改良されたジャンプ変動部分が将来のボラティリティに対して予測性を持つとの実証報告もなされている [58]．ジャンプ部分と連続変動部分とを分離する代替的アプローチとして，たとえば [4, 162, 201] を参照せよ．日本株データを用いたジャンプ検出の実証分析例としては，たとえば [167] を参照せよ．

一般に，RBV や RV は「実現べき乗変動 (realized power variation)」と呼ばれるタイプの統計量の例である．これらは，「実現多項べき乗変量 (realized multipower variation)」として，次のように多項，多変量へと拡張されている．表記の簡便化のために，$\Delta X_j = X_{\frac{j}{m}} - X_{\frac{j-1}{m}}$, $j = 1, 2, \ldots, \lfloor mt \rfloor$, のように表記する．$r_i \geq 0$ として，N 個の積からなるケースでは，N 系列 $(X^1, \ldots, X^N)$ ある場合には，

$$(m^{\frac{r_1+\cdots+r_N}{2}-1} \times) \quad \sum_{i=1}^{\lfloor m \rfloor} \left|\Delta X_i^1\right|^{r_1} \cdots \left|\Delta X_{i+N-1}^N\right|^{r_N} \tag{7.8}$$

と定義し，一方，1 系列 (ラグ数 N) の場合には，上式において $X^1 = \cdots = X^N$ と読み替えて定義する．特に積の項数 $N = 2$ のケースにおいては，2 系列に対する統計量は「(r_1, r_2)-次実現共双乗変動 (realized cross-bipower variation)」，1 系列に対するそれは「(r_1, r_2)-次実現双乗変動 (realized bipower variation)」とも呼ばれる (例，[33])．これらの一般化された変量の活用法については今後の課題である．

7.1.5 実現半分散と下方リスク

ファイナンスの実務においては，対称リスク指標であるボラティリティのかわりに，期待リターンを下回るケースのみをリスクとしてとらえる「半分散 (semivariance)」を測定し，それをコントロールするような運用戦略も考えられている．半分散とは，いま 1 期間モデルを考えると，1 期先リターン R に対して

$$\mathrm{E}\left[(R - \mathrm{E}[R])^2 \, 1_{\{R-\mathrm{E}[R]<0\}}\right]$$

で表される量である．

Barndorff-Nielsen et al. [35] は，実現ボラティリティの方法論を応用し，投資収益の下方リスクの測定を目的として，「実現下方半分散 (realized lower semivariance)」を定義した：

$$RS^- = \sum_{i=1:\ t_i \leq T} \left|X_{t_i} - X_{t_{i-1}}\right|^2 1_{\left\{X_{t_i} - X_{t_{i-1}} \leq 0\right\}}.$$

そして，その極限 (確率収束) は

$$\frac{1}{2}\int_0^T \sigma_t^2 \mathrm{d}t + \sum_{s \leq T} (\Delta X_s)^2 \, 1_{\{\Delta X_s \leq 0\}}$$

であることを示した．さらに，RS^- を上述の RBV と組み合わせることにより「実現

表 7.1　日経平均の諸リスク指標の要約統計量 (2008 年): 括弧内は最大・最小が達成された日を示す

	収益率 (%)	$RV(\times 10^{-4})$	$RBV(\times 10^{-4})$	RS^{-} $(\times 10^{-4})$
最大値	11.719	28.110	21.477	21.412
	(10/14)	(10/10)	(10/28)	(10/10)
95%	2.763	9.470	6.934	5.845
75% 点	1.046	2.386	1.795	1.225
中央値	−0.064	1.247	0.840	0.597
25% 点	−1.047	0.793	0.593	0.369
5% 点	−3.721	0.482	0.340	0.181
最小値	−10.399	0.260	0.219	0.118
	(10/16)	(12/25)	(12/25)	(12/25)
平均	−0.131	2.640	1.886	1.407
標準偏差	2.294	3.808	2.921	2.371

双乗下方変動 (realized bipower downward variation)」

$$RBPDV = RS^{-} - \frac{1}{2}RBV$$

を定義し, その極限が $\sum_{s\le T}(\Delta X_s)^2 1_{\{\Delta X_s \le 0\}}$ であることを示した. すなわち, $RBPDV$ を使えば下方ジャンプ部分のみを取り出すことが可能となる. なお上方半分散についても同様な定義のもと, 同様な結果が得られている. これらのリスク量の活用方法については今後の研究が待たれる.

ポートフォリオ運用における, セミバリアンスをはじめとする下方リスクの管理についてはたとえば [205] を参照せよ.

表 7.1 に, 日経平均株価指数 1 分次系列 2008 年 1 年分データを使って期間内における 1 日内収益率, RV, RBV, RS^{-} を日次で計測し, それらを要約した結果を示す.

7.2　共分散・相関係数の計測

7.2.1　実現共分散・実現相関

次に, 2 つの証券価格間の共分散・相関係数の測定方法について考えよう. いま, 時点 t における証券の価格を P_t^1, P_t^2 とし, それらの対数値を X_t^1, X_t^2 で表す. 式 (7.1) において, それぞれがドリフト係数 μ_t^l, ボラティリティ係数 σ_t^l を持ち, Wiener 過程 W_t^l によって駆動されるような拡散過程に従うとする ($l = 1, 2$). さらに, 2 つの Wiener 過程 W_t^1, W_t^2 は, 相関を持っており, $\mathrm{E}\left[\mathrm{d}W_t^1 \mathrm{d}W_t^2\right] = \rho_t \mathrm{d}t$ と表されるとする. ここで, $\rho_t \in [-1, 1]$ は (ランダムな) 未知の確率過程であるとする.

このとき, $(m+1)$ 個の時点 $0 = t_0 < t_1 < \cdots < t_m = T$ において, 2 つの証券の対数価格の対 $\left(X_{t_i}^1, X_{t_i}^2\right)$, $i = 0, \ldots, m$, が同時に観測されるとする. わかりやすくするため, 観測時点は等間隔に並び, 観測区間幅 $h = T/m$ であるとする. このとき, 実

現共分散 (realized covariance) は, 次のように定義される:

$$RCV_T = \sum_{i=1}^{m} \left(X_{t_i}^1 - X_{t_{i-1}}^1 \right) \left(X_{t_i}^2 - X_{t_{i-1}}^2 \right). \tag{7.9}$$

RV と同様に, T が固定のもとで, 観測頻度 m が増大し, よって観測幅 h が 0 に向かうに従い,

$$RCV_T \overset{P}{\to} \int_0^T \sigma_t^1 \sigma_t^2 \rho_t \mathrm{d}t =: CV,$$

すなわち, 実現共分散 (RCV) は, 累積共分散 (integrated covariance) に確率収束する. さらに, この RCV を 2 つの実現ボラティリティ, RV^1, RV^2, の積 (の平方根) で除すと**実現相関** (realized correlation)

$$RCR = \frac{RCV}{\sqrt{RV^1 \times RV^2}}$$

が定義される. 拡散係数および相関係数が定数 ($\sigma_t^l = \sigma^l > 0$, $l = 1, 2$, $\rho_t = \rho$) の場合には, RCR は定数 ρ に対する一致推定量となることがわかる.

実現ボラティリティの場合と同様に, ドリフト項が 0 のケース ($\mu_t^l = 0, l = 1, 2$) では, RCV は CV の「不偏推定量」になっている. さらに, RCV の推定誤差は漸近 (混合) 正規性を持つ [30].

7.2.2 取引の非同期性と Hayashi–Yoshida (2005) 推定量

ところで, 上の式 (7.9) の定義から明らかなように, 実現共分散 (さらに実現相関) を計算する場合には, 2 系列に対する対のデータセット $\{(X_{t_i}^1, X_{t_i}^2)\}$ が必要である. ところが, 不等間隔, ランダムな時点に行われる実取引時刻が記録されたティックデータを用いて RCV の計算を行う場合には, あらかじめそれらを規則的に並べ補間を施すという作業, 「同期化」を行わなければならない. 簡単に推察される通り, この同期化作業は「同期化バイアス」を混入させることにつながる [116].

一方, 高頻度データ分析の分野においてよく知られている実証的事実に「Epps 効果」がある [76]. Epps 効果とは, 計測間隔を短くとるほど, 相関係数の絶対値は小さくなる傾向であり, 金融証券市場の高頻度データに特徴的な現象のひとつであると考えられている.

図 7.2 に, 3 大ファイナンシャル・グループ株式の 2010 年 10 月 1 日の約定価格を使って計算された (1 日分のデータのみから計算された) 相関係数のシグネチャー・プロットを示す. 約定データのサブサンプルの暦時間上の間隔 (実現相関の計算に用いた対数収益率系列の計測間隔) を 10 秒から 600 秒に 10 秒単位で変えていき, 対応する対数収益率系列をもとに実現相関を計算した. 横軸は収益率計測区間, 縦軸は実現相関である.

同図は 1 日分のデータのみを用い複数日の平均をとっていないことから, 1 日内に

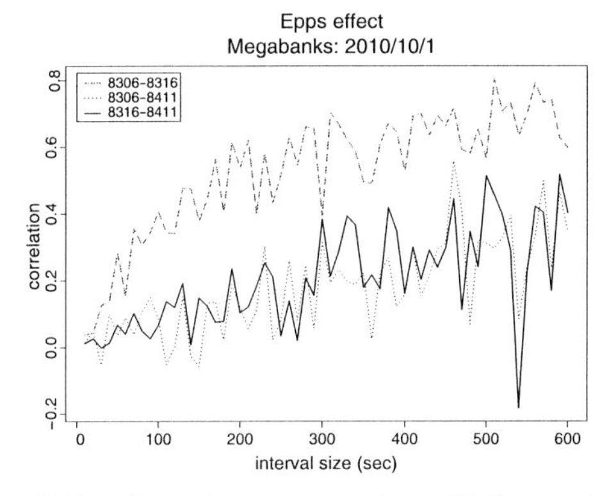

図 **7.2** Epps 効果: 3 大ファイナンシャル・グループ株式 (2010 年 10 月 1 日)

使用できる対数収益率の数が少ない計測区間幅の大きい領域 (特に 500 を超えたあたり) においてグラフが大きく変動しているものの, 全体的傾向として, Epps 効果が確認される. Epps 効果を説明する要因はいくつかあげられるが, 非同期性はそのうちのひとつと考えられる [185].

Hayashi and Yoshida [116] は, 非同期的に観測される, 2 つの高頻度時系列データに対して, それらに同期化を施すことなく, 共分散・相関を推定する新しい方法を提案した. いま, 7.2.1 項 RCV の設定と同様, 各々が式 (7.1) のような拡散過程に従い, しかも各々を駆動する Wiener 過程が互いに相関を持つような 2 つの確率過程があるとする. 次に, それらに対して, $0 = S^0 < S^1 < \cdots < S^i < S^{i+1} < \cdots$, $0 = T^0 < T^1 < \cdots < T^j < T^{j+1} < \cdots$ がそれぞれのサンプリング時点であるとする. ある $T > 0$ を観測の打ち切り時点とする (本質的ではないが, 簡便のため, T においても観測値がとれるとする). n を観測データセットの大きさ (ランダム) の期待値の整数倍を表すインデックスであるとする. 表記の簡潔性のため, 時点 T までの観測区間を $I^i = \big[S^{i-1} \wedge T, S^i \wedge T\big)$, $J^j = \big[T^{j-1} \wedge T, T^i \wedge T\big)$ で表す*2). ここで, 「$a \wedge b$」は a と b の小さいほうの値をとることを意味する. 時点 T までの観測区間の最大長が 0 に収束すると仮定する. ここで, $\big\{I^i\big\}$ と $\big\{J^i\big\}$ との関係には制約を与えない. したがって, 両者が同一なケース ($I^i \equiv J^i$), すなわち, 完全同期観測のケースも含まれる.

[116] は, 次のような統計量を提案した (以下, 「HY 推定量」と呼ぶ):

$$HY_n = \sum_{i,j=1}^{\infty} \left(X^1_{S^i} - X^1_{S^{i-1}}\right)\left(X^2_{T^j} - X^2_{T^{j-1}}\right) 1_{\{I^i \cap J^j \neq \emptyset\}}. \tag{7.10}$$

ここで, 1_A は事象 A が真のときに 1, それ以外のときは 0 をとる指標関数である (図 7.3 参照).

明らかに, HY 推定量 HY_n は実現共分散 RCV のときのような同期化に必要な間

*2) T^i, S^j は, したがって I^i, J^j は n に依存するが, n を省略して表記する.

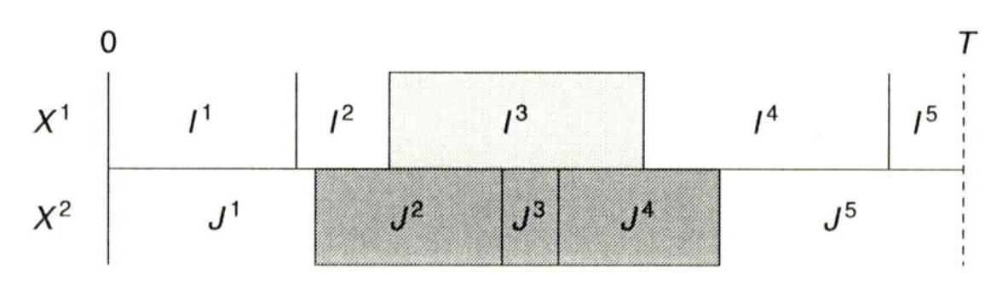

図 7.3　HY 推定量の計算例 ($i = 3$ のケース)

隔幅 (RCV における間隔幅 h) の設定や, 補間が不要である. RCV の定義, 式 (7.9) と比較すると, HY_n には, 指標関数を通じて, 取引の生起時間の情報が使われており, より有効な情報の使い方がなされている. また, HY_n は i と j の 2 つのインデックスについての和をとってはいるが, 指標関数の働きによって, 実質的には計算量は RCV に比べて比例的にしか増えない.

ドリフト係数が 0 のとき, HY 推定量は累積共分散 CV に対して不偏性を持ち, また, 観測区間幅が 0 に向かう状況 ($n \to \infty$) において一致性を持つこと, すなわち,

$$HY_n \quad \stackrel{P}{\to} \quad CV$$

が示される. また, HY_n の推定誤差が漸近正規性を持つことや, いくつかの統計的な最適性が示されている.

HY 推定量を使えば, 相関係数の推定を行うことができる. すなわち, いま, 拡散係数および相関係数が定数 ($\sigma_t^l = \sigma^l > 0,\ l = 1, 2,\ \rho_t = \rho$) とする. ρ の推定量として,

$$R_n^{(2)} = \frac{HY_n}{\sqrt{RV^1 \times RV^2}}$$

によって推定量を構成すればよい. ここで, このとき, RV^2 は, 同期化をしない生のデータで計算された実現ボラティリティとする. $R_n^{(1)}$, $R_n^{(2)}$ の ρ に対する一致性や漸近正規性が示される.

なお, タイムスタンプ $\{S^i\}$, $\{T^j\}$ は, 必ずしも X^1, X^2 に独立である必要はなく, 停止時刻と呼ばれるランダム時間であってもよいし*3), 一方, 対数価格 X^1, X^2 に関しても拡散過程を包含するより一般的な確率過程のクラスである (連続) セミマルチンゲール過程に対しても同様の結果を得ることができる. また漸近正規性についても示されている. これらの拡張した結果については, [115, 117, 119] を参照されたい. HY 推定量を用いた実証分析に関しては, たとえば, [97, 125, 222] を参照されたい.

なお, 非同期観測される高頻度データを用いて, 共分散や相関係数を推定するその他の方法論としては, [135, 157, 161, 166, 216] などの研究がある.

たとえば, Malliavin and Mancino [161] は, やはり同期化が不要な共分散推定量として Fourier 解析を応用したアプローチを考えた. 対数価格 X^1, X^2 が, それぞれ $0 = t_0 \leq \cdots \leq t_n \leq 2\pi, 0 = s_0 \leq \cdots \leq s_m \leq 2\pi$ にて観測されるように時間を規格

*3)　停止時刻については, たとえば [138: p.6] 参照.

化して, Fourier 推定量

$$MM^{(n,m,N)} := \frac{1}{2N+1} \sum_{|k| \le N} \sum_{i,j} e^{ikt_i} \left(X^1_{t_i} - X^1_{t_{i-1}} \right) e^{-iks_j} \left(X^2_{s_j} - X^2_{s_{j-1}} \right)$$

を提案した. ここで, $i = \sqrt{-1}$ である. この推定量についても一致性や漸近正規性が導かれているが, 一方, 実用にあたっては, Fourier 係数の個数 N の選択が重要となってくる.

さらに, 非同期性にとどまらず, RV に関する研究でも紹介したような, 高頻度データを拡散型過程の離散観測とみなすことの問題点, つまり, マイクロストラクチャ・ノイズにどう対処するかが課題となっている. このような観点から, たとえば, Barndorff-Nielsen et al. [36] は, カーネル関数を用いる方法を提案した. 彼らは, いったん非同期データを同期化させるが, カーネルの選択の仕方をうまく工夫することで, 推定における収束レートの改善や, HY 推定量の欠点でもある多変量の分散共分散行列にした場合の正定値性の確保も可能であると主張している.

Kunitomo and Sato [148] は, 観測価格系列からノイズを分離して真の分散・共分散を推定する SIML (separating information maximum likelihood) 推定法を提案した. SIML 推定量の一致性・漸近正規性のほか, ノイズが自己相関を持つ場合や丸め誤差を持つ場合, 非同期的に起こる場合などにおいても, 頑健な性質を持つとしている.

一方, Wang and Zhou [223] は, ノイズに加えて, 高次元の実現共分散行列の推定問題を扱い, 次元数がサンプル数と同程度の速さで増大するときに, 一致性を確保するような推定方法について検討した.

▶ 実証分析：個別株式銘柄間の相関係数推定

ここでは, 三菱 UFJ FG (8306) とみずほ FG (8411) の 2 つの株式の日次相関係数 ($T = 1$) を, 日経 NEEDS データを使って推定してみよう. 分析データは約定価格系列, データ期間は, 2010 年 1 年間, 時間解像度は秒である. 分析の前に, 同一のタイムスタンプを持つレコードは, 最初のもののみを残し, 2 番目以降は削除した.

推定法としては, HY 推定量をマイクロストラクチャ・ノイズのある価格系列に対応できるように改良した pre-averaged Hayashi–Yoshida 推定量 (“PHY”, [52]), 上記 [148] による SIML 法 (“SIML”), 同じく実現カーネル法 (“RK”, [36]), さらに, 上記 [231] による実現ボラティリティ推定法を多変量に拡張した双時間尺度共分散推定法 [230] の 4 つを同時に使用し, その大きさを比較する.

R の **yuima** パッケージに含まれる **cce** 関数を用いれば, これらは簡単に計算することができる[*4].

なお, RK, TSCV の計算にあたっては, 計算スピードを上げるため, **cce** 関数のデ

[*4] **yuima** 開発プロジェクトは, 東京大学大学院数理科学研究科の吉田朋広教授のグループによって行われている.

フォルトで用意されている，それぞれの論文に示されている最適な係数ではなく，固定値 (c.RK=1, c.two=1) を指定した．一方，PHY, SIML の計算においては，デフォルトのパラメータ値を使用した．

日次で推定した相関係数を日付を横軸にとり時系列プロットにしたものが図 7.4 である．一方，4 つの方法による日次推定値より個別にヒストグラムを作成したのが図

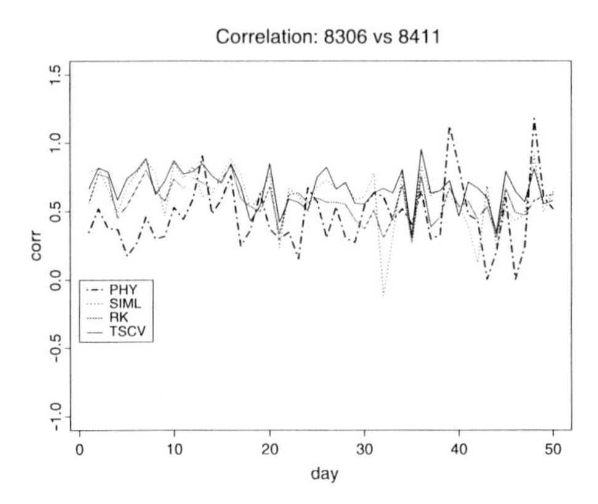

図 7.4　三菱 UFJ FG (8306)–みずほ FG (8411) 間の日次相関係数推定値の時系列変化 (2010 年最初の 50 日間)

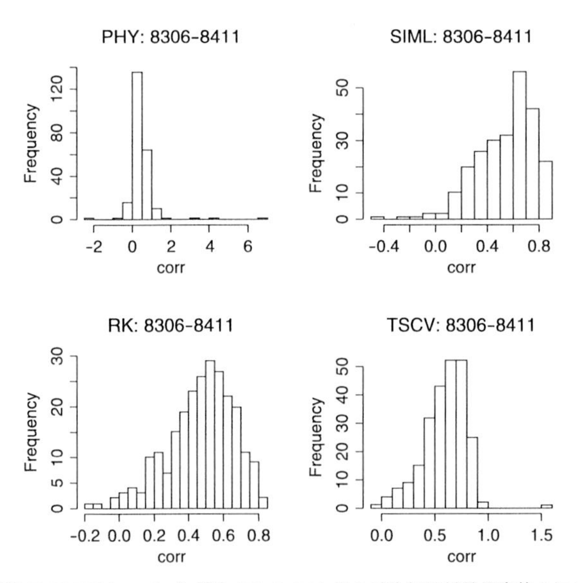

図 7.5　三菱 UFJ FG (8306)–みずほ FG (8411) 間の日次相関係数推定値のヒストグラム (2010 年)

表 7.2 三菱 UFJ FG (8306)–みずほ FG (8411) 間の日次相関係数推定値の要約統計量 (2010 年)

Method	min	25pct	median	mean	75pct	max	st dev
PHY	−2.190	0.230	0.375	0.443	0.577	6.780	0.630
SIML	−0.420	0.399	0.598	0.541	0.707	0.881	0.224
RK	−0.176	0.361	0.495	0.473	0.610	0.829	0.189
TSCV	−0.098	0.489	0.633	0.595	0.731	1.510	0.201

7.5 である．

さらに, これらの日次推定値の要約統計量を表 7.2 に示す．以上の推定結果をみると, PHY が相関係数の定義上の上下限である ±1 を超えた値をとっていることがわかる．PHY は, そのベースとなっている HY 推定量と同様, 分散共分散行列の正定値性を保証しないアプローチである．なお, 実用に際しては, 係数のチューニングを行うなど工夫が必要であろう．

時系列推移をみると, おおむねどの推定量も連動していることがわかる．一方, 個別の数値は日によってかなり大きな差異が生じる日もあり, 推定量の選択が実用上重要になる．

8

テール・リスクの評価

高頻度トレード (high frequency trading; HFT) に象徴される 1 日内, 短時間での売買が広まる中, 短い期間における市場リスクの計測・評価・管理の重要性が増している. 2010 年 5 月, ニューヨーク株式市場ダウ平均株価において約 5 分の間に 9%上下する変動が発生し, 市場関係者を震撼させた. この「フラッシュ・クラッシュ」は, 高度にネットワーク化された今日の市場の脆弱性を示した. 株式市場の短時間に発生するショックが金融市場全体に波及し, 金融市場不全, いわゆる「システミック・リスク」を引き起こす懸念も持たれている.

本章では, 発生確率は低いがいったん発生すると大きな損失をもたらすような極端事象 (extreme events) に対するモデリングおよび分析の方法論を扱う[*1)]. これらの収益率分布の裾 (テール) 部分, テール・リスクの評価は, 保険数理分野を中心に発展してきたもので, 元来高頻度データの利用を前提としたものではない. 本章で扱う方法論は, 確率過程の時系列構造には基本的には関心を持たずに, "一期間" の変動に関する確率分布の評価に帰着する.

8.1 節においては「一般化極値分布」ならびに「一般化 Pareto 分布」を, 8.2 節においては「安定分布」を, 8.3 節においては「Tsallis 分布」を持つ場合のテール形状について考え, これらの推定法やリスク尺度計測への応用について解説する. また, 高頻度データを使った分析例も示す.

8.1 極値理論とその応用

8.1.1 最大損失の漸近分布

一般化極値分布

はじめに, 確率変数 $X_1, X_2, \ldots$ が独立かつ同一分布に従う ($i.i.d.$) 場合を考える. 金融リスク管理の文脈では, X は損失額の大きさを表す.

---

*1) 本章執筆にあたっての主要な参考文献は, [169] (8.1 節), [203] (8.2 節) である. また, [165] も参考にした. 詳細な内容に関しては, これらを参照されたい.

この損失額 X_k を n 個にまとめたブロック中の最大損失額 (ブロック最大値) $M_n = \max(X_1, \ldots, X_n)$ の分布がどのようになるか考えてみよう．

いま, X の累積確率分布関数を $F(x)$ で表せば,

$$\Pr[M_n \leq x] = \Pr[X_1 \leq x, \ldots, X_n \leq x] = \prod_{i=1}^{n} \Pr[X_i \leq x] = F^n(x)$$

であるから, 個数 $n \to \infty$ に従い, 分布関数は 0 か 1 に収束してしまう (確率分布は「退化する」という)．そこで, このように漸近分布が退化するのを避けるために, 適当な正値数列 (c_n) と実数列 (d_n) を選ぶことによってブロック最大値を規準化 $Z_n = (M_n - d_n)/c_n$ することで, ある非退化の分布関数を $H(x)$ に対して,

$$\lim_{n\to\infty} \Pr\left[Z_n = \frac{M_n - d_n}{c_n} \leq x\right] = \lim_{n\to\infty} F^n(c_n x + d_n) =: H(x) \tag{8.1}$$

となるとする．このときに現れる極限分布 $H(x)$ は**一般化極値分布** (generalized extreme value (GEV) distribution) と呼ばれる分布関数族に属することが知られている．

GEV 分布は 1 つのパラメータ ξ を持つ分布関数族であり,

$$H_\xi(x) = \begin{cases} \exp\Big(-(1+\xi x)^{-1/\xi}\Big) & (\xi \neq 0) \\ \exp[-e^{-x}] & (\xi = 0) \end{cases}$$

と表現され, ξ は形状パラメータと呼ばれる．ここで, 定義域は $1 + \xi x > 0$ である．GEV 分布は, ξ の値に応じて, **Fréchet** (フレシェ) 分布 ($\xi > 0$), **Gumbel** (ガンベル) 分布 ($\xi = 0$), **Weibull** (ワイブル) 分布 ($\xi < 0$) の 3 つの分布クラスを含んでいる．

確率密度関数は $H_\xi(x)$ を微分することで得られる．$h_\xi(x) = \mathrm{d}H_\xi(x)/\mathrm{d}x$ はそれぞれ以下のようになる．

- Fréchet 分布

$$h_\xi(x) = (1+\xi x)^{-1-1/\xi} \exp[-(1+\xi x)^{-1/\xi}] \tag{8.2}$$

ただし, 定義域は $x > -1/\xi$ である．

- Gumbel 分布

$$h_\xi(x) = \exp[-x - \exp(-x)] \tag{8.3}$$

定義域は $-\infty < x < \infty$ である．

- Weibull 分布

$$h_\xi(x) = (1+\xi x)^{-1-1/\xi} \exp[-(1+\xi x)^{-1/\xi}] \tag{8.4}$$

ただし, 定義域は $x < -1/\xi$ である．

極値分布と元の分布関数との対応

元の分布関数 $F(x)$ のテール形状と極限分布 $H(x)$ のクラスの間には以下の関係がある.

(i) 元の分布関数 F が指数的に減衰するテールを持つケース (正規分布, 対数正規分布, 指数分布, ガンマ分布など): 漸近分布は Gumbel 分布 ($\xi = 0$) に属する (本書ウエブサポートページの第 8 章練習問題 (1)).

(ii) 元の分布関数 F がべきのオーダーでゆっくり減衰するテールを持つケース, 特に, $x \to \infty$ につれて,

$$1 - F(x) \sim x^{-1/\xi} L(x) \tag{8.5}$$

によって右裾の形状が近似表現されるようなケース (Pareto 分布, Cauchy 分布, t 分布など), ただし, $L(x)$ は, 各 $z > 0$ に対して $L(xz)/L(x) \to 1$ $(x \to \infty)$ となるようなゆっくりと変化する関数の場合: 漸近分布は Fréchet 分布 ($\xi > 0$) に属する (本書ウエブサポートページの第 8 章練習問題 (2)).

(iii) 元の分布関数 F が有限範囲 (一様分布, ベータ分布など) のケース: 漸近分布は Weibull 分布 ($\xi < 0$) に属する.

実際の金融時系列において, *i.i.d.* 性はきわめて強い仮定といえる. 幸い, 以上の議論は時系列が強定常である場合に一般化することができる [71: p.418].

8.1.2 極値分布の推定

ブロック最大値法

データから極値分布のパラメータを推定する方法としてブロック最大値法 (block maxima) と呼ばれる方法がある.

いま, 上で定義した一般化極値分布 $H_\xi(x)$ に対して, 位置パラメータ μ, 尺度パラメータ $\sigma (> 0)$ を導入し, 3 パラメータの分布クラスを定義する. すなわち, $H(x; \xi, \mu, \sigma) = H_\xi((x - \mu)/\sigma)$ と書く.

標本データ $x_1, x_2, \ldots$, が *i.i.d.* 確率変数列 (あるいは極値パラメータ θ を持つ強定常過程) の実現とみなせる場合, 極値理論によれば, n 個の確率変数からなるブロックの最大値 M_n の分布は, ブロック・サイズ n が十分に大きい場合には, 3 パラメータの GEV 分布 $H(x; \xi, \mu, \sigma)$ によって近似することができるのは上でみた通りである.

そこで, 標本データを n 個ずつに区切り, それぞれのブロックにおける最大値のデータに GEV 分布 $H(x; \xi, \mu, \sigma)$ をフィッティングさせることを考えよう. 簡便のため, データセットが n 個ずつのブロック l 個に分割されるとする. いま, 第 j ブロック最大値を m_n^j と書くことにすると, 分布パラメータの推定に用いるデータは $(m_n^1, \ldots, m_n^l)$ である.

推定には, 最尤法または確率重み付きモーメント法を用いることができる.

最尤法の適用は, 通常 n が十分大きくて, 元の確率変数列が独立でないようなケースにおいてもブロック最大値列が互いに独立とみなせるようなケースを想定する. このとき, 式 (8.2) の Fréchet 分布あるいは式 (8.4) の Weibull 分布の確率密度関数 $h(x;\xi,\mu,\sigma)$ を仮定すると対数尤度関数は

$$l(\xi,\mu,\sigma) = \sum_{j=1}^{l} \ln h(m_n^j;\xi,\mu,\sigma) = -l\ln\sigma - \left(1+\frac{1}{\xi}\right)\sum_{j=1}^{l}\ln\left(1+\xi\frac{m_n^j-\mu}{\sigma}\right) - \sum_{j=1}^{l}\left(1+\xi\frac{m_n^j-\mu}{\sigma}\right)^{-1/\xi} \tag{8.6}$$

と書き表すことができる. よって, 制約条件 $\sigma > 0$, $1+\xi\frac{m_n^j-\mu}{\sigma} > 0$ のもとで対数尤度関数を最大化すればよい (ただし, パラメータ空間がデータに依存する非標準的な尤度最大化問題である).

元のデータセットを $n \times l$ に分割する際にトレード・オフが生ずることにも留意が必要である. すなわち, n が大きいほど極値理論による近似がよくなり, パラメータ推定のバイアスが小さくなることが期待される一方, l が大きいほど最尤法に用いるブロック最大値データ数が増えパラメータ推定の分散が小さくなることが期待される. なお, 元のデータが系列依存性を持つ場合には, 実質のデータ数がその分減少することから $i.i.d.$ 列の場合よりも大きなブロック・サイズをとることが望ましい.

特に, 式 (8.3) で定義される Gumbel 分布の場合

$$l(\mu,\sigma) = \sum_{j=1}^{l}\ln h(m_n^j;\mu,\sigma) = -l\ln\sigma - \sum_{j=1}^{l}\frac{m_n^j-\mu}{\sigma} - \sum_{j=1}^{l}\exp\left(-\frac{m_n^j-\mu}{\sigma}\right) \tag{8.7}$$

となる. この対数尤度関数をパラメータ μ と σ により偏微分し 0 とおくことにより以下の尤度方程式を得ることができる.

$$e^{-\mu/\sigma} = \frac{1}{l}\sum_{j=1}^{l}\exp\left(-\frac{m_n^j}{\sigma}\right) \tag{8.8}$$

$$\sigma = \frac{1}{l}\sum_{j=1}^{l}m_n^j - \frac{\sum_{j=1}^{l} m_n^j \exp(-m_n^j/\sigma)}{\sum_{j=1}^{l}\exp(-m_n^j/\sigma)} \tag{8.9}$$

▶ 実証分析例

2009 年 5 月 1 日から 2010 年 4 月 30 日までの TOPIX 株価指数から計算されたそ

れぞれ15秒次, 30秒次, 1分次, 5分次, 10分次, 30分次のリターン系列を使って, ブロック最大値法によりGEV分布の推定を行った. まず, 1日を1ブロックと考えて, 期間内の各日の日内最大値と最小値を計算した (図8.1). 日内最小値はマイナスをとり最大損失率, 日内最大値は日内最大利益率とみて, 日次データ系列 (244営業日) よりパラメータ推定 (最尤法) を行った.

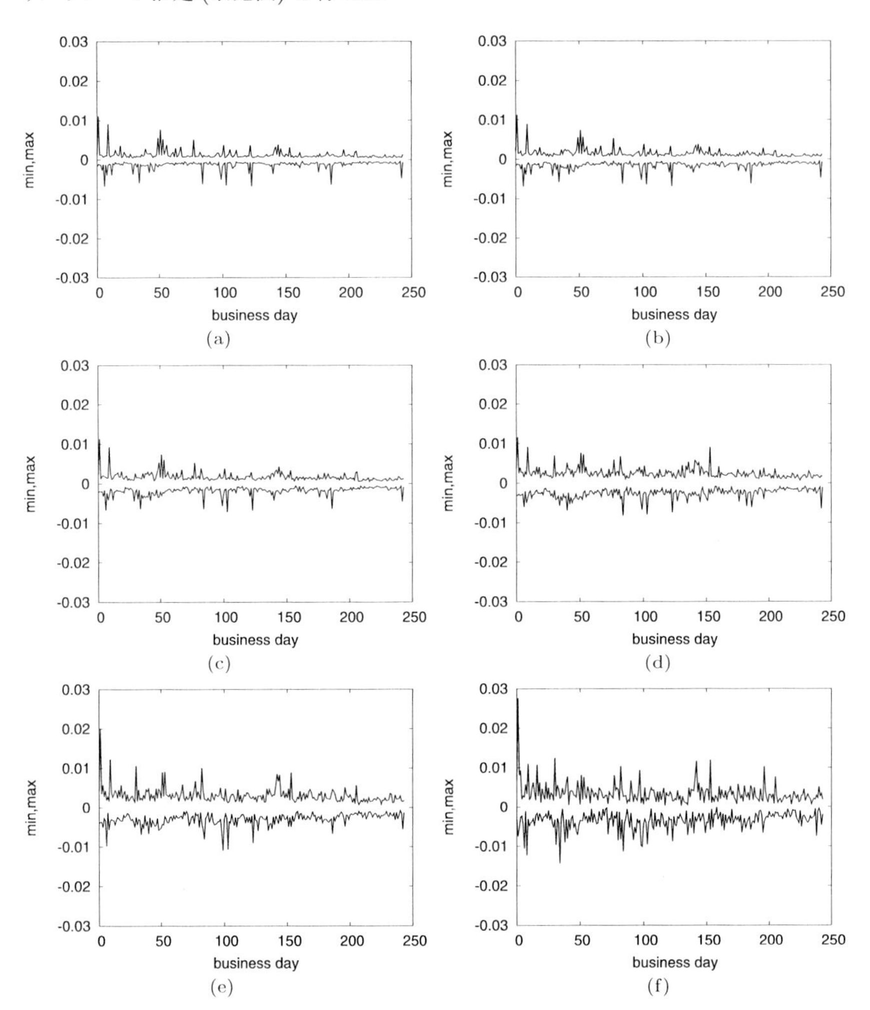

図8.1 2009年5月1日から2010年4月30日までのTOPIX株価指数より計算されたGEVモデルのパラメータ推定結果

上段は日内最大値データ, 下段は日内最小値データを使用: (a) 15秒次リターン, (b) 30秒次リターン, (c) 1分次リターン, (d) 5分次リターン, (e) 10分次リターン, (f) 30分次リターン.

推定結果 $(\hat{\xi}, \hat{\mu}, \hat{\sigma})$ を表 8.1 に示す. 推定には, **R** の **evir** パッケージに含まれる **gev** 関数を使用した.

なお, 計測間隔の短い 15 秒次, 30 秒次系列は, 1 ブロック (1 日) 内最大損失率計算のもととなる損失率データの系列従属性が強い可能性があり, 一方, 計測間隔の長い 10 分次, 30 分次系列においては, ブロック・サイズ n の大きさが十分といえないことには注意が必要である.

上段パネルは, 日内最大利益に対する推定結果, 下段パネルは, 日内最大損失に対する推定結果である. 各収益率計測幅 (h) ごとに 2 行ずつ記載されているが, この中で上段が推定値, 下段 (s.e.) が標準誤差を表している. 表中の "NLLH" は negative log likelihood の略, "chi.stat" は Gumbel 分布を帰無仮説としたときの推定 GEV 分布のカイ 2 乗値, "p.Gumbel" はこの帰無仮説に対する p 値 (小さければ小さいほど帰無仮説を棄却しやすい) を表す. また, **gev** 関数により得られなかった値は "NA" と

表 8.1 2009 年 5 月 1 日から 2010 年 4 月 30 日までの TOPIX 株価指数から計算された GEV モデルのパラメータ推定結果
上段: 日内最大利益分布, 下段: 日内最大損失分布.

h	ξ	σ	μ	NLLH	chi.stat	p.Gumbel
15 s	4.066×10^{-1}	3.117×10^{-4}	8.422×10^{-4}	-1526	139.9	0.000
s.e	4.478×10^{-2}	1.998×10^{-6}	1.998×10^{-6}			
30 s	3.317×10^{-1}	4.267×10^{-4}	1.083×10^{-3}	-1461	72.68	0.000
s.e	4.893×10^{-2}	1.998×10^{-6}	1.998×10^{-6}			
1 m	2.536×10^{-1}	5.538×10^{-4}	1.315×10^{-3}	-1409	38.23	6.281×10^{-10}
s.e	NA	1.998×10^{-6}	NA			
5 m	1.313×10^{-1}	8.073×10^{-4}	2.017×10^{-3}	-1334	8.758	3.083×10^{-3}
s.e	NA	1.998×10^{-6}	NA			
10 m	1.324×10^{-1}	1.006×10^{-3}	2.349×10^{-3}	-1281	8.904	2.845×10^{-3}
s.e	NA	1.999×10^{-6}	NA			
30 m	7.693×10^{-2}	1.562×10^{-3}	2.561×10^{-3}	-1181	3.139	7.643×10^{-2}
s.e	5.306×10^{-2}	4.358×10^{-6}	1.891×10^{-4}			

h	ξ	σ	μ	NLLH	chi.stat	p.Gumbel
15 s	4.746×10^{-1}	2.924×10^{-4}	8.287×10^{-4}	-1532	169.1	0.000
s.e.	4.728×10^{-2}	1.998×10^{-6}	1.998×10^{-6}			
30 s	3.658×10^{-1}	3.911×10^{-4}	1.028×10^{-3}	-1478	94.45	0.000
s.e.	4.952×10^{-2}	1.998×10^{-6}	1.998×10^{-6}			
1 m	2.743×10^{-1}	4.904×10^{-4}	1.257×10^{-3}	-1436	56.61	5.318×10^{-14}
s.e.	NA	1.998×10^{-6}	NA			
5 m	2.243×10^{-1}	7.196×10^{-4}	1.891×10^{-3}	-1349	31.39	2.112×10^{-8}
s.e.	5.411×10^{-2}	1.998×10^{-6}	2.352×10^{-6}			
10 m	2.260×10^{-1}	9.426×10^{-4}	2.250×10^{-3}	-1283	36.62	1.438×10^{-9}
s.e.	NA	1.999×10^{-6}	NA			
30 m	1.905×10^{-1}	1.393×10^{-3}	2.322×10^{-3}	-1193	24.2	8.688×10^{-7}
s.e.	1.056×10^{-8}		5.875×10^{-5}			

表記した．表から気がつく点としては，ξ がどのケースにおいても正 (標準誤差が計算されているケースではほとんどが通常用いられる有意水準で有意) であり，ファット・テール性を持つ Fréchet 分布であることを示唆している．また，Gumbel 分布 ($\xi = 0$) とは有意に異なることも示している．上段と下段では ξ パラメータに差がみられることから，日内最大損失分布と日内最大利益分布は非対称であることも示唆している．

8.1.3 推定された GEV モデルの利用

推定された GEV モデルは，極端な損失額の発生に関する分析に利用することができる．サイズ n のブロック最大値の分布を $H(x;\xi,\mu,\sigma)$ とすると，ブロック数を表す自然数 $k\,(=1,2,3,\ldots)$ に対して，$H(x;\xi,\mu,\sigma)$ の $(1-1/k)$ クォンタイル $H^{-1}(1-1/k;\xi,\mu,\sigma)$ を k-(サイズ n のブロック) 再現水準と呼ぶ．これは，平均すると，サイズ n のブロックが毎 k 個ごとに 1 回超えることが期待される水準である．ブロック最大値データより推定された GEV パラメータを定義にプラグ・インすることにより，

$$\hat{r}_{n,k} = \begin{cases} H^{-1}\left(1-\frac{1}{k};\hat{\xi},\hat{\mu},\hat{\sigma}\right) = \hat{\mu} + \frac{\hat{\sigma}}{\hat{\xi}}\left(\left(-\ln\left(1-\frac{1}{k}\right)\right)^{-\hat{\xi}} - 1\right) & (\xi \neq 0) \\ H^{-1}\left(1-\frac{1}{k};0,\hat{\mu},\hat{\sigma}\right) = \hat{\mu} - \hat{\sigma}\ln\Big(-\ln(1-\frac{1}{k})\Big) & (\xi = 0) \end{cases}$$

にて推定することができる．

一方，水準 u を上回る事象 $\{M_n > u\}$ の再現期間は，$k_{n,u} = 1/(1-H(u;\xi,\mu,\sigma))$ で与えられる．このとき，$k_{n,u}$ 期間のブロック (各サイズ n) の中に 1 回，u を上回るブロックが生じることが期待される．これも同様に最尤推定量を代入することによって，$\hat{k}_{n,u} = 1/(1-H(u;\hat{\xi},\hat{\mu},\hat{\sigma}))$ にて推定される．

▶ 実証分析例

表 8.2 に，TOPIX 株価指数 2009 年 5 月 1 日からの 1 年間における，15 秒次，30 秒次，1 分次，5 分次，10 分次，30 分次の 1 日内最大損失率系列 (1 ブロック＝1 日) より推定された GEV モデルを用いて計算された k 日-再現水準を示す．たとえば，15 秒次の最大損失率が 0.20%に達するのは平均して $k = 10$ 日に 1 回である．0.38%に達するのは $k = 50$ 日 (約 2 か月) に 1 回，0.50%は 100 日に 1 回などと解釈される．これらは私たちによりなじみの深い日経平均に読み替えると，15 秒間の下落幅では，日経平均 15,000 円に対してそれぞれ 30 円，57 円，75 円程度の水準である．また，たとえば，10 分間に日経平均が 100 円程度下落 (約 0.7%) するのは，10 分次の結果から $k = 30, 40$ 日あたりであるので，30 日かそれ以上に 1 回程度の頻度で発生するイベントであるといえる．なお，表内の損失率の数字の大きさを比較すると，計測間隔幅を 15 秒次から 30 分次 (120 倍) に伸ばしても 2 から 3 倍程度の増加 (ほぼ同じオーダー)，また，再現期間 k を 10 日から 100 日 (10 倍) まで増加させても 2 から 2.5 倍以内の増加にとどまっている．

表 8.2 TOPIX 株価指数 (2009 年 5 月 1 日からの 1 年間) の損失率 ($\times 10^{-3}$) の k 日-再現水準

k	15 s	30 s	1 m	5 m	10 m	30 m
10	1.990	2.510	2.995	4.131	4.986	6.399
20	2.641	3.242	3.769	4.950	6.010	7.773
30	3.111	3.749	4.283	5.457	6.645	8.599
40	3.494	4.151	4.679	5.832	7.114	9.198
50	3.822	4.489	5.005	6.132	7.489	9.669
60	4.113	4.784	5.286	6.383	7.803	10.06
70	4.377	5.048	5.533	6.599	8.074	10.39
80	4.618	5.288	5.755	6.790	8.313	10.69
90	4.843	5.508	5.957	6.961	8.528	10.95
100	5.052	5.712	6.143	7.117	8.723	11.18

ただし, 上で指摘した理由により, 計測間隔の短い系列 (15 秒次など) や計測間隔の長い系列 (30 分次など) の結果の解釈には, 注意が必要である.

8.1.4 水準超過法

一般化 Pareto 分布

ブロック最大値法は, 分割された各ブロック内の最大値のみを利用する点で, データの利用という観点で無駄である. 代替的に, 指定した高い水準を超えるすべてのデータを利用するアプローチである水準超過法 (または, **POT** (peak over threshold) 法) がある. 水準超過法において中心的役割を果たすのが一般化 Pareto 分布である.

一般化 Pareto 分布 (generalized Pareto distribution; GPD) は, 次式によって与えられる:

$$G(x;\xi,\beta) = \begin{cases} 1-\left(1+\frac{\xi x}{\beta}\right)^{-1/\xi} & (\xi \neq 0) \\ 1-\exp\left(-\frac{x}{\beta}\right) & (\xi = 0) \end{cases}$$

ただし, $\beta > 0$, $x \geq 0$ ($\xi \geq 0$ のとき), $0 \leq x \leq -\beta/\xi$ ($\xi < 0$ のとき) である. β を尺度パラメータ, ξ を形状パラメータと呼ぶ.

GPD は, GEV 分布と同様に, いくつかの分布族を含む; (i) $\xi > 0$ のとき, 長いテールを持つ, $\alpha = 1/\xi$, $\kappa = \beta/\xi$ の通常の Pareto 分布, (ii) $\xi = 0$ のときは, パラメータ β (平均発生間隔) の指数分布, (iii) $\xi < 0$ のとき, 短いテールを持つタイプ II 型 Pareto 分布となる.

GPD の期待値は, $\xi < 1$ において存在し,

$$\mathrm{E}[X] = \frac{\beta}{1-\xi}$$

となる.

一般に, 確率変数 X の分布関数 F とすると, 閾値 u を上回る超過分布は

$$F_u(x) = \Pr[X-u \leq x | X > u] = \frac{F(x+u)-F(u)}{1-F(u)}, \qquad 0 \leq x < x_F - u$$

で定義される．ただし，x_F は分布関数 F の右端点，$x_F = \sup\{x \in \mathrm{R} : F(x) < 1\}$ を表す．

有限の期待値を持つ場合には，平均超過関数は，

$$e(u) = \mathrm{E}[X - u | X > u]$$

で定義される．

いま，X が分布関数 $F(x) = G(x;\xi,\beta)$ を持つとき，超過分布および平均超過関数は次のように計算される：

$$\begin{aligned} F_u(x) &= G(x;\xi,\beta+\xi u), \\ e(u) &= \frac{\beta+\xi u}{1-\xi}. \end{aligned} \tag{8.10}$$

ただし，$0 \le \xi < 1$ の場合 $0 \le u$, $\xi < 0$ の場合 $0 \le u \le -\beta/\xi$ である[*2]．

すなわち，X が GPD を持てば超過分布も同じ形状パラメータ ξ を持つ GPD を持つ．その際，尺度パラメータは閾値 u の大きさに比例して増大する．また，平均超過関数も閾値 u の大きさに比例する．

さて，先にみたようにブロック最大値法において中心的役割を果たしている GEV 分布と水準超過法における GPD の関係を整理しよう．実は，規準化済ブロック最大値が GEV 分布 $H_\xi(x)$ に収束するような元の累積確率分布 $F(x)$ は，閾値 u が増大するにつれ，超過分布 $F_u(x)$ が GPD $G(x;\xi,\beta+\xi u)$ に収束するような元の分布の集合となることが示される (Pickands–Balkema–de Haan 定理)．その際，収束先の GPD の形状パラメータはブロック最大値の収束先の GEV 分布の形状パラメータに一致する．応用で用いられるほとんどすべての連続確率分布のブロック最大値は GEV 分布を持つと考えられることから，この性質は大きな閾値を上回る超過損失のモデル化には GPD が適切な分布であることを示している．

超過損失のモデル化

分布関数 F を共通に持つ損失額を表す確率変数列 $X_1, X_2, \ldots,$ が閾値 u を超える (ランダムな) 件数を N_u とおく．これらの閾値を超過したものを集めた部分列を $\widetilde{X}_1, \widetilde{X}_2, \ldots, \widetilde{X}_{N_u}$, それぞれの超過額を $Y_j = \widetilde{X}_j - u$ で表す．この N_u 個の超過損失額を使って GPD のパラメータ推定を行おう．GEV 分布と同様に，推定には最尤法や確率重み付きモーメント法が用いられる．

GPD の密度関数を $g(x;\xi,\beta)$ とすると，対数尤度は

$$l(\xi,\beta) = \sum_{j=1}^{N_u} \ln g_{\xi,\beta}(Y_j) = -N_u \ln\beta - \left(1+\frac{1}{\xi}\right)\sum_{j=1}^{N_u} \ln\left(1+\xi\frac{Y_j}{\beta}\right)$$

であり，$\beta > 0$, $1+\xi Y_j/\beta > 0$ の範囲でこれを最大化すればよい．

[*2] 本書ウエブサポートページの第 8 章練習問題参照．

厳密な $i.i.d.$ の仮定のもとで極値分布の理論は作られている. 一方, もし元のデータが $i.i.d.$ でない場合には, 元の時系列は従属性を持っていても強定常過程であれば極値分布の理論は適用可能である. このようなケースでは極値はクラスターを生成しない.

いったん, 閾値 u に対する超過額の系列データを使って推定された GPD を使えば, それより高い任意の閾値 $v \geq u$ に対して, 超過分布と期待超過関数を計算することができる. すなわち,

$$\begin{aligned} F_v(x) &= G(x;\xi,\beta+\xi(v-u)), \\ e(v) &= \frac{\beta+\xi(v-u)}{1-\xi}, \end{aligned} \tag{8.11}$$

ただし, $0 \leq \xi < 1$ の場合 $u \leq v$, $\xi < 0$ の場合 $u \leq v \leq u - \beta/\xi$ である[*3)].

8.1.5 Hill 推定法

形状パラメータ ξ またはその逆数 $\alpha = 1/\xi$ (テール指数) の推定法として水準超過法と並んで重要なのが, Hill 推定法である. 簡便のため, 以下では, 切断 **Pareto** 分布 (truncated Pareto distribution)

$$f(x) = \frac{\alpha b^\alpha}{x^{\alpha+1}} 1_{(x \geq b)} \tag{8.12}$$

に限定して考えるが, より一般のケースで議論することもできる. Pareto 分布, 式 (8.12) より生成された n 個の独立なサンプル $\{X_1, \ldots, X_n\}$ から得られる α に対する最尤推定量 $\widehat{\alpha}_n$ は

$$\frac{1}{\widehat{\alpha}_n} = \frac{1}{n} \sum_{i=1}^{n} \ln\left(\frac{X_i}{b}\right) \tag{8.13}$$

によって求められる. このとき,

$$\mathrm{E}\left[\frac{1}{\widehat{\alpha}_n}\right] = \frac{1}{\alpha} \tag{8.14}$$

となることが示される[*4)]. よって, もし分布の出発位置 b の値を知っていれば, $\widehat{\alpha}_n$ によって α をかなり精度よく推定することができる. 一方, b が未知の Pareto 型分布のケースにおいても, b を適当な推定値に置き換えることで, やはりテール指数をうまく推定できる.

サンプルを大きい順に並べ替えた (逆) 順序統計量 $X_{(1)} \geq \cdots \geq X_{(n)}$ として, ある正整数 $k \ll n$ を b の値とみなして,

$$\widehat{\xi}_{n,k} = \frac{1}{k} \sum_{j=1}^{k} \ln\left(\frac{X_{(j)}}{X_{(k)}}\right) \tag{8.15}$$

---

*3) 本書ウエブサポートページの第 8 章練習問題参照.

*4) 本書ウエブサポートページの第 8 章練習問題参照.

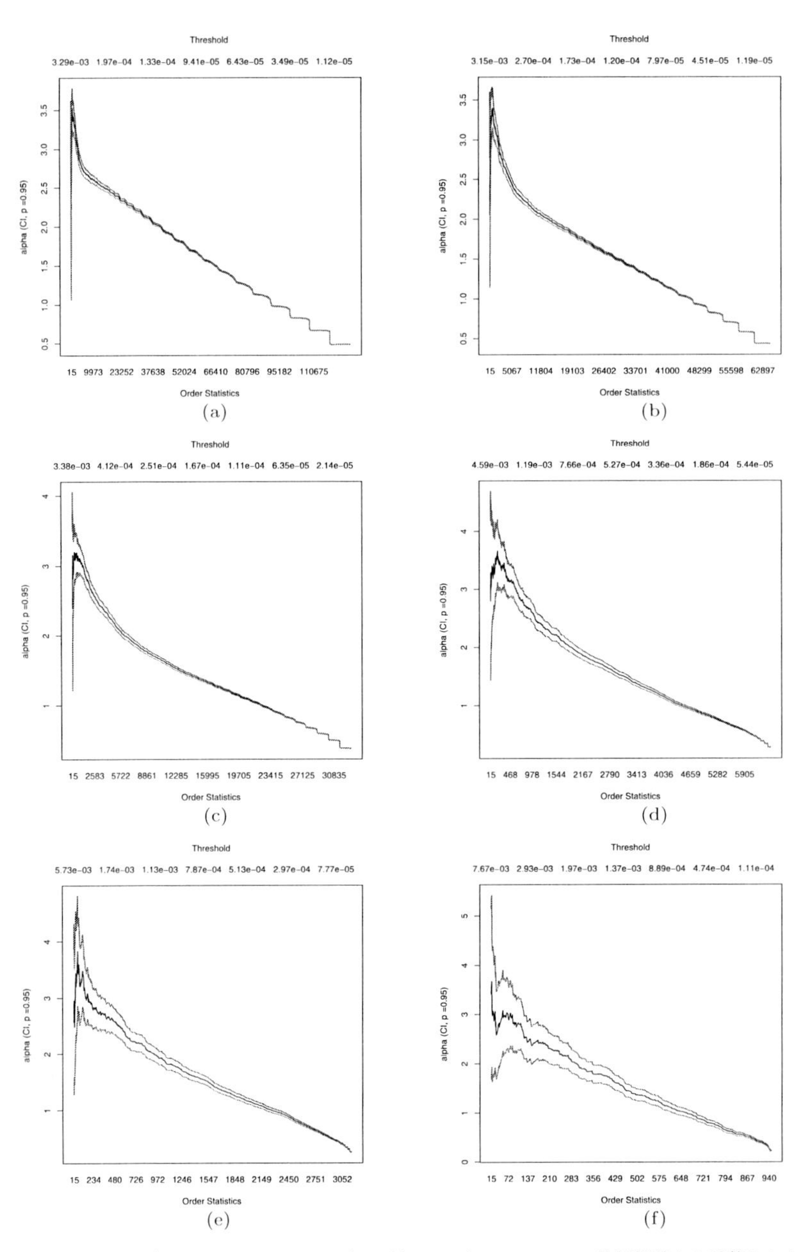

図 8.2 2009 年 5 月 1 日から 2010 年 4 月 30 日までの TOPIX 株価指数から計算された Hill プロット: (a) 15 秒次リターン, (b) 30 秒次リターン, (c) 1 分次リターン, (d) 5 分次リターン, (e) 10 分次リターン, (f) 30 分次リターン

とおくと, テール指数 α に対する推定量として $\widehat{\alpha}_{n,k} = \widehat{\xi}_{n,k}^{-1}$ が得られる. これは **Hill 推定量** (Hill's estimator) と呼ばれる.

Hill 推定量は当然ながらスタート点 k の選択に依存する. そのため, k の値を色々と変化させながらペア $(k,\ \widehat{\alpha}_{n,k})$ のグラフ (**Hill プロット**) を作成し, 推定値 $\widehat{\alpha}_{n,k}$ が安定するような領域をグラフ上で読みとることになる. しかしながら, 実際のデータを用いて Hill プロットを作成すると, そうならないケースが多い. 経験上の知見として, サンプルサイズ 1,000 程度のケースに対して $k = 10\sim50$ 程度を推奨する文献もある (例, [169]).

図 8.2 は Hill プロットを TOPIX 株価指数 (2009 年 5 月〜2010 年 4 月) の対数収益率を用いて描いたものである. 分位点 (k) を変化させると推定される α の値が変化することがわかる. しかも一度急激に上昇したあとはゆっくりと減衰する傾向がある.

現実の Hill プロットがこのように荒れて安定的な値を読みとりにくい場合, 原因として色々と考えられるだろう. もしデータが式 (8.5) のような Pareto 型のゆっくりと減衰する確率分布から生成されていなければ, そもそも論として指数 α を推定すること自体意味がない. 仮にこの分布の仮定が正しかったとしても, データ間に系列相関があれば, 推定の信頼性を損なってしまう可能性がある.

8.1.6 テール・リスクの尺度

次に, 超過損失に対する GPD モデルを使った元の損失分布 F のテール推定やリスク尺度について考えよう. $\xi < 1$ とする.

テール確率は, $x \geq u$ に対して,

$$\begin{aligned}
\bar{F}(x) &= \Pr[X > x] = \Pr[X > u]\Pr[X > x | X > u] \\
&= \bar{F}(u)\Pr[X - u > x - u | X > u] \\
&= \bar{F}(u)\left(1 + \xi\frac{x-u}{\beta}\right)^{-1/\xi}
\end{aligned}$$

のように評価することができる. この逆関数をとることにより, バリュー・アット・リスク (value-at-risk; VaR) を計算することができる. VaR_α は所定の確率 α で損失がある値以上となる場合のその損失水準を指す. 実務においては, 収益率分布の左裾 1%点, 5%点などを考え, 価格変動リスクの評価期間である 1 日や 2 週間などと組み合わせ, 2 週間 $VaR_{1\%}$, 1 日 $VaR_{5\%}$ などといった呼び方がなされる.

VaR_α は数学的には損失分布 F の α-クォンタイル (100α%点) にほかならない. α-クォンタイルとは損失分布 F を用いて

$$q_F(\alpha) = \inf\{x \in R : F(x) \geq \alpha\}$$

と定義される. すなわち, $VaR_\alpha = q_F(\alpha)$ と定義することができる. もちろん, 分布関数 F が連続関数の場合には, $q_F(\alpha) = F^{-1}(\alpha)$ となる.

損失分布 F が GPD の場合, $\alpha \geq F(u)$ に対して,

$$VaR_\alpha = u + \frac{\beta}{\xi}\left(\left(\frac{1-\alpha}{\bar{F}(u)}\right)^{-\xi} - 1\right) \tag{8.16}$$

となる. VaR_α はあらかじめ定めた "小さな" 確率で発生しうる "大きな" 損失を認定するための閾値にすぎず, 実際に発生した場合の損失の大きさ自体を表すものではない. そこで, 期待ショート・フォール (expected shortfall) を考えてみる. 期待ショート・フォールは

$$ES_\alpha = \frac{1}{1-\alpha}\int_\alpha^1 q_F(x)\mathrm{d}x \tag{8.17}$$

と定義され VaR_α を超過した事象に対する損失の期待値を表現している. いま損失分布 F が GPD の場合には

$$ES_\alpha = \frac{VaR_\alpha}{1-\xi} + \frac{\beta - \xi u}{1-\xi} \tag{8.18}$$

と計算できる*5).

以上の議論で, テール確率, バリュー・アット・リスク, 期待ショート・フォールの計量において, 推定された GPD のパラメータ $(\hat{\xi}, \hat{\beta})$ のほかに, 閾値 u に対するテール確率 $\bar{F}(u)$ の推定値が必要である. 元データが閾値 u を超える発生頻度の相対頻度 N_u/n をとるのが最も簡便な方法である. テール確率の評価の別の方法として式 (8.15)

表 8.3　GPD の仮定のもとで 5 分次損失分布から計算される VaR_α と ES_α の値
(上位 5%の値を用いて計算される超過額の系列データを用いて計算した)

α	VaR_α	ES_α
0.95	0.00154	0.00229
0.99	0.00272	0.00365
0.995	0.00330	0.00432
0.999	0.00489	0.00613
0.9995	0.00568	0.00704

表 8.4　GPD の仮定のもとで 30 分次損失分布から計算される VaR_α と ES_α の値
(上位 5%の値を用いて計算される超過額の系列データを用いて計算した)

α	VaR_α	ES_α
0.95	0.00410	0.00595
0.99	0.00691	0.00947
0.995	0.00843	0.01137
0.999	0.01289	0.01697
0.9995	0.01531	0.02000

*5) リスク尺度として満たすべき望ましい特性をまとめた「コヒーレント・リスク尺度」が提案されている (Artzner et al. [21]). バリュー・アット・リスクはそうではないが, 期待ショート・フォールはコヒーレント・リスク尺度である.

の Hill 推定法を用いることもできる. 表 8.3, 8.4 は, 前者の方法を用いて, TOPIX 株価指数 2009 年 5 月 1 日からの 1 年分データについて計算された, VaR_α と ES_α の値である (それぞれ 5 分次, 30 分次).

8.2 安定分布とテール形状

8.2.1 自己相似性とスケーリング則

金融市場業務におけるリスク管理に必要な時間尺度の大きさは, 高頻度トレードの極短時間 (ミリ秒未満〜秒〜分) から年金運用マネージャーの長期間 (月〜四半期〜年) までとさまざまである. 一方, 金融市場の資産収益率の分布に関する実証分析の多くは, 歴史的必然から日次かそれ以上の計測期間のデータに対するものである. 収益率の統計的性質とその計測区間との関係性を調べる研究は, 今日, 高頻度領域にまで範囲を拡大してきている. (対数) 収益率の計測区間幅を 1 日内の短時間のものから数時間あるいは 1 日以上の長さの区間へと変更することは, 高頻度で計測された収益率を足し合わせることにほかならならず, これは時間合算と呼ばれる操作である (5.3.1 項参照).

自己相似性や**スケーリング則** (scaling law) は, 時間合算操作のもとで分布形が不変となる性質で, もし成り立てば理論的にも美しいばかりでなく諸計算上のメリットも大きい. 経済物理学分野を中心にさまざまな金融時系列データから実証的に見出そうとする試みが多くなされている. 確率過程を異なる時間解像度で眺めても同様な統計的性質が観察されるというのがスケーリング則であり, これを定式化した概念が自己相似性である. 確率過程 $X=\{X_t,\ t\geq 0\}$ が, ある定数 $H>0$ に対して,

$$\{X_{ct}, t\geq 0\} \overset{\mathcal{D}}{=} \{c^H X_t, t\geq 0\} \tag{8.19}$$

なる関係を満たすとき, **自己相似** (self-similar) であるという (ただし, 式 (8.19) 内の等号は, 2 つの確率過程の持つすべての有限次元分布が等しいことを表す). 定数 H を自己相似パラメータと呼ぶ (【補】S3.2 節).

自己相似な確率過程は定常過程とはならない[*6)]. たとえば, Wiener 過程は非定常であるが自己相似過程であり, $H=1/2$ を持つ.

定義式 (8.19) より, 任意の $t>0$ に対して, $X_t \overset{\mathcal{D}}{=} t^H X_1$ であるから, X_t の分布は X_1 によって完全に定めることができる, すなわち, 与えられた確率変数 Y の分布関数を F_Y と書くことにすると,

$$F_{X_t}(x) = \Pr[X_t \leq x] = F_{X_1}\left(\frac{x}{t^H}\right).$$

そこで, もし分布関数 F_{X_t} が密度関数 f_{X_t} を持つとすると, 両辺の微分により $f_{X_t}(x) =$

---

*6) 本書ウエブサポートページの第 8 章練習問題参照.

$f_{X_1}(x/t^H)/t^H$ となるから, $x=0$ を代入すれば, 任意の $t>0$ に対して

$$f_{X_t}(0) = \frac{1}{t^H} f_{X_1}(0), \tag{8.20}$$

すなわち, 分布の中心点 $(x=0)$ におけるスケーリング則が得られる.

さらに, X_1 の各モーメントの存在を仮定すれば, モーメントに関するスケーリング則

$$\begin{aligned} \mathrm{E}[X_t] = t^H \mathrm{E}[X_1], \qquad \mathrm{Var}[X_t] = t^{2H} \mathrm{Var}[X_1], \\ \mathrm{E}\left[|X_t|^k\right] = t^{kH} \mathrm{E}\left[|X_1|^k\right] \end{aligned} \tag{8.21}$$

は明らかである.

資産収益率の自己相似性, スケーリング則は, 綿花の市場価格変動の分析を通して Mandelbrot [163] によってはじめて主張された.

8.2.2 安定分布と安定 Lévy 過程

確率変数 X が安定分布 (stable distribution) を持つとは, 各整数 $n \geq 2$ に対して, 正の数 c_n と数 d_n が存在して,

$$X_1 + X_2 + \cdots + X_n \stackrel{\mathcal{D}}{=} c_n X + d_n \tag{8.22}$$

が成立することをいう. さらに, $d_n \equiv 0$ であるとき, 狭義に安定である (strictly stable) という. ここで, $X_1, X_2, \ldots, X_n$ は互いに独立な, X と同一分布を持つ変数である. 実際, 式 (8.22) において, ある $0 < \alpha \leq 2$ が存在して,

$$c_n = n^{1/\alpha}$$

が成立することから, パラメータ α の役割を強調するときには α-安定性 (α-stability) とも呼ばれる (これ以外の等価な定義に関しては, たとえば [203] を参照せよ). 以上の定義は, 多変量のケースへと容易に拡張される.

一般に, 確率変数 X の確率密度関数 $f(x)$ と特性関数 $\psi_X(s)$ との間には Fourier 変換と Fourier 逆変換の関係が成立する (【補】S1.2 節:式 (S1.2.9), (S1.2.10)). 特に, 安定分布においては, μ, σ, α, β をパラメータとして

$$\begin{aligned} &\psi_X(s) = \exp(\zeta(s)), \\ &\text{ただし}\ \zeta(s) = \begin{cases} \mathrm{i}\mu s - \sigma^\alpha |s|^\alpha \left\{1 - \mathrm{i}\beta\,\mathrm{sgn}(s) \tan\left(\frac{\pi\alpha}{2}\right)\right\} & (\alpha \neq 1) \\ \mathrm{i}\mu s - \sigma^\alpha |s|^\alpha \left\{1 + \mathrm{i}\beta\,\mathrm{sgn}(s)\, \frac{2}{\pi} \ln|s|\right\} & (\alpha = 1) \end{cases} \end{aligned} \tag{8.23}$$

となる. ただし, $|\beta| \leq 1$, $0 < \alpha \leq 2$, $\sigma > 0$, $\mu \in \mathbb{R}$ とする. α は安定指数, または特性指数と呼ばれる. 一方, β は歪度パラメータ, σ は尺度パラメータ, μ は位置パラメータである. $\alpha = 2$ は正規分布に対応する. $\alpha < 2$ の場合は, 中心のまわりの急峻性が高まると同時にファット・テール性も高まる (分散が無限大). さらに $\alpha \leq 1$ の場合は平均も存在しない. $(\alpha = 1, \beta = 0)$ は Cauchy 分布に対応する. 安定分布が対

称であるための必要十分条件は, $(\beta = 0, \mu = 0)$ である. Mandelbrot [163] は, 資産価格のファット・テール性を表現するために非正規の安定分布 $(\alpha < 2)$ の利用を提案し, 安定 Paretian モデルと呼んだ. また, 所得分布などを表現するために導入した, $1 < \alpha < 2$ を持つ "正の" (正方向へ歪んだ) 安定分布を Pareto–Lévy 則と呼んだ.

以上の結果を連続時間軸上の確率過程に発展させる. 1 次元の確率過程 $X = \{X_t,\ t \geq 0\}$ を考える. 確率過程が, 独立な増分を持つとは, 任意の $t_1 < t_2 \leq s_1 < s_2$ に対して, 確率変数 $(X_{t_2} - X_{t_1})$ と $(X_{s_2} - X_{s_1})$ とが互いに独立であることをいう (【補】S2.7 節). 確率過程が, 定常な増分を持つとは, 任意の $t_1 < t_2$ に対して, 確率変数 $(X_{t_2} - X_{t_1})$ の確率分布が時間差 $(t_2 - t_1)$ にのみ依存することをいう (同). すなわち, 初期値 $X_0 = c$ とすれば, 任意 $t_1 < t_2$ に対して, $X_{t_2} - X_{t_1} \stackrel{\mathcal{D}}{=} X_{t_2 - t_1} - c$ が成立する. さらに, 確率過程が, 確率 1 で右連続かつ左極限を持つサンプル・パスを有し, かつ独立かつ定常な増分を持つとき, **Lévy 過程**であるという.

各 $k \geq 1$ と, すべての $t_1, \ldots, t_k$ に対して, 確率ベクトル $\{X_{t_1}, X_{t_2}, \ldots, X_{t_k}\}$ (の有限次元分布) が安定であるとき, 確率過程 $X = \{X_t,\ t \geq 0\}$ は安定であるという. もし, すべての有限次元分布が安定であれば, 共通の指数 α を持つ. 指数 α の値を強調する際に, そのような確率過程は α-安定 (α-stable) と呼ばれる. さらに, α-安定でかつ Lévy 過程である確率過程は, **α-安定 Lévy 過程** (α-stable Lévy process) と呼ばれる. 分散を持たない α-安定 Lévy 過程は, 「Lévy flight(s)」とも呼ばれる.

1 次元 Lévy 過程が α-安定 $(0 < \alpha \leq 2)$ であるとは, 各 $c > 0$ に対して, ある数 d が存在して,

$$\{X_{ct}, t \geq 0\} \stackrel{\mathcal{D}}{=} \left\{c^{1/\alpha} X_t + dt, t \geq 0\right\} \tag{8.24}$$

が成立することである. α-安定 Lévy 過程の特性関数は, 先の式 (8.23) 内で定義された単位時間あたり指数 $\zeta(s)$ を使って

$$\psi_t(s) = \exp(t\zeta(s)), \qquad t \geq 0 \tag{8.25}$$

と書くことができる.

さらに, 狭義に安定 $(d = 0)$ なケースでは,

$$\{X_{ct}, t \geq 0\} \stackrel{\mathcal{D}}{=} \left\{c^{1/\alpha} X_t, t \geq 0\right\}$$

であるから, α-安定 Lévy 過程は, $H = 1/\alpha$ の自己相似性を持つことがわかる. なお, $X = \{X_t,\ t \geq 0\}$ が α-安定で, かつ自己相似性を有していても, Lévy 過程ではなかったら, $H = 1/\alpha$ が成立するとは限らないことに注意しよう.

α-安定 Lévy 過程の特別なケースとして, Wiener 過程は, $\alpha = 2$ によって特徴付けることができる.

特性指数と Pareto 分布型テール

ここで安定分布のテール形状について整理しよう. 安定分布の特性関数, 式 (8.23) において, 特性指数 α は分布のテールの減衰をコントロールするパラメータである. も

し, $0 < \alpha < 2$ であれば,

$$\begin{aligned} x^\alpha \Pr[X > x] &\overset{x\to\infty}{\to} c_\alpha \frac{1+\beta}{2}\sigma^\beta, \\ x^\alpha \Pr[X < -x] &\overset{x\to\infty}{\to} c_\alpha \frac{1-\beta}{2}\sigma^\beta \end{aligned} \tag{8.26}$$

が示される. ただし, 係数 c_α は, $\alpha \neq 1$ の場合,

$$c_\alpha = \frac{1-\alpha}{\Gamma(2-\alpha)\cos\frac{\pi\alpha}{2}}$$

である. ここで $\Gamma(x)$ はガンマ関数である. また, $\alpha = 1$ の場合, $c_\alpha = 2/\pi$ である. 一方, $\alpha = 2$ の場合には,

$$\psi_X(s) = \exp\left(\mathrm{i}\mu s - s^2\sigma^2\right)$$

であり, これは正規分布 $N(\mu, 2\sigma^2)$ の特性関数にほかならない. よって, テールの挙動という点において, $\alpha < 2$ のケースは $\alpha = 2$ のケースと大きく異なることがわかる.

裾の厚い分布の例として, Pareto 分布型のテール形状を持つクラス, すなわち, パラメータ $0 < \alpha < 2$ に対して, 累積確率分布関数

$$F(x) = \begin{cases} \frac{1}{2}\frac{1}{(1-x)^\alpha}, & \text{if} \quad x \leq 0, \\ 1 - \frac{1}{2}\frac{1}{(1+x)^\alpha}, & \text{if} \quad x > 0 \end{cases} \tag{8.27}$$

を考えてみよう. このとき, 相補累積確率分布関数 $\overline{F}(x) = 1 - F(x)$ は, 正規分布や指数分布のテールよりもはるかにゆっくりとした多項式 (α 次) の速さで減少してゆく. 式 (8.27) を式 (8.26) と比較すると, $|x|$ が十分大きな領域では $1/(1+|x|)^\alpha \approx |x|^{-\alpha}$ であるから, $0 < \alpha < 2$ の範囲において, 安定分布のテールでの挙動は Pareto 分布に類似していることがわかる.

式 (8.26) より, 分布の右裾がべき乗のオーダーでゆっくりと減衰するクラス, すなわち $x \to \infty$ につれて,

$$\overline{F}(x) \sim x^{-\alpha} L(x) \tag{8.28}$$

によって右裾の形状が近似表現される状況を考えるのは自然である. ここで, $L(x)$ は, 各 $z > 0$ に対して $L(xz)/L(x) \to 1$ $(x \to \infty)$ となるようなゆっくりと変化する関数である. 式 (8.5) と比較することにより, 分布のテール指数 α と形状パラメータ ξ との間には, $\xi = 1/\alpha$ なる関係のあることが確認される (先の一般化 Pareto 分布 GPD における $\xi > 0$ のケースに対応). ξ は極値指数とも呼ばれる. これら α ないしは ξ の推定法は, 先の 8.1.4, 8.1.5 項にて解説した通りである.

8.2.3 スケーリング則と分布中心部の推定

分布のテール部に位置する事象は発生頻度が少ないため, それを分析しようとすれば大量のデータが必要となる. しなしながら, 割れた茶碗の破片の大きい数個の断片でほぼもとの茶碗の形状が復元できることとのアナロジーによって, 極端に大きな事象

である発生頻度のきわめて少ない事象が, 市場の価格変化の大部分を決定しているという見方もできる. このような観点に立つと, テールの性質の理解がむしろ市場の挙動の本質の理解へとつながることが期待される.

Mantegna and Stanley [164] は, 価格変化 ΔX の実証分布の中心値と変化の計測単位 Δt との関係を調べた. いま, 価格変化の確率密度関数 (式 (8.20)) において, 指数 α, 尺度パラメータ $\gamma = \sigma^{\alpha}$ を持つ対称安定 Lévy 分布 ($\beta = 0, \mu = 0$) であると仮定した場合,

$$p_{\Delta t}(0) = \frac{\Gamma(1/\alpha)}{\pi\alpha(\gamma\Delta t)^{1/\alpha}} \tag{8.29}$$

を得た. ここで, $\Gamma(x)$ はガンマ関数である. この式 (8.29) が正しければ, 確率密度関数の中心の値 $\widehat{p}_{\Delta t}(0)$ と Δt とは log–log プロットすることで直線関係が成立するはずである. これは, 密度関数の中心が計測単位に関してスケーリング則が成り立っていることを意味する (式 (8.20)). 彼らは, S&P500 指数 6 年間分の高頻度データに対して Δt を 1 分から 1,000 分まで変化させ実際に直線関係を見出し, その傾きを使って, 指数 α の推定値として, $\widehat{\alpha} = 1.40 \pm 0.05$ を得た. なお, 価格変化の分布の裾においては, 安定 Lévy 性が崩れ, 指数分布で近似できるとしている.

なお, 式 (8.20) のスケーリング則自体は, 指数 H を持つ任意の自己相似過程に対して成立するものであるから, 密度関数 $f_{\Delta t}(0)$ に関するスケーリング則がデータで観測されたからといって, 必ずしも背後にあるデータ生成モデルが α-安定 Lévy 過程であるとは限らないことに注意しよう (例, 指数 H のフラクショナル Brown 運動; 【補】S3.2 節:式 (S3.2.16)).

ちなみに, 上述の Mandelbrot [163] は, 綿花価格変動の特性指数 α の推定値はおよそ 1.7 であり, 所得分布 ($\alpha = 1$, Zipf の法則), ギャンブル ($\alpha = 2$) の中間であると報告した. 彼はこのような大部分が小さな変動だが, まれに大きな価格変動が起こる現象を「ノア効果」と呼んだ.

Gopikrishnan et al. [92] では, 1994 年から 1995 年までの NYSE, AMEX, NASDAQ の取引価格データを用い, 上位 1,000 社の取引データを 5 分間隔で補完した価格 $S_i(t)$ の分析を行った. そして, $\Delta t = 5[\mathrm{min}]$ に対する対数収益率,

$$G_i(t) = \ln S_i(t) - \ln S_i(t - \Delta t) \tag{8.30}$$

を時間標準偏差 $v_i = \sqrt{\mathrm{E}[(G_i(t) - \mathrm{E}[G_i(t)])^2]}$ で標準化した, $g_i(t) = \left[G_i(t) - \mathrm{E}[G_i(t)]\right]/v_i$ の累積分布関数 $F(g) = \Pr[g_i(t) \geq g]$ の性質を調べた. その結果, $F(g) \approx g^{-\zeta_g}$ ($\zeta_g = 3.1 \pm 0.03$, 正の裾のパラメータ, $\zeta_g = 2.83 \pm 0.12$, 負の裾のパラメータ) なる結果を得たことを報告している. 一方, 取引ボリューム V に対しても同様の分析を行い, $\Pr[V_i(t) \geq V] \approx V^{-\zeta_V}$ ($\zeta_V \approx 1.5$) を得ている.

Gabaix et al. [82] は 取引ボリュームと価格変化との関係として, $g = kV^{1/2}$ を実証分析で得られる条件付き価格変化 $\mathrm{E}[g|V] \approx V$ との対応を根拠として仮定し, $\zeta_g = 2\zeta_V$ の関係に対する説明を行っている. 実証的に得られる取引ボリュームに対する取引価

格の変化 (価格インパクト) は取引ボリュームの単調増加関数となることが知られているが, その関数形については議論の余地がある. ほかの有力な仮説として, 価格変化 g と取引ボリューム V の線形関係を仮定し, 市場流動性を定量化する「Kyle の λ」の考え方がある. 取引ボリュームと価格変化との関係はマイクロストラクチャ分野において活発に研究されている (本書 5.4 節参照).

8.3 Tsallis 分 布

GPD では閾値を超えた値のみを用いて分布のあてはめを行っていたが, 分布の中心部分をあてはめることにより頻度の少ない事象の確率を外挿するという逆の方法も存在している.

GPD と同じようにべき的な減衰を示す裾野を持つ分布として Tsallis 分布が知られている [213, 214]. これは, **q-Gauss** 分布 (q-Gaussian distribution) とも呼ばれ, 数学的には正規分布 (Gauss 分布) の q-類似物 (q-analogy) として理解される [207].

Tsallis [214] は Shannon エントロピーの q-類似物として確率密度関数 f に対して以下の形のエントロピー

$$S_q[f] = \frac{1 - \int_{-\infty}^{\infty} f(x)^q \mathrm{d}x}{q-1}, \qquad q > 0 \tag{8.31}$$

を提案した. ここで q はシステムに依存するパラメータであり $q \to 1$ の極限において, 式 (8.31) は Shannon エントロピーに収束する.

$$S[f] = -\int_{-\infty}^{\infty} f(x) \ln f(x) \mathrm{d}x$$

ここで以下の規準化条件および, 体系のゆらぎの総和が一定の条件

$$\int_{-\infty}^{\infty} f(x)\mathrm{d}x = 1, \tag{8.32}$$

$$\int_{-\infty}^{\infty} f^{(q)}(x) x \mathrm{d}x = \mu_q, \tag{8.33}$$

$$\int_{-\infty}^{\infty} f^{(q)}(x)(x-\mu_q)^2 \mathrm{d}x = U_q \tag{8.34}$$

のもとで, 式 (8.31) を最大化する問題を考える. 特に, $f^{(q)}(x) = f(x)^q / \int_{-\infty}^{\infty} f(x)^q \mathrm{d}x$ はエスコート分布 (escort probability) と呼ばれる [38]. Jaynes の最大エントロピー原理に従い, Lagrange 未定定数法により,

$$\begin{aligned} Q = & \frac{1 - \int_{-\infty}^{\infty} f(x)^q \mathrm{d}x}{q-1} + \lambda_1 \Bigl(\int_{-\infty}^{\infty} f(x)\mathrm{d}x - 1 \Bigr) \\ & + \lambda_2 \Bigl(\int_{-\infty}^{\infty} f^{(q)}(x)(x-\mu_q)^2 \mathrm{d}x - U_q \Bigr) + \lambda_3 \Bigl(\int_{-\infty}^{\infty} f^{(q)}(x) x \mathrm{d}x - \mu_q \Bigr) \end{aligned} \tag{8.35}$$

を定義する. $1 < q < 3$ の場合, Q の第一変分を 0 とおき, $\delta Q = 0$ を計算すると,

$$f(x) = \frac{1}{B\left(\frac{1}{q-1} - \frac{1}{2}, \frac{1}{2}\right)} \left(\frac{q-1}{(3-q)U_q}\right)^{1/2} \left\{1 + \frac{q-1}{(3-q)U_q}(x-\mu_q)^2\right\}^{-1/(q-1)} \tag{8.36}$$

を得る. ここで,

$$B(s,t) = \int_0^1 x^{s-1}(1-x)^{t-1}\mathrm{d}x \tag{8.37}$$

はベータ関数である. また, Lagrange 未定定数 λ_1, λ_2, λ_3 の決定に以下の公式を用いた.

$$\int_0^\infty \frac{\mathrm{d}x}{x^\alpha(1+x^\lambda)^\beta} = \frac{1}{\lambda}B\left(\beta - \frac{1-\alpha}{\lambda}, \frac{1-\alpha}{\lambda}\right) \tag{8.38}$$

$q \to 1$ の極限では, 式 (8.36) は正規分布に収束する.

$\mu_q = 0$, $U_q = 1$ の q-Gauss 分布は $1 < q < 3$ の範囲において自由度 ν のスチューデント $\boldsymbol{t}$ 分布 (または $\boldsymbol{t}$ 分布)

$$f(x) = \frac{1}{\nu^{1/2}B(\frac{\nu}{2}, \frac{1}{2})}\left(1 + \frac{x^2}{\nu}\right)^{-(\nu+1)/2} \tag{8.39}$$

と一致する.

t 分布の自由度 ν と q-Gauss 分布の q との間には

$$\nu = \frac{3-q}{q-1} \tag{8.40}$$

の関係がある. t 分布 (q-Gauss 分布) は $\nu \to \infty$ $(q \to 1)$ において標準正規分布 (【補】S1.5 節:式 (S1.5.2)) に収束する.

t 分布の基本的な統計的性質は以下の通りである. 最頻値 x^*, 中央値 x_m, 平均値 m_1 は一致し $x^* = x_m = m_1 = 0$ である. 分散は $\nu > 2$ で, $\mathrm{Var}[X] = \frac{\nu}{\nu-2}$, $1 < \nu \leq 2$ では分散 $\mathrm{Var}[X]$ は発散する. 歪度は $\nu > 3$ において $\kappa_3 = 0$ であるが $\nu < 3$ では定義できない. 尖度は $\nu > 4$ で定義され $\kappa_4 = \frac{6}{\nu-4} + 3$ である. 累積分布関数は

$$\Pr[X \leq x] = \frac{1}{2}\left[1 + \mathrm{sgn}(x)\beta\left(\frac{x^2/\nu}{1+x^2/\nu}; \frac{\nu}{2}, \frac{1}{2}\right)\right] \tag{8.41}$$

となる. ここで $\beta(x;a,b)$ は**正則化済不完全ベータ関数** (regularized incomplete beta function)

$$\beta(x;a,b) = \frac{1}{B(a,b)}\int_0^x t^{a-1}(1-t)^{b-1}\mathrm{d}t \tag{8.42}$$

であり, $\mathrm{sgn}(x)$ は符号関数

$$\mathrm{sgn}(x) = \begin{cases} 1 & (x > 0) \\ 0 & (x = 0) \\ -1 & (x < 0) \end{cases} \tag{8.43}$$

である. 特性関数は $\nu > 0$ において **Bessel 関数**

$$K_\alpha(x) = \frac{1}{2\pi}\int_{-\pi}^{\pi} e^{\mathrm{i}(\alpha\tau - x\sin(\tau))}\mathrm{d}\tau \tag{8.44}$$

を用いて

$$\psi(s) = \frac{K_{\nu/2}(\sqrt{\nu}|s|)(\sqrt{\nu}|s|)^{\nu/2}}{\Gamma(\frac{\nu}{2})2^{\nu/2-1}} \tag{8.45}$$

により与えられる．ここで，$\Gamma(x)$ はガンマ関数である．

Tsallis 分布は x の大きなところでべき則 (power law) に従い，

$$f(x) \propto |x|^{-2/(q-1)}$$

なる Pareto 分布 (べき分布) により近似される．8.1.4 項で述べた一般化 Pareto 分布 (GPD) や 8.2.2 項で示した Lévy 分布も同様にこの形に漸近することが知られている．式 (8.36) の累積確率分布関数は不完全ベータ関数を用いて

$$F(x) = \frac{1}{2}\Big[1 + \mathrm{sgn}(x-\mu_q)\beta\Big(\frac{\frac{q-1}{(3-q)U_q}(x-\mu_q)^2}{1+\frac{q-1}{(3-q)U_q}(x-\mu_q)^2}; \frac{1}{2}, \frac{1}{q-1}-\frac{1}{2}\Big)\Big] \tag{8.46}$$

と表現できる．この対数収益率の累積確率分布 $\Pr[X \le x]$ と損失の累積確率分布関数 $F(x)$ との間には，$F(x) = 1 - \Pr[X \le -x]$ の関係が成立している．8.1.6 項でみたように，VaR_α は $F(x)$ を用いて $\alpha = F(VaR_\alpha)$ によって定義され，しかも，いま $F(x)$ が連続関数であることからその α-クォンタイルは $q_F(\alpha) = F^{-1}(\alpha)$ である．したがって，定義式 (8.17) より期待ショート・フォールは

$$\begin{aligned} ES_\alpha &= \frac{1}{1-\alpha}\int_\alpha^1 q_F(x)\mathrm{d}x \\ &= VaR_\alpha + \frac{1}{1-\alpha}\int_{VaR_\alpha}^{\infty}(1-F(x))\mathrm{d}x \end{aligned} \tag{8.47}$$

と求めることができる．

▶ 実証分析

TOPIX 株価指数の対数収益率 (30 分次, 10 分次, 5 分次) が正規分布に従っているかを Kolmogorov–Smirnov (KS) 検定 (【補】S1.11.7 項) を用いて確認してみよう．表 8.5 に検定結果を示す．どの場合も p 値が 0 となることから帰無仮説は棄却され，TOPIX 株価指数の対数収益率は正規分布に従わないということがわかる．

TOPIX 株価指数の対数収益率 (30 分次，10 分次，5 分次) を用いて式 (8.36)

表 8.5　TOPIX 株価指数の対数収益率を用いた正規分布の検定
平均値と分散は標本平均と標本分散を用いた．

h	平均	分散	p 値	KS 値
30 m	−0.0000281349	0.0000067947	0.000000	2.963766
10 m	−0.0000068757	0.0000021447	0.000000	4.912439
5 m	−0.0000043408	0.0000009755	0.000000	7.187896

に対する最尤法によりパラメータの推定を行ってみよう． M 個の標本データを $x_s\ (s=1,\ldots,M)$ とした場合, q-Gauss 分布のパラメータは再尤推定法

$$(\hat{q},\hat{\mu}_q,\hat{U}_q)=\arg\max_{q,\mu_q,U_q}\sum_{s=1}^{M}\ln f(x_s;q,\mu_q,U_q) \tag{8.48}$$

により推定できる．表 8.6 は TOPIX 株価指数系列に対する q-Gauss 分布のパラメータの推定結果である．

この推定パラメータを持つ q-Gauss 分布が実証分布と整合的であるか調べてみる．上述の KS 検定を用いて検定を行った．表 8.6 に示すように, 30 分次対数収益率では p 値は 0.916758, 10 分次対数収益率では p 値は 0.422128 となり有意水準 10%でも帰無仮説である q-Gauss 分布に従うという仮説は棄却されない．また, 5 分次対数収益率についても p 値は 0.016721 となり有意水準 1%で帰無仮説は棄却されない．よって, 最尤法により推定されたパラメータを持つ q-Gauss 分布は TOPIX 株価指数の高頻度領域における対数収益率の変動をよく説明するモデルとなっている．

KS 検定で帰無仮説で仮定する分布が棄却されない場合, 中心部分において確率密度関数はよく適合していると考えられるので, この確率分布を用いて発生頻度のきわめて低いテール部分の発生確率を外挿することができる．発生頻度の低い事象の確率を相対頻度やカーネル・スムージング法で推計することは容易ではないが, パラメトリックな確率密度関数のフィッティングを行うことにより推計値としてこの値を用いることができる．

図 8.3〜8.5 は TOPIX 株価指数の対数収益率を用いて計算した損失の相補累積分布関数と Q–Q プロットである．データの存在する頻度の高い変動についてはきわめてよく時系列がフィットしていることがわかる．

30 分次, 10 分次, 5 分次の VaR_α と ES_α の値を表 8.7 に示す．データがきわめて

表 8.6 TOPIX 株価指数の対数収益率を用いた q-Gauss 分布のパラメータ推定値

h	q	μ_q	U_q	最大尤度	p 値 (KS)	KS 値
30 m	1.4160	−0.0000090148	0.0000032885	8683.99	0.916758	0.555910
10 m	1.4216	0.0000085467	0.0000010205	32613.03	0.422128	0.879168
5 m	1.4371	0.0000096892	0.0000004567	71871.04	0.016721	1.546647

表 8.7 q-Gauss 分布を用いて推計された TOPIX 株価指数対数収益率の VaR_α と ES_α

	30 m	30 m	10 m	10 m	5 m	5 m
α	VaR_α	ES_α	VaR_α	ES_α	VaR_α	ES_α
0.95	0.003945	0.006547	0.002234	0.003988	0.001516	0.002960
0.99	0.006973	0.010395	0.003965	0.006191	0.002729	0.004517
0.995	0.008655	0.012599	0.004893	0.007408	0.003405	0.005416
0.999	0.013702	0.019317	0.007799	0.011333	0.005493	0.008246
0.9995	0.016562	0.023157	0.009438	0.013501	0.006706	0.009909

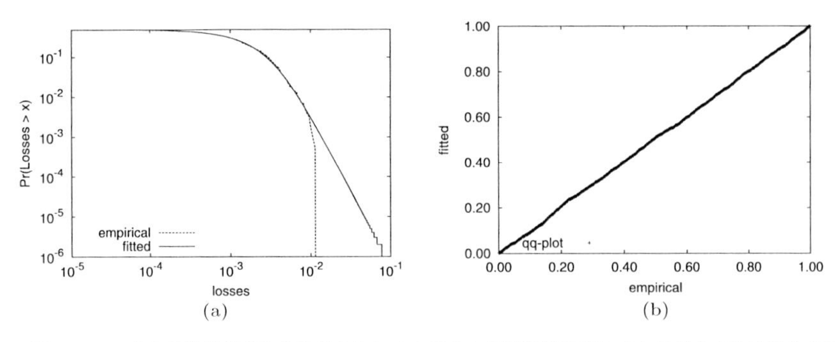

図 **8.3**　30 分次対数収益率から計算された (a) 損失の相補累積確率と (b) 外挿分布と実証分布との間の Q–Q プロット

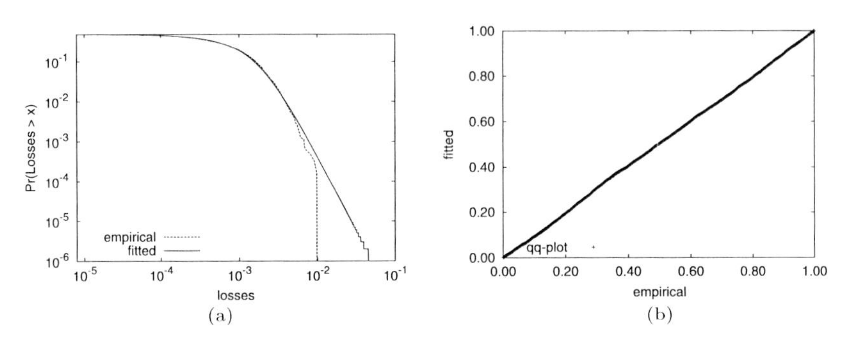

図 **8.4**　10 分次対数収益率から計算された (a) 損失の相補累積確率と (b) 外挿分布と実証分布との間の Q–Q プロット

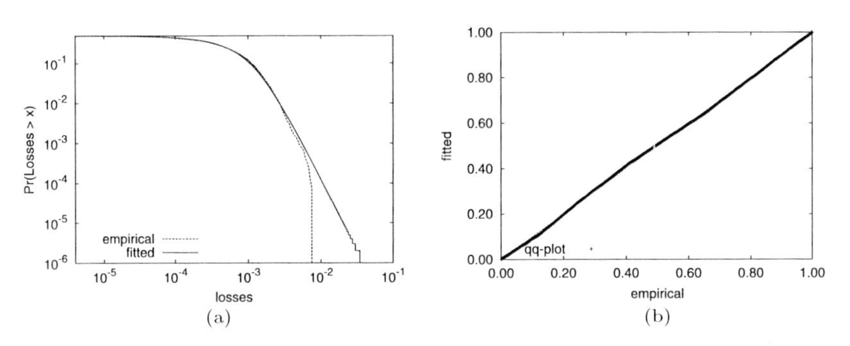

図 **8.5**　5 分次対数収益率から計算された (a) 損失の相補累積確率と (b) 外挿分布と実証分布との間の Q–Q プロット

少ない大きな変動に対しても VaR_α の推計値を得ることができる．また，ここで推計された VaR_α の値は表 8.3, 8.4 で推計された GPD を使ったものと若干の差異はあるもののほぼ同じ値を示している．

9

外国為替市場の実証分析

本章では外国為替市場の高頻度データを用いることにより可能となる外国為替市場の1秒から数分間の注文や取引に関する短時間の様子を定量化した実証分析を紹介する[*1]. 外国為替市場の高頻度データの実証分析の実例のひとつとして, 数時間から24時間程度での構造変化の様子を可視化・定量化した分析結果にも触れる. さらに, 高頻度データを用いることにより電子ブローキング・システム全体で取引が行われる様子が1週間程度の間隔でどのように変化していくかを, 通貨シェアの変化の観点から分析した結果を紹介する.

9.1 CQG Comprehensive FX を用いた分析

9.1.1 データセット

CQG Data Factory から2007年7月(22日間)の24通貨からなる46通貨ペアのデータ(Comprehensive FX)を購入し分析を行った. このデータは1分解像度の気配価格(ビッドとオファー)が記録されたデータである. 対象とした通貨は, ニュージーランド・ドル(NZD), オーストラリア・ドル(AUD), シンガポール・ドル(SGD), 香港・ドル(HKD), 韓国・ウォン(KRW), 日本・円(JPY), タイ・バーツ(THB), インド・ルピー(INR), パキスタン・ルピー(PKR), 南アフリカ・ランド(ZAR), トルコ・リラ(TRL), 欧州連合・ユーロ(EUR), デンマーク・クローネ(DKK), チェコ・コルナ(CZK), ポーランド・ズウォティ(PLN), ハンガリー・フォリント(HUF), スイス・フラン(CHF), イギリス・ポンド(GBP), スウェーデン・クローナ(SEK), ノルウェー・クローネ(NOK), カナダ・ドル(CAD), メキシコ・ペソ(MXN), ブラジ

*1) 本章執筆に際して, スペクトル分析(9.1.4項)は[193]をベースに, メジアン・フィルタ(9.1.5項)は[195]をベースに, シェアを用いた分析(9.2.3項)は[196]をベースに, ゆらぎのスケーリング(9.2.4項)は[198]をベースに加筆修正した. 本章で紹介した外国為替高頻度データの分析結果は日本学術振興会科学研究費補助金の財政的支援を受けて実施された研究(課題番号21760059, 23760074)による内容を加筆修正して掲載している.

ル・レアル (BRL), アメリカ合衆国・ドル (USD) を含む 46 種類*2) の通貨ペアのデータである. さらに USD/JPY に対しては 1991 年 1 月 4 日から 2001 年 11 月 2 日までのデータについて分析を行った.

9.1.2　探索的データ分析

各国で使用されている通貨はそれぞれの国のある種の特徴を表している. このデータセットに含まれる 24 通貨をノードとし, 46 種類の通貨ペアを 2 通貨を結ぶリンクとして表したのが図 9.1 である. 通貨によってほかの多くの通貨とつながっている通貨 (USD, EUR), 中程度でつながっている通貨 (JPY, GBP, CHF), ほぼ単一の通貨とつながっている通貨に分けられる. 多くの通貨とつながっている通貨は基軸通貨であり国際決済において主として用いられる通貨である. 中程度でつながっている通貨は主要通貨であり, 流通量が基軸通貨についで多い通貨である. 通貨ネットワーク上の次数 (ノード数) と, 通貨取引量とは強く相関している. 図 9.2 は図 9.1 の通貨ネットワーク上の通貨の次数と国際決済銀行 (Bank for International Settlements; BIS)

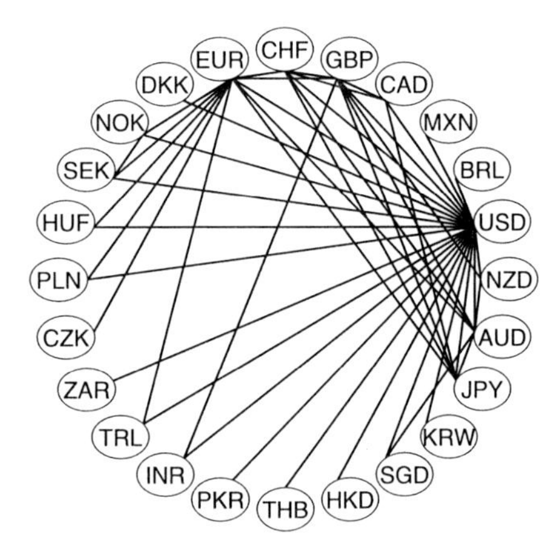

図 9.1　分析に用いた 24 通貨からなる 46 通貨ペアのネットワーク表現

---

*2) ISO4217 に従い 3 文字の省略記号で表現すると, データには以下の通貨ペアが含まれている: AUD/CHF, AUD/JPY, AUD/NZD, AUD/SGD, AUD/USD, CAD/CHF, CAD/JPY, CHF/JPY, EUR/AUD, EUR/CHF, EUR/CZK, EUR/GBP, EUR/HUF, EUR/JPY, EUR/NOK, EUR/PLN, EUR/SEK, EUR/TRL, EUR/USD, GBP/AUD, GBP/CAD, GBP/CHF, GBP/INR, GBP/JPY, GBP/NZD, GBP/USD, NOK/SEK, NZD/USD, USD/BRL, USD/CAD, USD/CHF, USD/DKK, USD/HKD, USD/HUF, USD/INR, USD/JPY, USD/KRW, USD/MXN, USD/NOK, USD/PKR, USD/PLN, USD/SEK, USD/SGD, USD/THB, USD/TRL, USD/ZAR.

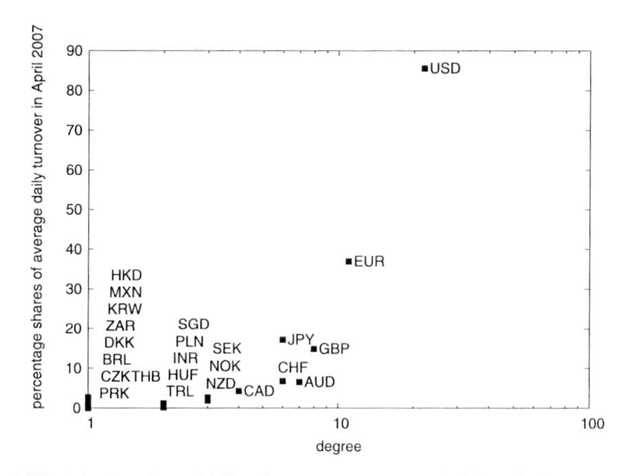

図 9.2　分析に用いられた 24 通貨のネットワーク上での次数と通貨取引量比率 (パーセント) との関係

ダブルカウンティング; 合計 200%.

が公表している[*3] 2007 年での通貨取引量比率との関係を示している．この図から通貨ネットワーク上での次数と取引量との間に正の相関が確認される．

このデータセットの全記録総数を調べた結果を表 9.1 に示す．期間内で 300 万回以上の注文記録がある通貨ペア (AUD/JPY, CHF/JPY, EUR/JPY, GBP/CHF, GBP/JPY, GBP/USD など) がある一方で 3 万回以下のほとんど注文記録がない通貨ペア (GBP/INR, USD/PKR, USD/THB など) が存在している．注文更新回数が多い通貨ペアは EUR, USD, JPY, GBP, AUD などの基軸・主要通貨間の取引であり，この事実は BIS Triennial Central Bank Survey で報告されている取引高の多い通貨上位 5 通貨とほぼ一致している [40]．

注文気配レートと 1 分間あたりの売り注文気配更新回数 (売り注文頻度) をそれぞれ図 9.3 に示す．この頻度時系列には 5 つの山が認められる．売り注文頻度には，活動時間帯に応じて市場参加者が入れ替わることに起因した 24 時間 (1,440 分) の周期性を確認することができる．この 24 時間の周期性は地球の自転のために，地球上で人間活動が活発に行われる地域が変化することに起因している．

これを詳細にみるために，1 日 (地球 1 回転) 分の注文行動頻度を平均化 (2 か月分各時間区分ごと) した時系列を図 9.4 に示す．0:00～8:00 (UTC+2) にみられる 1 番目の山はアジア活動時間帯，8:00～16:00 (UTC+2) にみられる 2 番目の山がヨーロッパ活動時間帯，16:00～24:00 (UTC+2) にみられる 3 番目の山がおおよそアメリカ活

[*3] BIS Triennial Central Bank Survey 2013, Foreign exchange turnover in April 2013: preliminary global results [40: p.10]. [Online] Available: http://www.bis.org/publ/rpfx13fx.pdf (Accessed on May 27, 2016).

表 9.1 2007 年 7 月 (22 日間) における, 24 通貨からなる 46 通貨ペアの注文総数と総日数および 1 分間あたりの平均注文回数

通貨ペア	アスク総数	ビッド総数	平均アスク数 [1/min]	平均ビッド数 [1/min]	バイト数 [kbytes]
AUD/CHF	1,698,494	1,695,431	53.61	53.52	139,945
AUD/JPY	4,668,298	4,665,056	147.36	147.26	382,667
AUD/NZD	2,091,133	2,090,936	66.01	66.00	171,465
AUD/SGD	223,807	223,810	7.06	7.06	18,367
AUD/USD	2,568,840	2,567,852	81.09	81.06	206,360
CAD/CHF	508,851	508,881	16.06	16.06	41,957
CAD/JPY	3,704,056	3,701,575	116.92	116.84	310,119
CHF/JPY	4,318,193	4,311,628	136.31	136.10	350,517
EUR/AUD	4,206,841	4,202,610	132.79	132.66	347,437
EUR/CHF	1,510,855	1,513,861	47.69	47.79	124,013
EUR/CZK	392,902	392,994	12.40	12.41	32,757
EUR/GBP	1,725,114	1,720,205	54.45	54.30	138,384
EUR/HUF	479,348	479,657	15.13	15.14	40,256
EUR/JPY	4,269,076	4,276,689	134.76	135.00	351,941
EUR/NOK	1,545,616	1,533,817	48.79	48.42	127,698
EUR/PLN	460,447	460,499	14.53	14.54	38,362
EUR/SEK	1,786,407	1,774,576	56.98	56.02	147,326
EUR/TRL	179,881	179,826	5.68	5.68	14,748
EUR/USD	2,894,542	2,885,045	91.37	91.07	236,964
GBP/AUD	2,526,682	2,501,171	79.76	78.95	207,013
GBP/CAD	2,170,438	2,145,004	68.51	67.71	178,435
GBP/CHF	5,841,719	5,835,943	184.40	184.22	478,784
GBP/INR	27,178	27,196	0.86	0.86	2,374
GBP/JPY	7,744,311	7,749,863	244.45	244.63	641,799
GBP/NZD	1,404,336	1,405,759	44.33	44.37	115,214
GBP/USD	3,856,883	3,856,158	121.75	121.72	316,241
NOK/SEK	415,952	382,112	13.13	12.06	34,309
NZD/USD	2,325,650	2,325,176	73.41	73.40	186,735
USD/BRL	63,370	64,068	2.00	2.02	5,384
USD/CAD	2,147,785	2,152,152	67.80	67.93	176,613
USD/CHF	3,308,577	3,306,452	104.44	104.37	271,495
USD/DKK	1,680,333	1,686,729	53.04	53.24	138,715
USD/HKD	157,940	156,501	4.99	4.94	13,064
USD/HUF	286,994	286,922	9.06	9.06	23,531
USD/INR	42,942	41,590	1.36	1.30	3,399
USD/JPY	3,927,935	3,925,912	123.99	123.92	322,593
USD/KRW	48,627	49,888	1.53	1.57	4,071
USD/MXN	729,720	733,504	23.03	23.15	61,556
USD/NOK	2,478,005	2,478,664	78.22	78.24	203,223
USD/PKR	3,544	3,583	0.11	0.11	286
USD/PLN	583,235	583,291	18.41	18.41	48,009
USD/SEK	2,675,416	2,641,986	84.45	83.40	218,013
USD/SGD	276,439	280,231	8.73	8.85	23,120
USD/THB	3,824	3,408	0.12	0.11	297
USD/TRL	179,861	179,848	5.68	5.68	14,748
USD/ZAR	381,537	38,1540	12.043	12.04	31,286

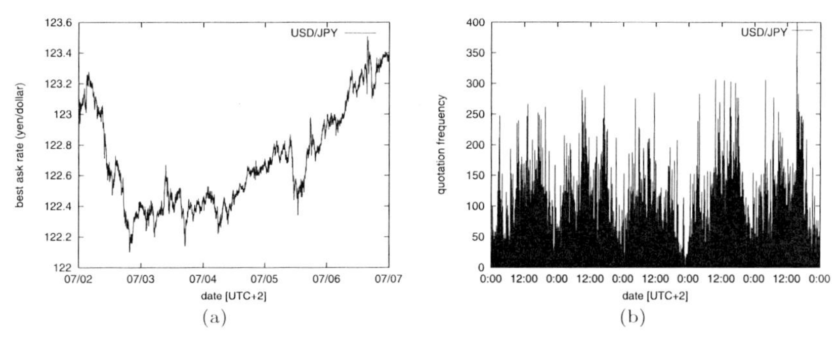

図 9.3 (a) 1 週間の売り注文レートの変動と (b) 1 分間あたりの売り注文回数の変動
2007 年 7 月 2 日から 7 月 6 日までの USD/JPY の変動を描いた. (a) ベスト・アスク・レートの時系列と (b) ベスト・アスクの注文行動頻度の時系列.

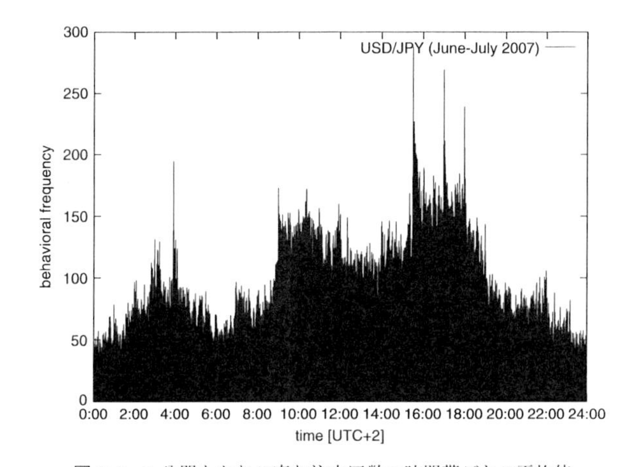

図 9.4 1 分間あたりの売り注文回数の時間帯ごとの平均値
2007 年 6 月 1 日から 7 月 29 日までの USD/JPY の注文行動頻度の平均的振舞い. アジア活動時間帯 0:00〜8:00 (UTC+2), ヨーロッパ活動時間帯 8:00〜16:00 (UTC+2), アメリカ活動時間帯 16:00〜24:00 (UTC+2) の 3 つの活動時間帯の日中に, 注文行動頻度が集中していることが確認される.

動時間帯に対応する. このように, 外国為替市場の 24 時間はおおよそ, 地球上の 3 極 (アジア, ヨーロッパ, アメリカ) に分類される. 各地域での市場参加者活動の差異および参加者の違いに対応して, 注文行動の発生頻度に地域性が生じていると考えられている.

Comprehensive FX に含まれる代表的な通貨ペア (USD/JPY, EUR/USD, EUR/JPY) の 1 分間中の気配価格更新回数時系列を図 9.5 に示す. 気配値更新回数の時系列は地球の自転に連動して経済活動の活発な日中に対応する地域の市場参加

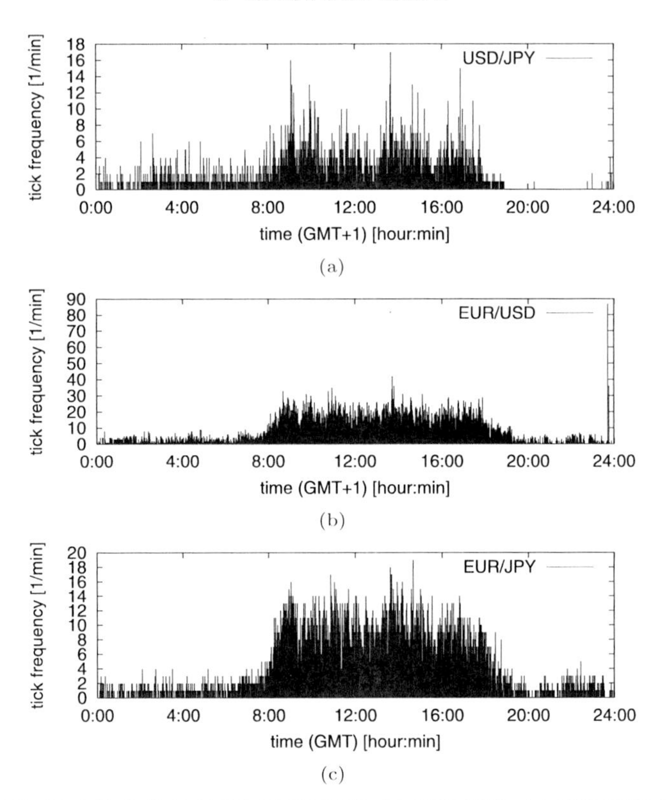

図 9.5 2005 年 12 月 14 日の (a) USD/JPY, (b) EUR/USD, (c) EUR/JPY の 1 分間あたりの気配値更新回数の推移

者が入れ替わることに起因した周期的な構造を示す．さらに通貨ペアによって若干パターンに違いがあることがわかる．

9.1.3 気配価格の統計的性質

従来の中・低頻度の金融時系列データを用いた研究では，以下のような定型化された実証的事実 (stylized facts) が報告されてきた:

(1) 収益率分布が同じ分散を持つ正規分布より裾野が厚い (ファット・テール性)

(2) 収益率の自己相関関数はほとんど 0 である (ランダム・ウォーク性)

(3) 収益率の絶対値あるいは 2 乗の自己相関関数はゆるやかな減衰を示す (ロング・メモリ)

一方，高頻度領域に入ると，収益率系列の計測間隔や価格の種類などによって (2) の性質は必ずしも成り立たないことが明らかにされてきている．たとえば，ティック・レベルでは，中心回帰的な傾向があるため 1 ラグでの負の相関を示す (ビッド・アスク・

バウンス (4.3 節) 参照).

実際に上記 (1)〜(3) の性質が外国為替市場の高頻度データから確認できるかを調べてみる．1991 年 1 月 4 日から 2001 年 11 月 2 日までの USD/JPY の 1 分次での気配値を用いて 1 分次での最良売り気配 (ベスト・アスク) の対数収益率について分析を行った．時刻 τ における売り気配価格を $A(\tau)$ とし, $t\Delta t \leq \tau < (t+1)\Delta t$ [min] の 1 分次最良売り気配価格を $B_A(t) = \min_{t\Delta t<\tau<(t+1)\Delta t}\{A(\tau)\}$ とする．また $t\Delta t \leq \tau < (t+1)\Delta t$ に売り気配価格の更新がない場合にはその直前に更新された売り気配価格が保持されていると仮定する．このとき, $\Delta t = 1$ [min] としたときに得られる 1 分次対数収益率

$$r(t) = \ln B_A(t+1) - \ln B_A(t) \tag{9.1}$$

について統計的性質を調べる．

まず確率密度関数をヒストグラム法により計算し, データから求められる標本平均値 $\hat{m}_1$ と標本標準偏差 $\hat{m}'_2$ を持つ正規分布

$$f_G(x) = \frac{1}{\sqrt{2\pi(\hat{m}'_2)^2}}\exp\Bigl(-\frac{(x-\hat{m}_1)^2}{2(\hat{m}'_2)^2}\Bigr) \tag{9.2}$$

と比較してみる．図 9.6 は 1992 年, 1994 年, 1996 年, 1998 年の同日 (4 月 1 日) のベ

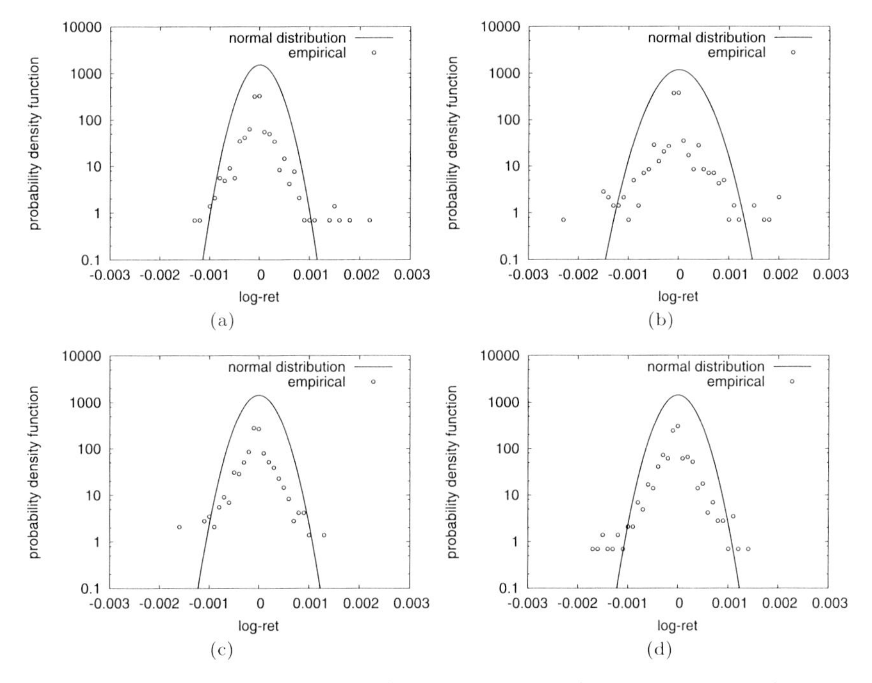

図 9.6　(a) 1992 年 4 月 1 日, (b) 1994 年 4 月 1 日, (c) 1996 年 4 月 1 日, (d) 1998 年 4 月 1 日の USD/JPY のベスト・アスクの 1 分次対数収益率から推定された確率密度関数
破線は時系列から計算された標本標準偏差を持つ正規分布を表す．

表 9.2 1992 年 4 月 1 日, 1994 年 4 月 1 日, 1996 年 4 月 1 日, 1998 年 4 月 1 日における USD/JPY のベスト・アスクの 1 分次対数収益率から計算される標本平均, 標本標準偏差, 標本歪度と標本尖度

日時	平均値	標準偏差	歪度	尖度
1992 年 4 月 1 日	0.000010	0.000261	0.015284	27.519287
1994 年 4 月 1 日	0.000005	0.000338	0.907535	35.944293
1996 年 4 月 1 日	0.000002	0.000280	−0.233670	7.063395
1998 年 4 月 1 日	0.000003	0.000280	−0.265351	8.728231

スト・アスク 1 分次対数収益率から計算された実証分布と, 標本データから計算される標本平均と標本標準偏差を持つ正規分布とを比較したものである. 実証分布より求められる確率密度関数は正規分布より広い裾野 (fat-tailness) を持ち, 尖っていること (leptokurtosis) が確認できる. 表 9.2 は図 9.6 で示している日付における USD/JPY のベスト・アスク 1 分次対数収益率データから計算される平均値, 標準偏差, 歪度, 尖度を示している. 歪度の値から分布に歪みが存在していることがわかる. 尖度は 3 よりも大きな値をとっており正規分布よりも尖っていることが確認できる.

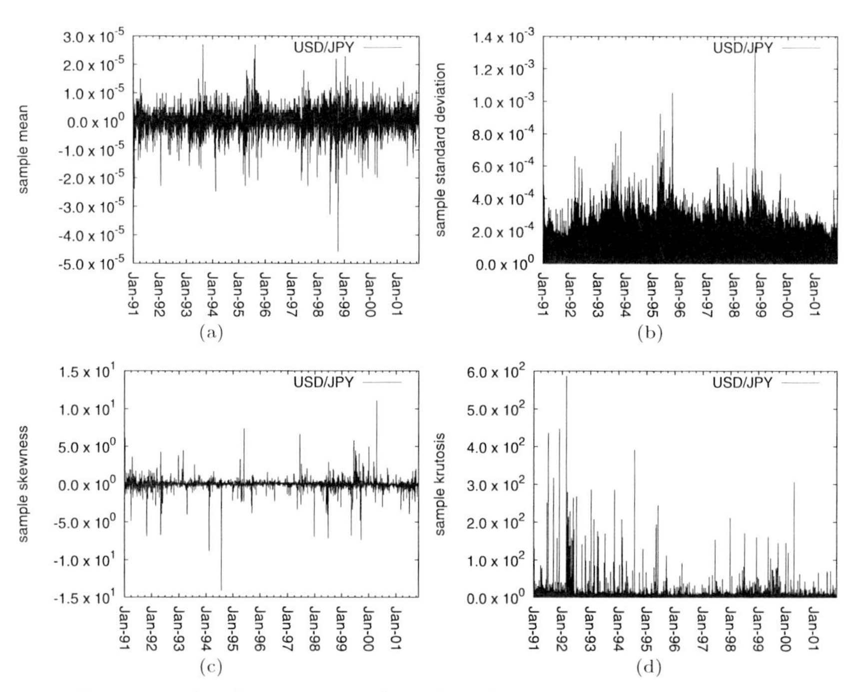

図 9.7 1991 年 1 月 4 日から 2001 年 11 月 2 日までの USD/JPY のベスト・アスクから計算される 1 分次対数収益率に対する各営業日の (a) 標本平均値, (b) 標本標準偏差, (c) 標本歪度, (d) 標本尖度

図 9.7 は 1991 年 1 月 4 日から 2001 年 11 月 2 日までの 1 日ごとの USD/JPY に対するベスト・アスク 1 分次対数収益率の 1 営業日ごとの標本平均値と標本標準偏差を示している．平均値はおおよそ 0 まわりで変化しているがしばしば平均値が正と負にぶれることがあることが確認できる．さらに標本分散はしばしば大きな値を示し，ボラティリティ・クラスタリングの様子を確認することができる．歪度は 0 まわりで変動しておりしばしば大きく正または負に歪むことが確認できる．さらに尖度はしばしば大きな値を示しており時期によって大きな変動が生じやすくなることが認められる．必ずしも標準偏差が大きい時期に尖度が大きくなるわけではない．

対数収益率の時系列に正規性が存在するかを Kolmogorov–Smirnov (KS) 検定 (【補】S1.11.7 項) を用いて定量的に確認してみよう．1 営業日ごとのベスト・アスク 1 分次対数収益率から標本平均値と標本標準偏差を求め，これらの値をパラメータとする正規分布を帰無仮説と仮定して KS 検定を行ってみた．

図 9.8 に KS 検定により得られた 1 営業日ごとの KS 値を示す．KS 値が大きいとき価格変化は正規分布から大きく乖離し，1.63 に近づくにつれ正規分布に似ていると考えられる．1991〜1992 年では KS 値は 10 程度の値を示している．この KS 値は 1993 年で低下し 1994 年では若干増加し，1995 年から 1997 年においてさらに低下している．しばしばパルス的に KS 値が増えることは，正規分布からの乖離が端的になる日が存在していることを示す．1%有意水準は KS 値 1.63 であるので，正規性の帰無仮説はつねに棄却される．ベスト・ビッドに対してもほぼ同様の結果が得られる．

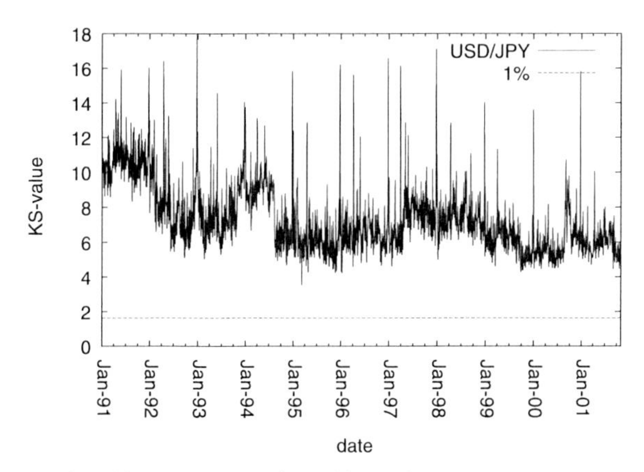

図 9.8 1991 年 1 月 4 日から 2001 年 11 月 2 日までの USD/JPY のベスト・アスクから計算される 1 分次対数収益率に対する 1 営業日ごとの KS 値

次に自己相関関数を図 9.9 に示す．証券時系列の対数収益率と同様に，外国為替の気配値から計算されるベスト・アスクの 1 分次対数収益率の自己相関関数はほとんど 0 である．証券同様に，自己相関係数はラグ 1 で負の値を示すことが確認できる．これは価格変化が平均回帰的に激しく変化することから生じる現象である (ビッド・アスク・バウンス (4.3 節) 参照)．約定価格ではなく，最良売り気配 (片サイド) のデータ

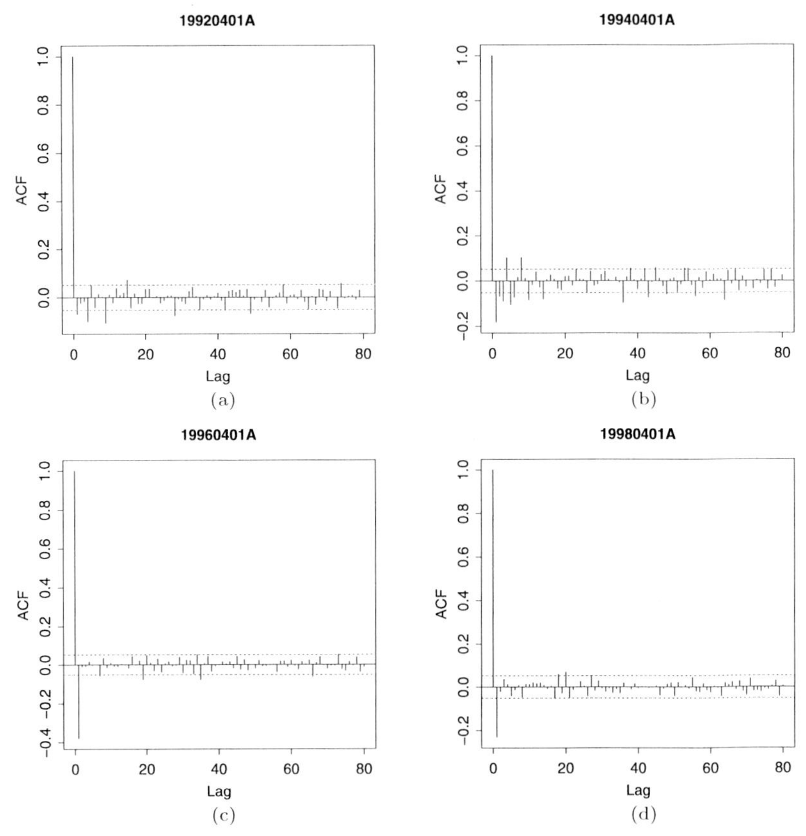

(a) (b) (c) (d)

図 9.9 (a) 1992 年 4 月 1 日, (b) 1994 年 4 月 1 日, (c) 1996 年 4 月 1 日, (d) 1998 年 4 月 1 日の USD/JPY のベスト・アスクの 1 分次対数収益率から推定された自己相関係数

にもかかわらず，ビッド・アスク・バウンス現象のような平均回帰性が観察されることは興味深い．また，1 分次対数収益率の絶対値の時系列に対して計算した自己相関関数 (ボラティリティの自己相関関数) を図 9.10 に示す．こちらは，対数収益率の自己相関関数に比べてはるかに長時間の相関が持続していることが確認される．この持続性の程度は日によりかなり異なっている．

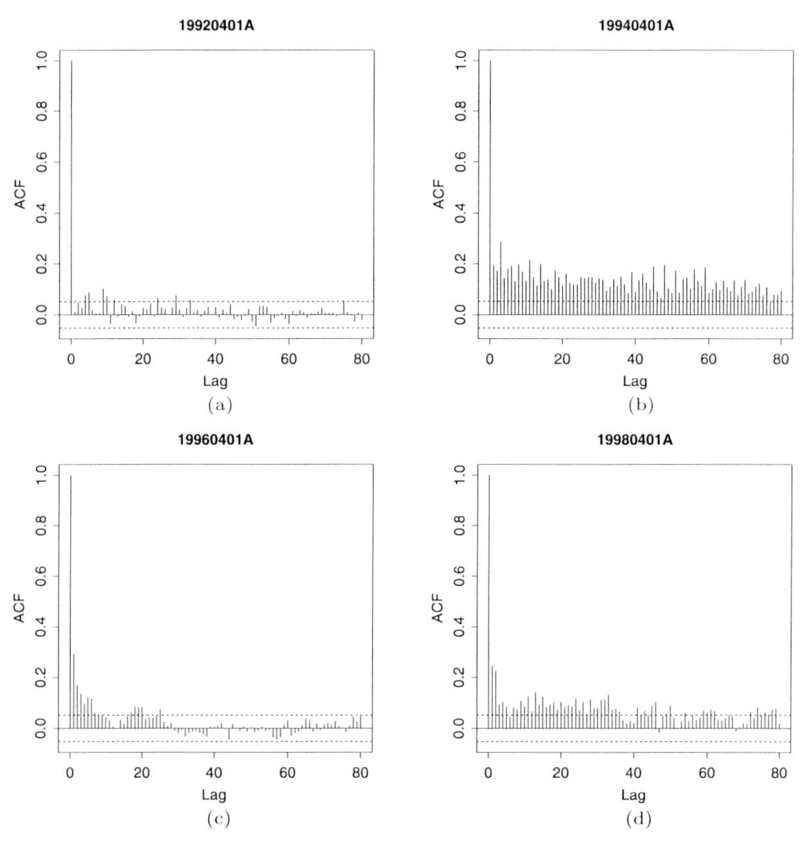

図 9.10 (a) 1992 年 4 月 1 日，(b) 1994 年 4 月 1 日，(c) 1996 年 4 月 1 日，(d) 1998 年 4 月 1 日の USD/JPY のベスト・アスクの 1 分次対数収益率の絶対値から推定された自己相関係数

9.1.4 スペクトル分析

USD/JPY の 1 分次ベスト・アスク対数収益率に対してパワー・スペクトルを計算してみよう. 1 営業日 (1,440 分) のデータを用いて推定したパワー・スペクトル (ピリオドグラム法, AR 法) を示す. 図 9.11 は 1992 年 4 月 1 日と 1994 年 4 月 1 日の 1 分次対数収益率のパワー・スペクトルを示している. 各周波数でのパワーにほとんど差異が認められないことから対数収益率はほぼ白色ノイズであり, 価格変化はほぼラ

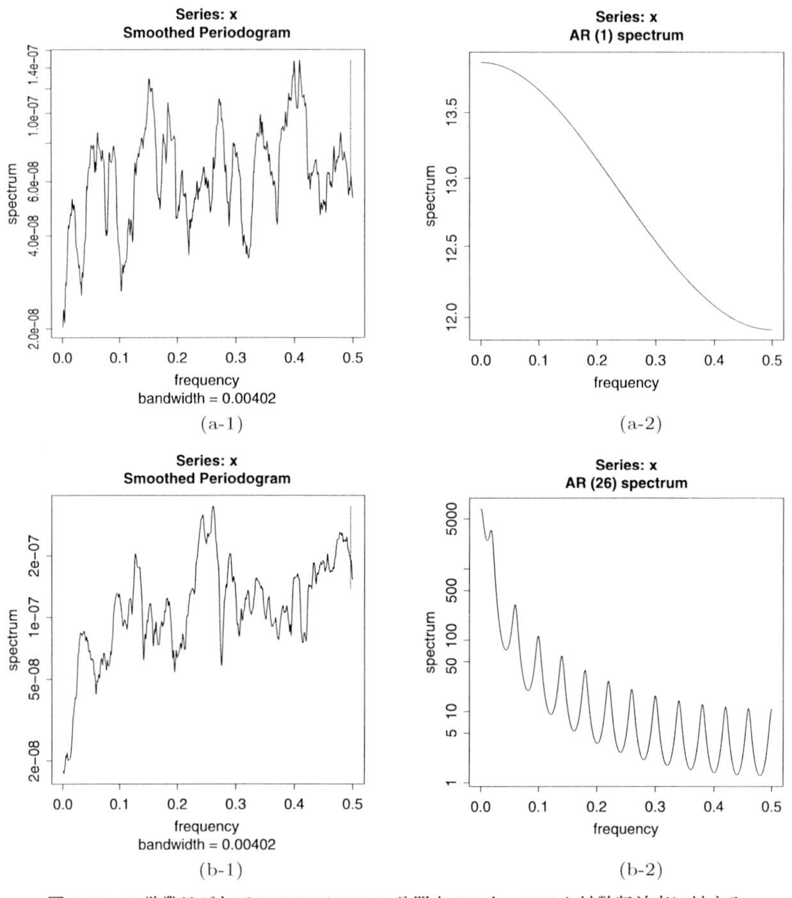

図 9.11 1 営業日ごとでの USD/JPY 1 分間中ベスト・アスク対数収益率に対するパワー・スペクトル

(a-1) 1992 年 4 月 1 日 (ピリオドグラム), (a-2) 1992 年 4 月 1 日 (AR),
(b-1) 1994 年 4 月 1 日 (ピリオドグラム), (b-2) 1994 年 4 月 1 日 (AR).

ンダム・ウォークであると推察される．また，図 9.12 に 1991 年 1 月から 2001 年 12 月までの営業日ごとでの規格化パワー・スペクトルを示す．若干低周波成分が弱い期間が存在しているが，パワーはほぼどの期間においても同じ値を示しており白色ノイズに近い性質を示していることがわかる．

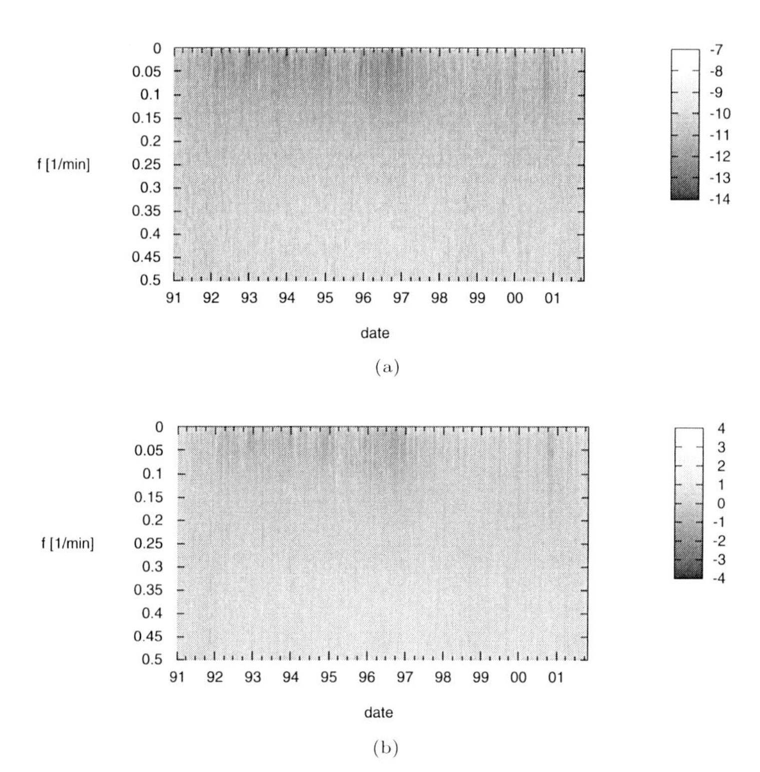

図 9.12 1991 年 1 月から 2001 年 12 月までの 1 営業日ごとの USD/JPY 1 分間ベスト・アスク対数収益率に対するパワー・スペクトル

パワー・スペクトルを自然対数により変換して色の濃淡としてプロットしている．(a) ピリオドグラム，(b) AR．

次に1分間中の気配価格更新回数の時系列についてパワー・スペクトルを計算してみる．図9.13はピリオドグラム推定法とAR法を用いて求めたパワー・スペクトルである．両者は若干の違いがあるもののよく似たパワーを与えていることがわかる．図9.14では1991年1月から2001年12月までの各営業日での規格化パワー・スペクトルを示している．規格化パワー・スペクトルから時期によってスペクトル形状に変化がみられることがわかる．特に1993年と1998年においては高周波領域においても高いパワーが認められる．このことから時期による気配更新回数の変化の激しさを読みとることが可能である．

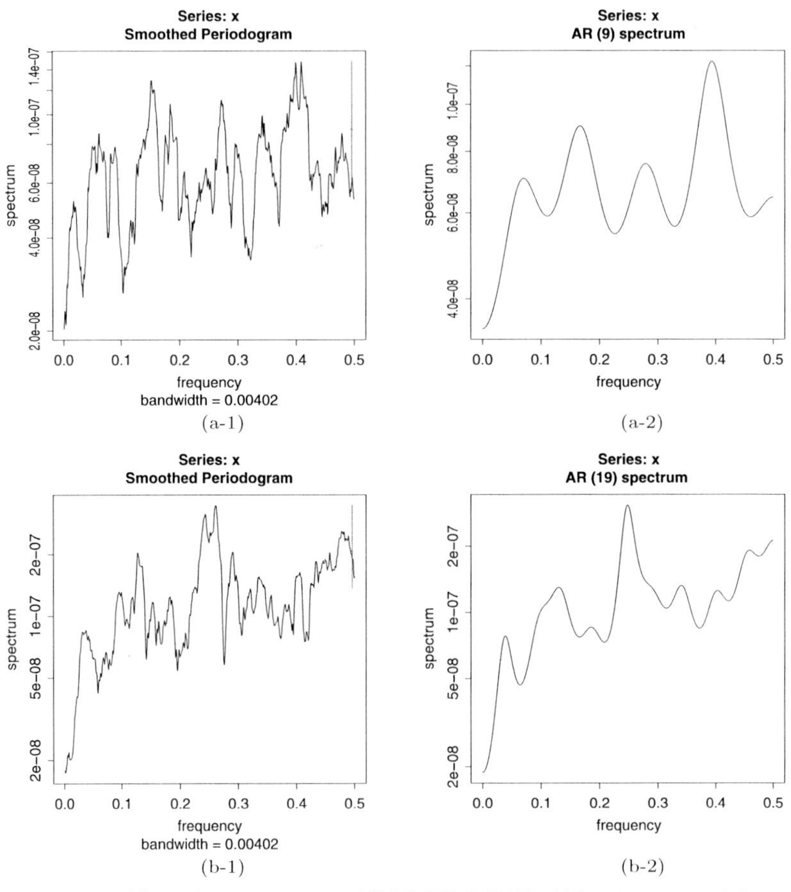

図 **9.13** 1営業日ごとのUSD/JPY 1分間中気配値更新回数に対するパワー・スペクトル (a-1) 1992年4月1日 (ピリオドグラム), (a-2) 1992年4月1日 (AR), (b-1) 1994年4月1日 (ピリオドグラム), (b-2) 1994年4月1日 (AR).

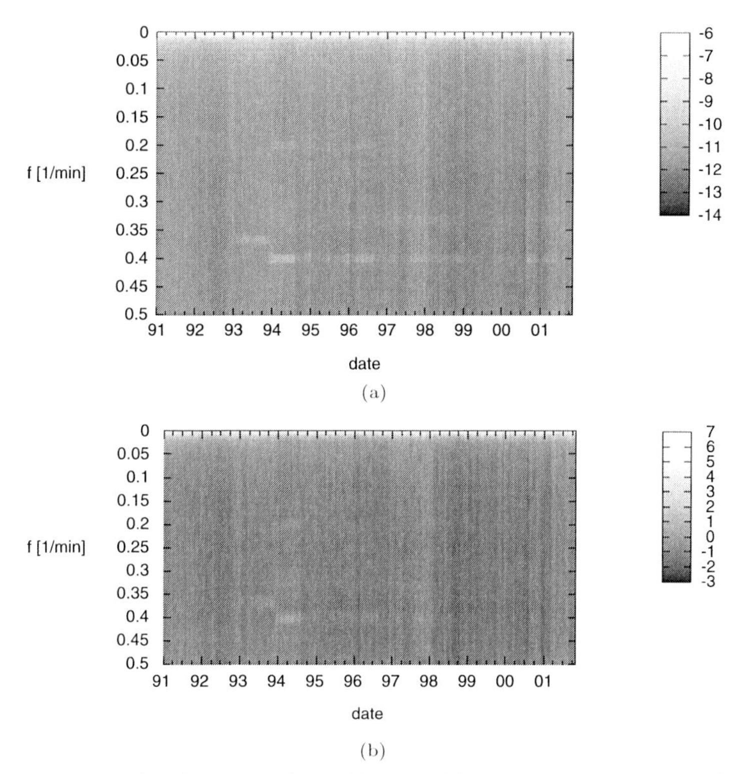

図 9.14 1991 年 1 月から 2001 年 12 月までの 1 営業日ごとの USD/JPY 1 分間中気配価格更新回数時系列に対するパワー・スペクトル
(a) ピリオドグラム, (b) AR.

さらに短時間でのパワー・スペクトルがどのように変化していくかを調べてみよう．パワー・スペクトルの形状をスペクトル・エントロピー (【補】S3.1.7 項:式 (S3.1.54)) を用いて乱雑性と周期性の観点から数値化する方法を使ってみる．特に 3 つの取引量の多い通貨ペア (USD/JPY, EUR/JPY, EUR/USD) の気配更新回数の時系列に対して, スペクトル・エントロピーがどのように変化しているかをスペクトログラムから調べてみよう．規格化されたスペクトログラムを密度関数とみてエントロピーの定義に従い計算する (【補】S3.1.7 項:式 (S3.1.54))．このとき, スペクトルの直流成分は除去してエントロピーを計算する．

図 9.15 に $L = 480$ [min] (L は窓の幅) として, 3 通貨ペアに対するスペクトラル・エントロピーの時系列を局所化時間 t の関数として描いた．スペクトル・エントロピーは通貨ペアによらず, 地球の自転と連動して市場参加者の入れ替わりが生じることに起因する周期性を示す．これらはスペクトル形状が周期的に変化していることに対応

する．また，スペクトル・エントロピーの値はアジア活動時間帯とアメリカ活動時間帯の間では高い値 (不確実性:大) をとり，ヨーロッパ活動時間帯では低い値 (不確実性:小) をとる傾向がある．通貨ペアによってスペクトル・エントロピーの値には差がみられた．これらの差異は市場参加者の性質の違いによるものと推察される．

さらに，周波数ごとでの頻度の日内変動パターンの相違を定量化するために，コヒーレンス関数 (【補】S3.1.5 項) を用いた分析結果を紹介する．図 9.16 に USD/JPY と EUR/JPY に対する注文回数時系列間のコヒーレンス関数を図示する．コヒーレンス関数が大きな値となる期間は高周波成分においても大きな値をとっている．また，コ

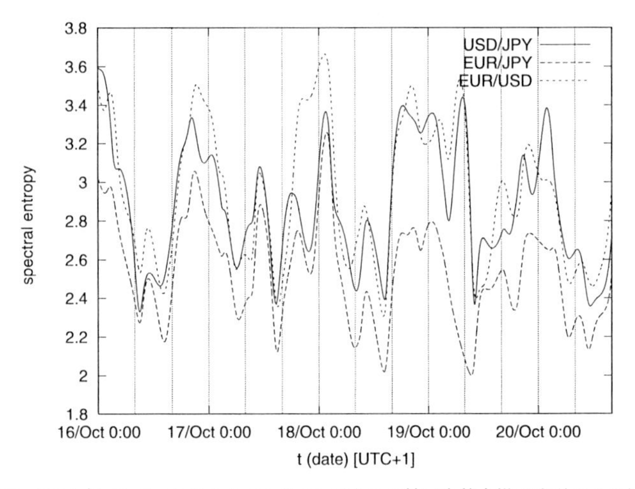

図 9.15 2006 年 10 月 16 日から 10 月 20 日までの外国為替市場で取引される通貨ペア (USD/JPY, EUR/USD, EUR/JPY) のティック頻度時系列に対して計算したスペクトル・エントロピー

$L = 480$ [min] として局所化時間 t の関数として描いている．

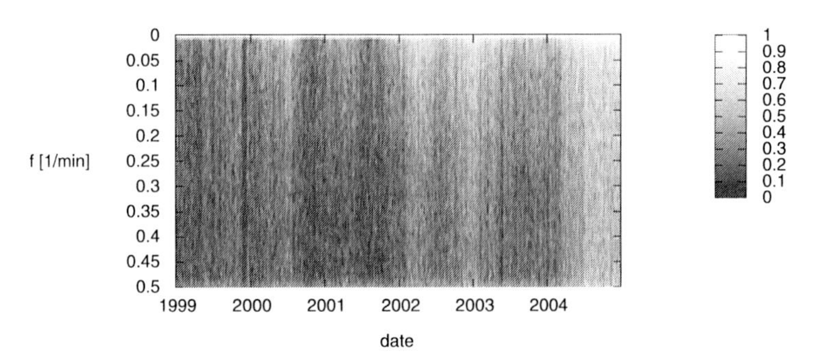

図 9.16 USD/JPY と EUR/JPY の頻度時系列に対するコヒーレンス関数 (1999 年 1 月から 2004 年 12 月まで)

ヒーレンス関数の値は各周波数に対する共起関係を反映しているので，この期間では市場参加者の振舞いは高周波すなわち数分の周期においても共起関係を持つようになったと解釈される．

9.1.5 気配更新回数の急激な変化の検出方法

図 9.17 は 2006 年 11 月 21 日の USD/JPY の 1 分間ごとの注文更新回数を示している．ちょうど 14:06 から 14:07 にかけて注文行動頻度の急激な上昇を確認することができる．このとき瞬間的に注文更新回数は 1 分間あたり 1,800 回を超えている．このような急激な気配値更新回数の上昇は多くの市場参加者がこのときに集中して注文を行ったことの現れである．そのため，このような急激な注文更新回数の上昇を複数の通貨取引で比較することにより外国為替市場全体での同調の様子を知ることが可能である．

このような急激な時系列の変化点を検出する方法のひとつとしてメジアン・フィルタを用いた方法を紹介する．順序統計フィルタのひとつであるメジアン・フィルタはパターン認識の分野で広く用いられており [22, 79]，対象とする時系列の中間値を出力するフィルタである．メジアン・フィルタは 2 階微分，1 階微分を用いる方法と異なり，解像度をメジアンを計算する幅により調整することが可能である．また，平滑化フィルタと異なり，階段状の変化に対してフィルタを適用した場合，その形状を保存し，かつ，インパルス性の変動のみを除去できること，および計算量が少ないという長所を持つ．

時系列 $x(k)$ に対してメジアン・フィルタは以下で定義される．

$$\tilde{x}(k) = \underset{k' \in [k-K, k+K]}{\mathrm{Median}} \big(x(k')\big), \qquad K > 0, \tag{9.3}$$

ここで，$\mathrm{Median}_{k' \in [k-K, k+K]}\big(x(k')\big)$ は区間 $[k-K, k+K]$ の間で，$x(k')$ の値を大きい順序に並べたときの中間の値を意味する．

たとえば，$k = 3$, $K = 2$ とした場合，$x_1 = 0.9$, $x_2 = 0.3$, $x_3 = 0.2$, $x_4 = 0.6$, $x_5 = 0.4$ の中間値 (メジアン) は $x_5 = 0.4$ となる．

メジアン・フィルタを用いると図 9.18 に示すようにインパルス的に急激に値が変化する箇所は除去される．インパルス的ではない k の $\tilde{x}(k)$ と $x(k)$ はほとんど違わな

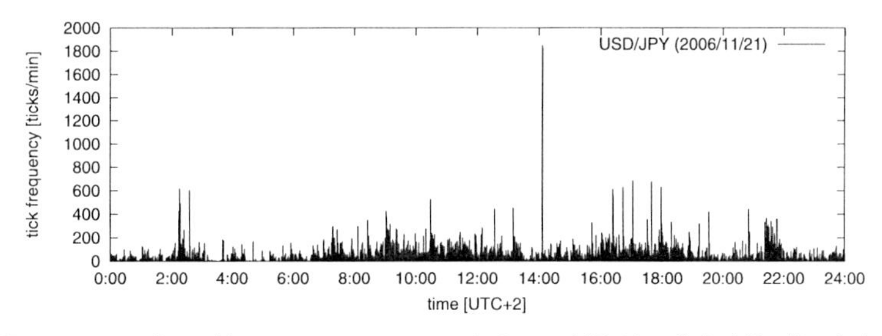

図 9.17 2006 年 11 月 21 日の USD/JPY における 1 分間ごとの注文更新回数の時系列

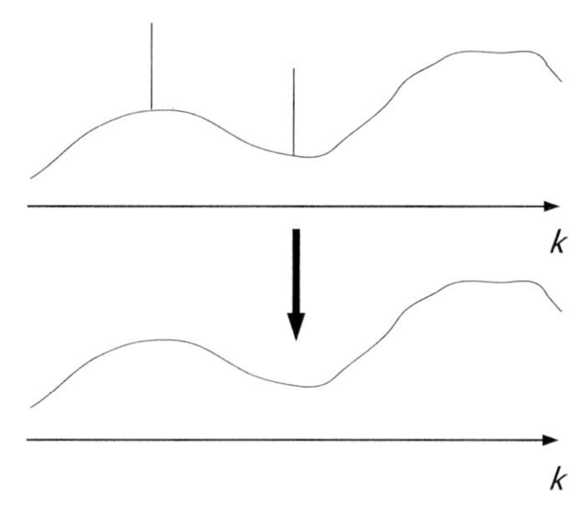

図 9.18　メジアン・フィルタによるインパルス除去の概念図 ($K=2$ の場合)

いので, その差はほぼ 0 である. 一方, インパルス状の変化がある場合, その位置 k における $\tilde{x}(k)$ と $x(k)$ は大きく異なる. よって,

$$y(k)=|x(k)-\tilde{x}(k)| \tag{9.4}$$

を定義すると, 適当な $\theta>0$ に対して, $y(k)\geq\theta$ が成立する k がインパルスの存在する箇所とできる. さらに, 図 9.18 で表現されるメジアン・フィルタのインパルス状ノイズ除去解像度が K であることから, 本提案手法では K 分までの解像度でインパルス状の変化をとらえることが可能である.

インパルスと判定する閾値には任意性があるが, ここで閾値 θ は $y(k)$ の平均値 m からのずれが標準偏差 σ の D 倍以上である場合に特異的な値であるとみなすこととし, 閾値を

$$\theta=m+D\sigma, \qquad D>0 \tag{9.5}$$

とした. $D=1.0$, $D=3.0$, $D=5.0$ とした場合のインパルス位置の時系列を図 9.19 に示す. D を大きくするにつれて, 大きなインパルス状の変化のみが検出されるようになることが確認できる. $D=1.0$ では小さなインパルス状の変化も検出してしまっているが, $D=5.0$ 以上の値をとれば, 特に急峻な変化のみが選択的に検出できている. D 値の選び方は, 市場参加者の行動の特異性の程度を選ぶためのパラメータであり, ユーザがどの程度の注文行動の集中に興味を持つかによって変更されうる.

図 9.20 に CQG Comprehensive FX に含まれる 2007 年 6 月 46 通貨ペアのデータを用いた分析結果を示す. この図は $D=5.0$ として計算した. 注文行動頻度の急激な上昇がしばしば通貨ペアの間で同調して生じていることを確認することができる.

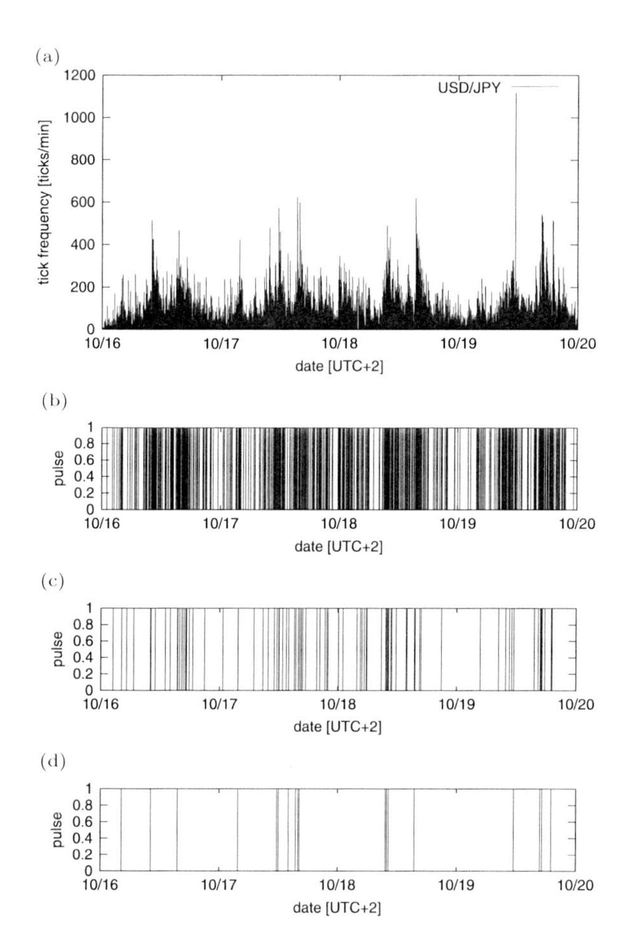

図 9.19 2006 年 10 月 16 日から 10 月 20 日における USD/JPY の行動頻度時系列 (a), 検出されたインパルス性変動の位置: $D = 1.0$ (b), $D = 3.0$ (c), $D = 5.0$ (d)
縦線が表示される時刻において急激なティック頻度の上昇が判定されている.

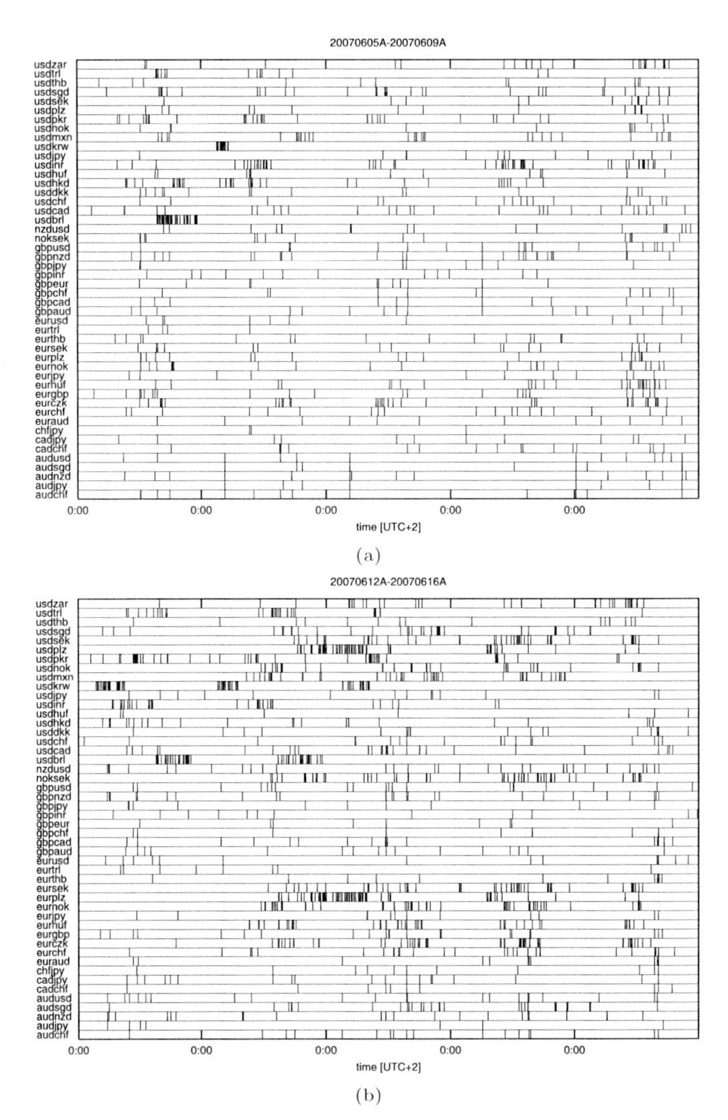

図 9.20　46 通貨ペアでの注文行動頻度時系列から抽出した，注文行動頻度の急激な上昇の同期の様子

パルス状に行動頻度の上昇箇所を黒線で示した ($D = 5.0$). (a) 2007 年 6 月 4 日から 6 月 8 日, (b) 2007 年 6 月 11 日から 6 月 15 日.

9.2 EBS Data Mine Level1.0 を用いた分析

2007 年 6 月から 2012 年 11 月まで (66 か月) の EBS Data Mine Level1.0[*4)] のデータを用いた分析結果を紹介する. このデータセットには約 5 億 8,000 万レコードの気配と取引約定に関するデータが含まれている. このデータには 39 種類の通貨と 11 種類の貴金属, 2 種類のバスケット通貨を含む. 対象とした通貨, 貴金属, バスケット通貨はオーストラリア・ドル (AUD), ニュージーランド・ドル (NZD), アメリカ合衆国・ドル (USD), スイス・フラン (CHF), 日本・円 (JPY), 欧州連合・ユーロ (EUR), チェコ・コルナ (CZK), デンマーク・クローネ (DKK), イギリス・ポンド (GBP), ハンガリー・フォリント (HUF), アイスランド・クローネ (ISK), ノルウェー・クローネ (NOK), ポーランド・ズウォティ (PLN), スウェーデン・クローナ (SEK), スロバキア・コルナ (SKK), 南アフリカ・ランド (ZAR), カナダ・ドル (CAD), 香港・ドル (HKD), オーバーナイトバリュー・デート・メキシコ・ペソ (MXC), メキシコ・

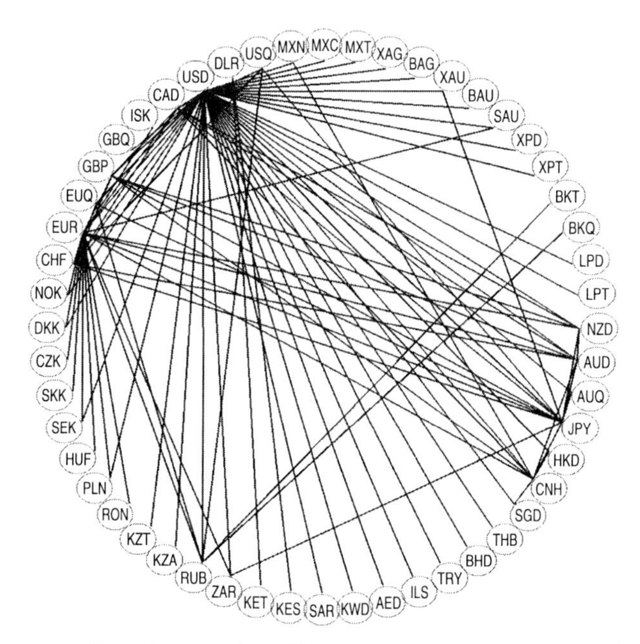

図 9.21 2007 年 6 月から 2012 年 11 月までの EBS Data Mine Level1.0 に含まれる通貨と通貨ペア

---

*4) 2015 年 3 月, EBS 社は BrokerTec 社と合併し EBS BrokerTec と社名を変更している.

ペソ (MXN), モンゴル・トゥグルグ (MXT), ロシア・ルーブル (RUB), シンガポール・ドル (SGD), 銀 (XAG), 金 (XAU), パラジウム (XPD), プラチナ (XPT), トルコ・リラ (TRY), タイ・バーツ (THB), ルーマニア・レイ (RON), ドルユーロバスケット取引 (BKT), イスラエル・シュケム (ILS), 少額金 (SAU), アメリカ合衆国・ドル (DLR), ケニア・シリング (KES), 少額ケニア・シリング (KET), アラブ首長国連邦・ディルハム (AED), バーレーン・ディナール (BHD), 韓国・ウォン (KWD), サウジアラビア・リヤル (SAR), 少額欧州連合・ユーロ (EUQ), 少額アメリカ合衆国・ドル (USQ), 中華人民共和国・元 (香港取引) (CNH), 少額オーストラリア・ドル (AUQ), 少額イギリス・ポンド (GBQ), 少額カザフスタン・テンゲ (KZA), カザフスタン・テンゲ (KZT), 銀行間取引銀 (BAG), 銀行間取引金 (BAU), 少額ドルユーロバスケット取引 (BKQ), ロンドン取引パラジウム (LPD), ロンドン取引プラチナ (LPT) である[*5)]. 図 9.21 に示す 94 種類の通貨ペアに対する気配と取引約定から構成されている.

図 9.22 は 2007 年 6 月から 2012 年 11 月までの 1 分間あたりの気配回数と取引約定回数の推移を示している. 注文回数は 2009 年にいったん減少したものの, 気配回数はここ 66 か月間でほぼ単調に上昇し 4 倍以上になっている. 一方取引約定回数はほぼ一定の水準で推移している. 2012 年 1 月後半に極端に取引約定回数が増加した日が存在する.

---

*5) 3 文字の省略記号で表現すると, データには以下の通貨ペアが含まれている: AUD/NZD, AUD/USD, CHF/JPY, EUR/CHF, EUR/CZK, EUR/DKK, EUR/GBP, EUR/HUF, EUR/ISK, EUR/JPY, EUR/NOK, EUR/PLN, EUR/SEK, EUR/SKK, EUR/USD, EUR/ZAR, GBP/USD, NZD/USD, USD/CAD, USD/CHF, USD/HKD, USD/JPY, USD/MXC, USD/MXN, USD/MXT, USD/PLN, USD/RUB, USD/SGD, USD/ZAR, XAG/USD, XAU/USD, XPD/USD, XPT/USD, GBP/JPY, GBP/CHF, USD/TRY, XAU/JPY, AUD/JPY, USD/THB, CAD/JPY, NZD/JPY, EUR/RUB, ZAR/JPY, EUR/AUD, EUR/CAD, EUR/RON, GBP/AUD, USD/SEK, BKT/RUB, USD/DKK, USD/NOK, USD/ILS, SAU/USD, DLR/KES, DLR/KET, USD/AED, USD/BHD, USD/KWD, USD/SAR, EUQ/CHF, EUQ/JPY, USQ/CHF, EUQ/USD, USQ/JPY, USD/CNH, CNH/HKD, CNH/JPY, EUR/CNH, AUQ/JPY, AUQ/USD, GBQ/USD, USD/KZA, USD/KZT, USQ/CAD, BAG/USD, BAU/USD, SGD/CNH, BKQ/RUB, EUQ/RUB, USQ/RUB, LPD/USD, LPT/USD, AUD/CAD, AUD/CHF, CAD/CHF, EUR/NZD, GBP/CAD, GBP/NZD, NZD/CAD, GBP/CNH, AUD/CNH, CAD/CNH, CNH/MXN, SAU/EUR.

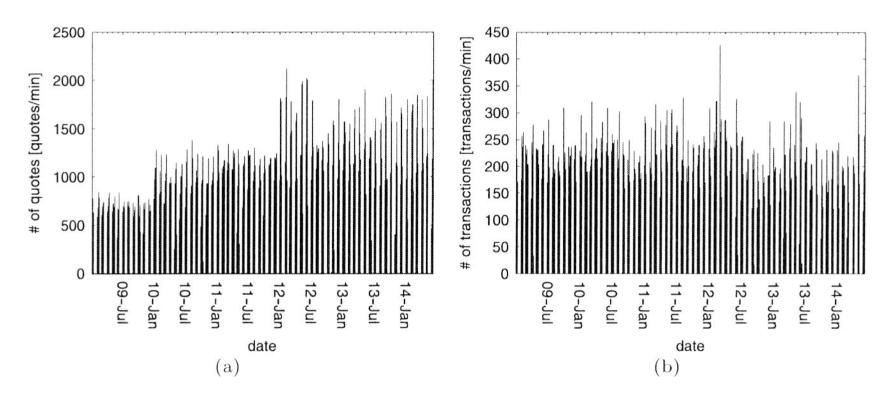

図 **9.22** 2007 年 6 月から 2012 年 11 月までの 1 分間あたりの (a) 気配回数と (b) 取引約定回数の推移

9.2.1 高頻度領域における対数収益率の分析

EBS Data Mine Level1.0 の気配価格と取引約定価格を用いてティック時間での価格の振舞いについて調べてみる. Level1.0 データには 1 秒解像度で注文と取引に関する通貨ペアごとのデータが含まれている. 2010 年 12 月 1 日のデータから USD/JPY, EUR/JPY, EUR/USD の注文 (ビッド, オファー) を抜き出しそれぞれの価格変化についてみてみよう. 図 9.23〜9.25 は注文価格の通貨交換レートとその対数収益率をティック時間で示したものである. EBS 社のディーリング・プラットフォームではピップ (pip: percentage in point) と呼ばれる取引金額の最小単位が通貨ごとに設定されている*6). 通貨ペアによってピップの値は異なるが, USD/JPY では 1 ピップが 0.01 円, EUR/JPY では 0.01 円, EUR/USD の場合 0.0001 ドルと設定されている. 通貨交換レートについて対数収益率を計算した場合にも, 証券市場におけるティックによる離散性同様にピップの影響による離散性が確認される.

次にティック時系列の価格変動に対して Hurst 指数の計算を行ってみる. R/S 分析法 (corrected R over S Hurst exponent) およびピリオドグラム回帰法では対数収益率を用い, トレンド除去変動分析法では対数価格を用いた. 表 9.3 は上述の 2010 年 12 月 1 日の気配価格と取引約定価格に対して計算された Hurst 指数の値である. 計算方法によって若干, 値の差異が確認されるがおおむね 0.5 前後の値を示しているようである. ランダム・ウォーク・モデルで得られる値は $H = 0.5$ なのでその近傍となっている.

*6) ピップ (pip) の複数形であるピップス (pips) も用いられる.

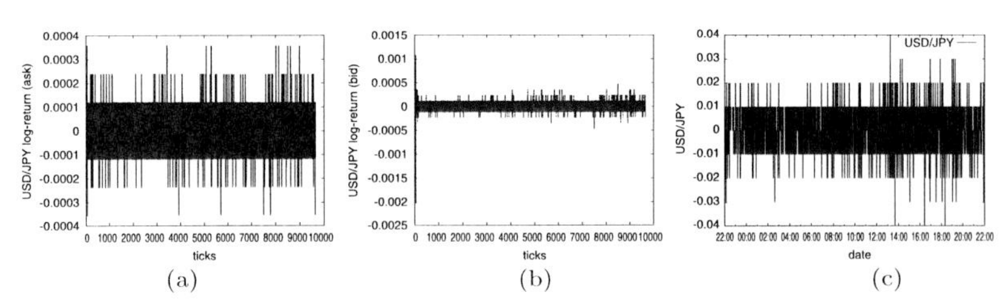

図 9.23　2010 年 12 月 1 日における USD/JPY の注文間での対数収益率
(a) オファー, (b) ビッド, (c) 約定取引.

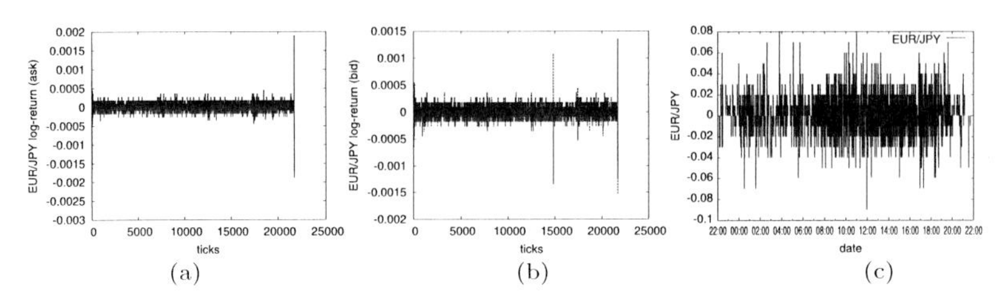

図 9.24　2010 年 12 月 1 日における EUR/JPY の注文間での対数収益率
(a) オファー, (b) ビッド, (c) 約定取引.

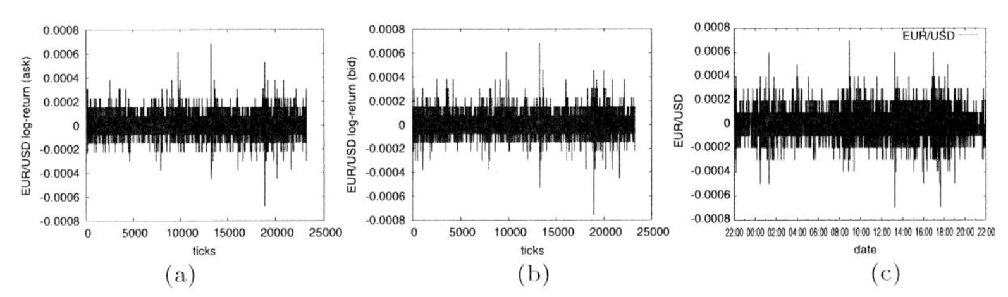

図 9.25　2010 年 12 月 1 日における EUR/USD の注文間での対数収益率
(a) オファー, (b) ビッド, (c) 約定取引.

表 9.3　2010 年 12 月 1 日の 1 秒解像度でのビッドとオファーのティック時系列を用いた Hurst 指数の推定値

USD/JPY, EUR/JPY, EUR/USD に対する Hurst 指数を R/S 分析法 (R/S), トレンド除去変動分析法 (DFA), ピリオドグラム回帰法 (fdGPH) を用いて推定した.

通貨ペア	分析方法	ビッド	オファー	約定取引
USD/JPY	R/S	0.521965	0.524504	0.535488
	DFA	0.456199	0.464737	0.490549
	fdGPH	0.524760	0.521021	0.529290
EUR/JPY	R/S	0.510294	0.516254	0.521413
	DFA	0.494359	0.480310	0.531268
	fdGPH	0.488418	0.530717	0.542547
EUR/USD	R/S	0.511359	0.504871	0.511871
	DFA	0.485675	0.485781	0.496813
	fdGPH	0.480488	0.481050	0.481206

さらに 2007 年 5 月 27 日から 2010 年 12 月 31 日までの 1,124 営業日に対して Hurst 指数を計算してみよう．USD/JPY, EUR/JPY, EUR/USD に対して計算された Hurst 指数の時系列を図 9.26〜9.28 に示す．営業日に応じて 0.5 以上と 0.5 以下の値となることが確認される．3 手法で推定値に若干のひらきがあり，また日によっては推定値が Hurst 指数の定義域である 0 から 1 の間を大きく外れることもしばしば確認できる．

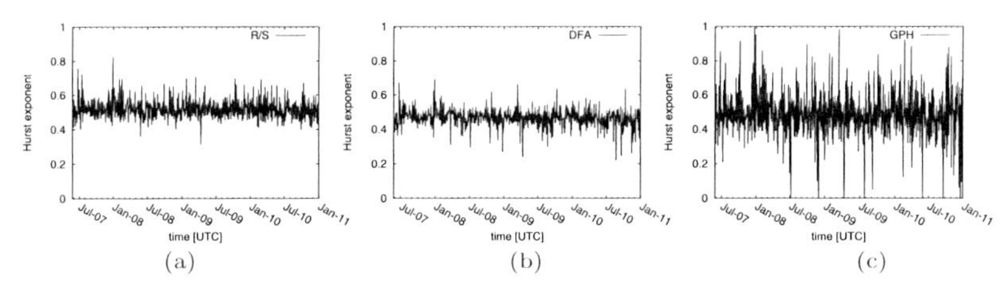

図 9.26 2007 年 5 月 27 日から 2010 年 12 月 31 日までの 1,124 営業日の USD/JPY 取引約定価格に対して計算した Hurst 指数の値

(a) R/S 分析法 (R/S), (b) トレンド除去変動分析法 (DFA), (c) ピリオドグラム回帰法 (fdGPH) を用いて計算した．

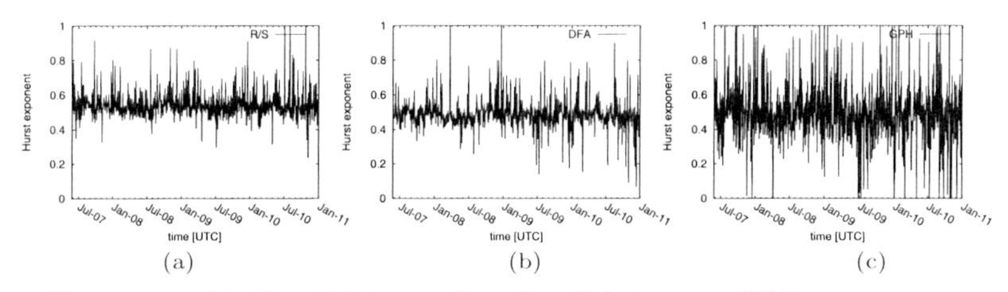

図 9.27 2007 年 5 月 27 日から 2010 年 12 月 31 日までの 1,124 営業日の EUR/JPY 取引約定価格に対して計算した Hurst 指数の値

(a) R/S 分析法 (R/S), (b) トレンド除去変動分析法 (DFA), (c) ピリオドグラム回帰法 (fdGPH) を用いて計算した．

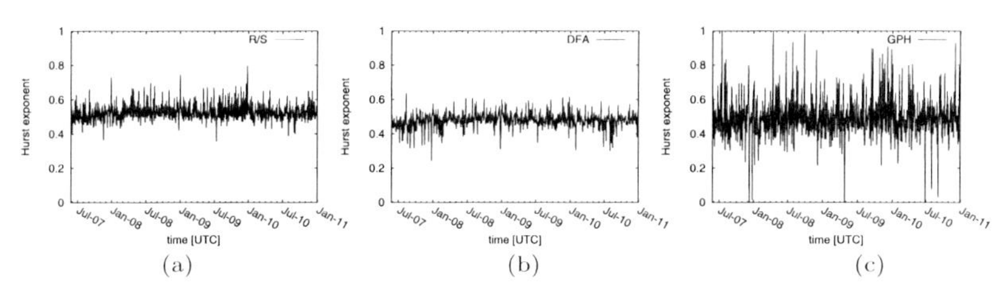

図 9.28 2007 年 5 月 27 日から 2010 年 12 月 31 日までの 1,124 営業日の EUR/USD 取引約定価格に対して計算した Hurst 指数の値

(a) R/S 分析法 (R/S), (b) トレンド除去変動分析法 (DFA), (c) ピリオドグラム回帰法 (fdGPH) を用いて計算した．

図 9.29 に 3 手法を用いて計算された Hurst 指数のヒストグラムを示す．これらヒストグラムから日時依存性は大きいが Hurst 指数は 0.5 周辺で変化していることが確認される．Hurst 指数の推定値に対して記述統計量を表 9.4 にまとめる．ピリオドグラム回帰法 (fdGPH) において Hurst 指数の定義域 ($0 \leq H \leq 1$) を外れる推定値が得られることが確認される．このような外れ値が発生する事象はデータ量が極端に少ない場合に発生する．特にピリオドグラム回帰法ではほかの方法に比べて多くの標本

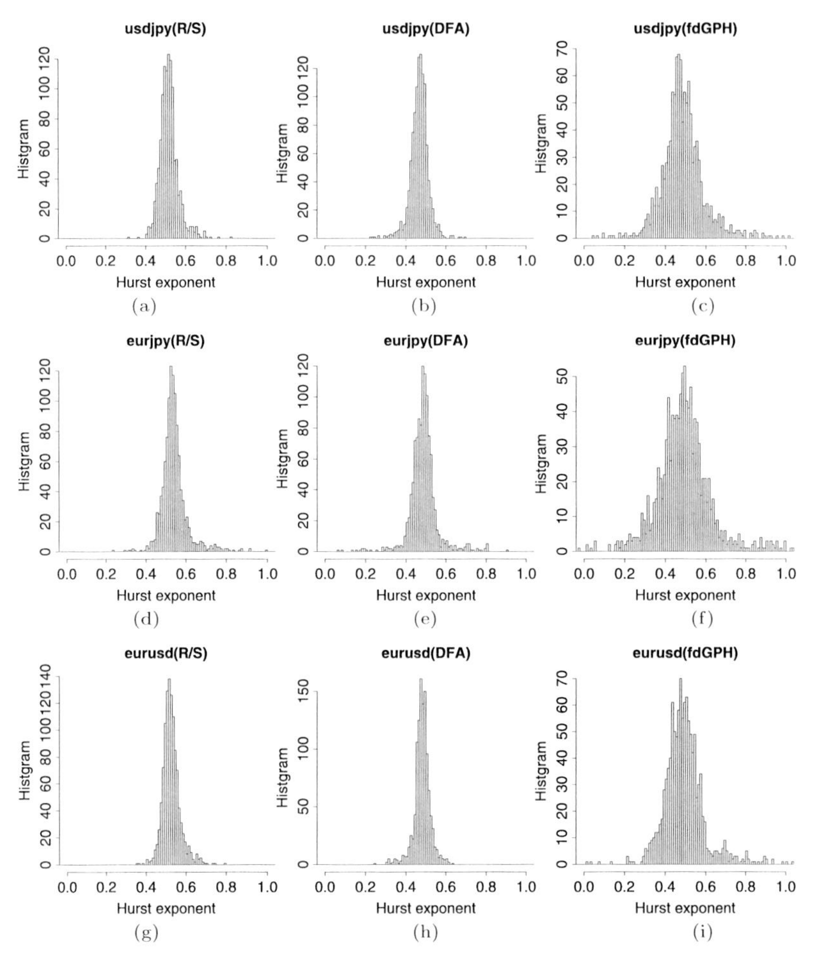

図 9.29 2007 年 5 月 27 日から 2010 年 12 月 31 日までの 1,124 営業日取引約定価格に対して計算した Hurst 指数のヒストグラム

(a) USD/JPY(R/S), (b) USD/JPY(DFA), (c) USD/JPY(fdGPH),
(d) EUR/JPY(R/S), (e) EUR/JPY(DFA), (f) EUR/JPY(fdGPH),
(g) EUR/USD(R/S), (h) EUR/USD(DFA), (i) EUR/USD(fdGPH).

表 9.4 2007 年 5 月 27 日から 2010 年 12 月 31 日までの 1,124 営業日に対して計算された取引約定価格の Hurst 指数の推定値の記述統計量
USD/JPY, EUR/JPY, EUR/USD に対する Hurst 指数を R/S 分析法 (R/S), トレンド除去変動分析法 (DFA), ピリオドグラム回帰法 (fdGPH) を用いて推定した.

通貨ペア	分析方法	最小値	25%	中央値	平均値	75%	最大値
USD/JPY	R/S	0.3137	0.4882	0.5124	0.5165	0.5367	0.8279
	DFA	0.2204	0.4453	0.4696	0.4675	0.4922	0.6939
	fdGPH	−0.6633	0.4306	0.4773	0.4827	0.5346	1.016
EUR/JPY	R/S	0.2356	0.5075	0.5319	0.5409	0.5606	1.14
	DFA	0.06726	0.4553	0.4862	0.4876	0.5118	1.231
	fdGPH	−0.9403	0.4153	0.4863	0.4902	0.5532	1.557
EUR/USD	R/S	0.3564	0.4995	0.5202	0.5252	0.5449	0.7981
	DFA	0.2425	0.4623	0.4812	0.4808	0.5014	0.6392
	fdGPH	−0.273	0.4351	0.4858	0.4913	0.537	1.033

数を必要とするため, その傾向が顕著に現れる.

標本データ数の少なさに起因する推定精度の劣化を防ぐために, 日曜日から金曜日までの 1 週間でデータを連結して, 週ごとの Hurst 指数の推定を行った. 図 9.30〜9.32 に USD/JPY, EUR/JPY, EUR/USD に対して計算した Hurst 指数の値を示す. 1 週間ごとで計算した場合には 1 営業日でみられるような定義域から外れるような極端な推定値は得られなくなった. 図 9.33 にその頻度分布を, 表 9.5 に記述統計量を示す. fdGPH ではほかの 2 手法より広がりが大きくなっている. また DFA は R/S に比べて若干小さめの値が計算される傾向がある.

0.5 以上となるときは拡散が大きい時期でありレートが大きく動いていることと対応し, 反対に 0.5 以下の値のときは拡散が小さくなっている時期であり, 中心回帰的にレートが動いている時期となっていると解釈される. では実際に為替レートが大きく動いている時期に Hurst 指数は 0.5 より大きくなっているかどうかを確認してみよう.

表 9.5 2007 年 5 月 27 日から 2010 年 12 月 31 日までの 188 週間に対して計算された取引約定価格の Hurst 指数の推定値の記述統計量
USD/JPY, EUR/JPY, EUR/USD に対する Hurst 指数を R/S 分析法 (R/S), トレンド除去変動分析法 (DFA), ピリオドグラム回帰法 (fdGPH) を用いて推定した.

通貨ペア	分析方法	最小値	25%	中央値	平均値	75%	最大値
EUR/JPY	R/S	0.4511	0.5023	0.5185	0.5187	0.536	0.5853
EUR/JPY	DFA	0.4207	0.4684	0.4875	0.4865	0.5019	0.5638
EUR/JPY	fdGPH	0.323	0.4534	0.4834	0.4828	0.5152	0.6132
EUR/USD	R/S	0.4617	0.502	0.5135	0.5127	0.5251	0.5703
EUR/USD	DFA	0.4409	0.4735	0.4851	0.4846	0.4952	0.5432
EUR/USD	fdGPH	0.3782	0.4523	0.4795	0.4787	0.5073	0.57
USD/JPY	R/S	0.423	0.4902	0.504	0.5022	0.5145	0.5663
USD/JPY	DFA	0.4076	0.4591	0.4756	0.4738	0.4881	0.5483
USD/JPY	fdGPH	0.342	0.4367	0.4725	0.4692	0.5003	0.5752

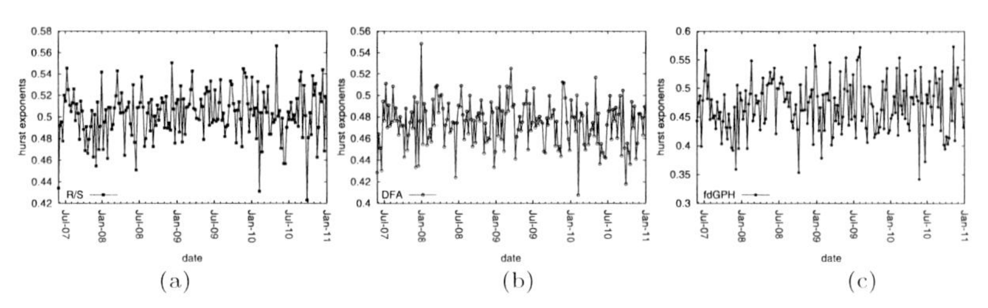

(a)　(b)　(c)

図 **9.30**　2007 年 5 月 27 日から 2010 年 12 月 31 日までの 188 週間の USD/JPY 取引約定価格に対して計算した Hurst 指数の値

(a) R/S 分析法 (R/S), (b) トレンド除去変動分析法 (DFA), (c) ピリオドグラム回帰法 (fdGPH) を用いて計算した.

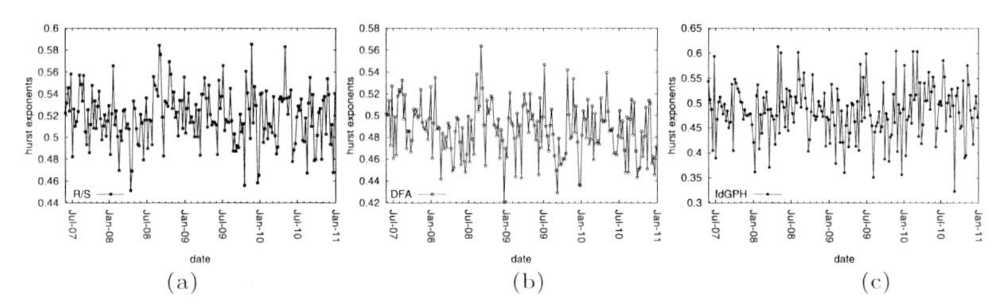

(a)　(b)　(c)

図 **9.31**　2007 年 5 月 27 日から 2010 年 12 月 31 日までの 188 週間の EUR/JPY 取引約定価格に対して計算した Hurst 指数の値

(a) R/S 分析法 (R/S), (b) トレンド除去変動分析法 (DFA), (c) ピリオドグラム回帰法 (fdGPH) を用いて計算した.

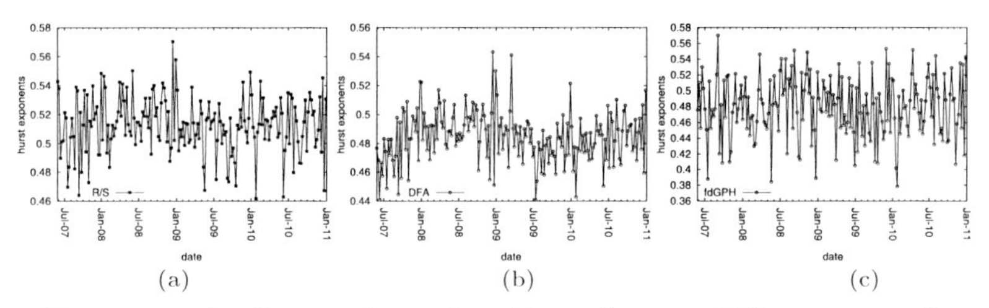

(a)　(b)　(c)

図 **9.32**　2007 年 5 月 27 日から 2010 年 12 月 31 日までの 188 週間の EUR/USD 取引約定価格に対して計算した Hurst 指数の値

(a) R/S 分析法 (R/S), (b) トレンド除去変動分析法 (DFA), (c) ピリオドグラム回帰法 (fdGPH) を用いて計算した.

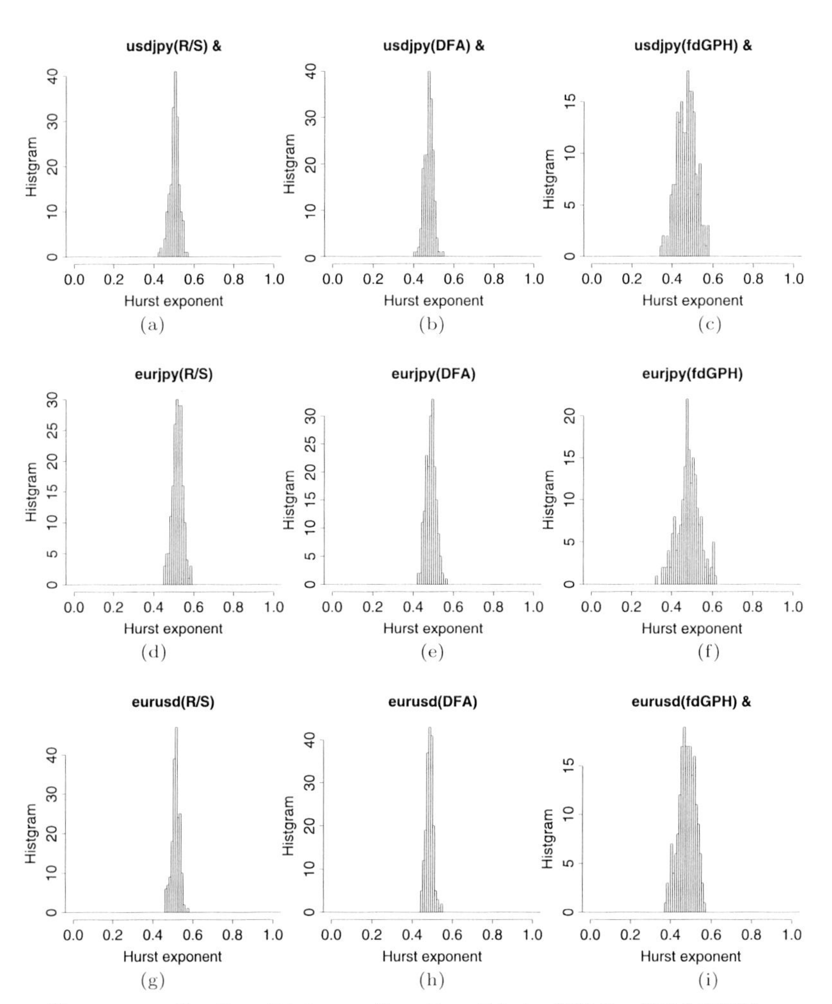

図 9.33　2007 年 5 月 27 日から 2010 年 12 月 31 日まで 1 週間ごとの取引約定価格に対して計算した Hurst 指数のヒストグラム

(a) USD/JPY(R/S), (b) USD/JPY(DFA), (c) USD/JPY(fdGPH),
(d) EUR/JPY(R/S), (e) EUR/JPY(DFA), (f) EUR/JPY(fdGPH),
(g) EUR/USD(R/S), (h) EUR/USD(DFA), (i) EUR/USD(fdGPH).

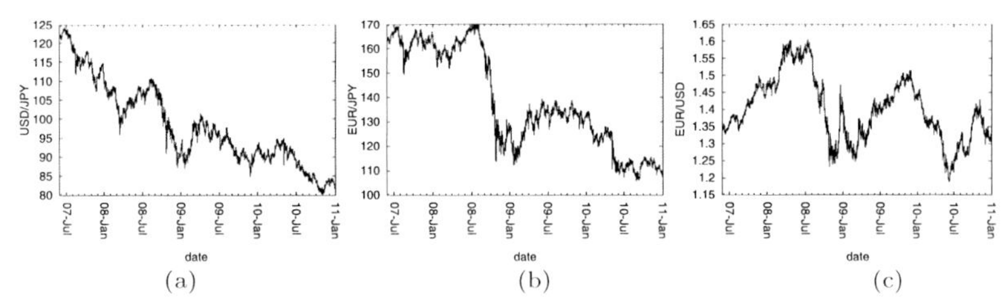

図 9.34 2007 年 5 月 27 日から 2010 年 12 月 31 日までの取引約定レートの推移
(a) USD/JPY, (b) EUR/JPY, (c) EUR/USD.

図 9.34 に 2007 年 5 月 27 日から 2010 年 12 月 31 日までの約定取引価格の推移を示す．EUR/JPY において 2008 年 8 月から 10 月までに 30%の円高が生じている．この時期, EUR/JPY の Hurst 指数の値は R/S, DFA において 0.5 以上の値を示している．EUR/USD においては 2008 年 12 月から 2009 年 1 月において急激な価格の変化が発生していたが, この時期の EUR/USD の Hurst 指数は 0.5 より大きな値であったことが確認できる．このことから Hurst 指数とレートの変動傾向との間には関連があると考えられる．このことを定量的に確認するためにはより詳細な分析が必要である．

9.2.2 取引時間間隔の分析

EBS Data Mine Level1.0 の取引約定データを用いて USD/JPY, EUR/JPY, EUR/USD の 3 通貨ペアの取引間隔時系列の分析を行う．

取引の発生は活動時間帯に強く依存しておりまた取引時間間隔も同様である．このことを詳細にみてみるために 9.2.1 項と同じ 2007 年 5 月 27 日から 2010 年 12 月 31 日までの 1,124 営業日のデータを使って取引の発生が活動時間にどのように依存しているかを確認してみる．取引約定回数の日内変動を理解するために, データ期間中の 2010 年 1 年間について, 1 時間ごとの取引約定回数の平均値を求めてみよう．図 9.35

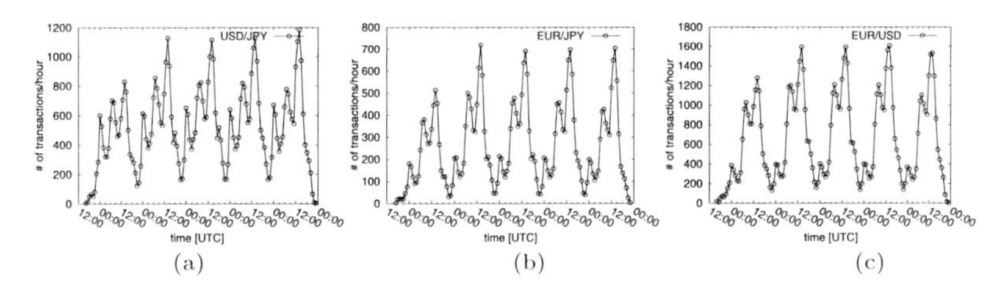

図 9.35 2010 年 1 月 4 日から 12 月 28 日までの (a) USD/JPY, (b) EUR/JPY, (c) EUR/USD 取引約定回数を用いて計算された日曜日から金曜日までの 1 時間ごとの取引約定回数の平均値

左から順に日曜日から金曜日の各時間帯に対応している．

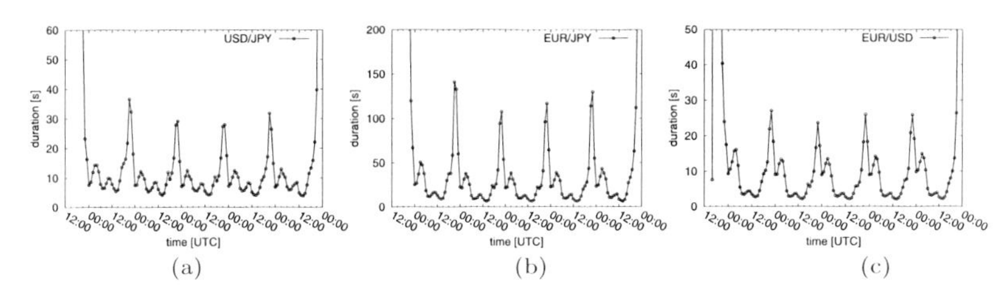

図 9.36 2010 年 1 月 4 日から 12 月 28 日までの (a) USD/JPY, (b) EUR/JPY, (c) EUR/USD 取引時間間隔を用いて計算された日曜日から金曜日までの 1 時間ごとの取引時間間隔の平均値

左から順に日曜日から金曜日の各時間帯に対応している.

はデータを日曜日から土曜日までの 1 時間ごとに区切り (時間は UTC) 各時間ごとの取引発生の平均値を求めたものである. USD/JPY, EUR/JPY, EUR/USD の 3 通貨ペアについて示している. これをみると月曜日のアジア活動時間 (22:00～6:00) のピークは USD/JPY についてはヨーロッパ活動時間 (6:00～14:00) とアメリカ活動時間 (14:00～22:00) と同程度であるが, EUR/JPY, EUR/USD については極端に小さな値であることがわかる. EUR/JPY, EUR/USD のアジア地区での取引頻度はそれほど大きくない. 一方月曜日の取引頻度はほかの曜日の取引頻度と比べて 3 通貨ペア共通に小さいことがわかる. これは外国為替市場の週次変動として知られる性質である.

次に, 1 時間ごとに活動時間帯を区切り, 取引約定時間間隔について 2010 年 1 年間の平均値を同様に調べてみる. 図 9.36 は各 1 時間ごとの取引時間間隔の平均値を示している. 取引時間間隔も平均約定回数同様に 5 つの典型的な谷が存在しており, アジア活動時間 (22:00～6:00), ヨーロッパ活動時間 (6:00～14:00), アメリカ活動時間 (14:00～22:00) において取引活動時間が極端に小さくなる谷が存在していることが確認できる. 月曜日の平均取引時間間隔はほかの曜日よりも若干大きいことが確認できる. このように活動時間ごとに主要な市場参加者が入れ替わることにより, 取引時間間隔には周期性があり, また非定常性が存在していることがみてとれる.

6.2 節で述べた約定時間間隔に対する EACD モデル [72] を使って各営業日に対するパラメータの推定を行うことを考えてみよう. 定常過程モデルによるパラメータ推定を行うためには非定常成分の調整が必要である. この非定常性を除去する方法として 6.2 節の EACD(1,1) モデルのパラメータ推定で用いたのと同様の非定常成分を割引く操作を行う. ここでは各週 1 時間ごとの平均値を用いて時刻 t_i における第 i 回目の取引と第 $i-1$ 回目の取引との時間間隔 τ_i の非定常成分を割引き調整後時間間隔

$$x(t_i) = \frac{\tau(t_i)}{\phi(t_i)} \tag{9.6}$$

について分析を行った. ここで $\phi(t_i)$ として曜日と各時間に対する平均取引時間間隔を用いる. このようにして得られた $x(t_i)$ に対して, モデルを仮定してパラメータ推定

を各営業日の時系列について行う．モデルとしては指数分布により駆動される通常の EACD(1,1) モデルと Weibull 分布により駆動される WACD(1,1) を用いる．

図 9.37 と図 9.38 は 2010 年 12 月 1 日における USD/JPY, EUR/JPY, EUR/USD の取引時間間隔と調整後の時系列を示す．調整後時系列は特徴的な活動時間帯によるパターンの影響がほとんどみられない．この調整後の時系列に対してパラメータ推定を行った結果が表 9.6 である[*7)]．

パラメータ推定値は EACD(1,1) と WACD(1,1) に対してともに，α と β は比較的近い値を得た．また，どの場合も $\alpha+\beta<1$ ながらもきわめて 1 に近い値を示してい

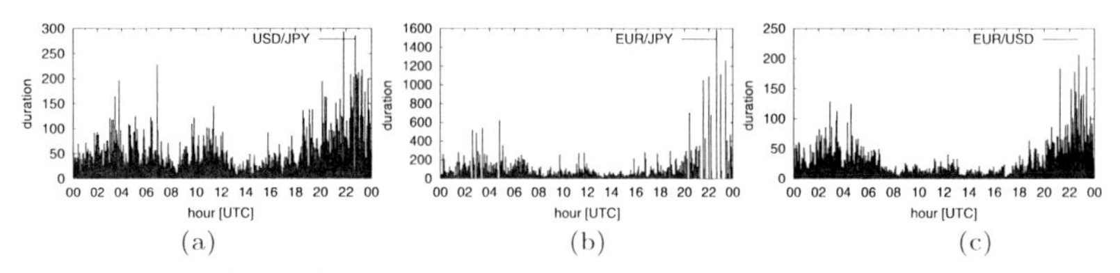

図 9.37 2010 年 12 月 1 日における (a) USD/JPY, (b) EUR/JPY, (c) EUR/USD の取引約定時間間隔の時系列

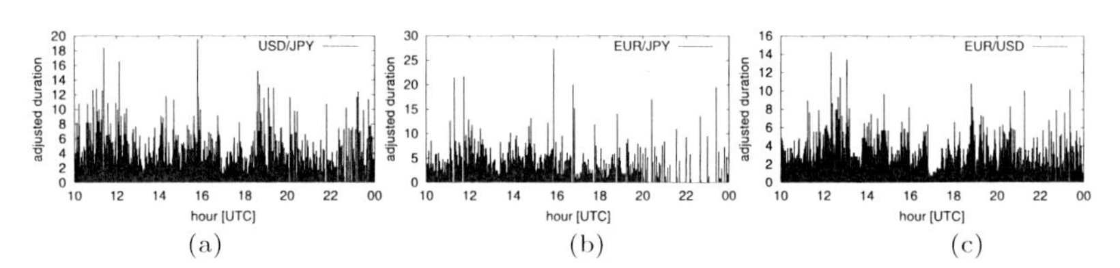

図 9.38 2010 年 12 月 1 日における (a) USD/JPY, (b) EUR/JPY, (c) EUR/USD の取引約定時間間隔の調整後時系列

表 9.6 2010 年 12 月 1 日の USD/JPY, EUR/JPY, EUR/USD 調整後取引約定時間間隔に対する EACD(1,1) パラメータと WACD(1,1) パラメータの推定値

EACD(1,1)					
通貨ペア	ω	α	β	$\alpha+\beta$	AIC
USD/JPY	0.022380	0.862512	0.121938	0.984450	11143.763953
EUR/JPY	0.019317	0.849912	0.142498	0.992410	5807.286697
EUR/USD	0.005915	0.907130	0.086916	0.994046	19599.560250
WACD(1,1)					
通貨ペア	ω	α	β	$\alpha+\beta$	AIC
USD/JPY	0.022953	0.861616	0.122119	0.983735	11142.518488
EUR/JPY	0.024198	0.835764	0.150978	0.986742	5662.144866
EUR/USD	0.003408	0.909819	0.088880	0.998699	18199.771291

*7) EACD(1,1) モデル・パラメータと WACD(1,1) モデル・パラメータの推定を **R** のライブラリ **fACD** を用いて行った．

る．AIC の観点からは，3 通貨ペアともに EACD(1,1) よりも WACD(1,1) のほうが優れたモデルであると結論付けられる．

USD/JPY, EUR/JPY, EUR/USD に対して 1,124 営業日の調整後取引時間間隔それぞれの営業日のデータを用いて 3 通貨ペアについて 3 つのパラメータ ω, α, β の推定を行った．図 9.39〜9.41 にパラメータ推定値を示す．ただし，日曜日は取引約定回数が極端に少ない場合が多いためパラメータ推定値が安定しなかったので取り除い

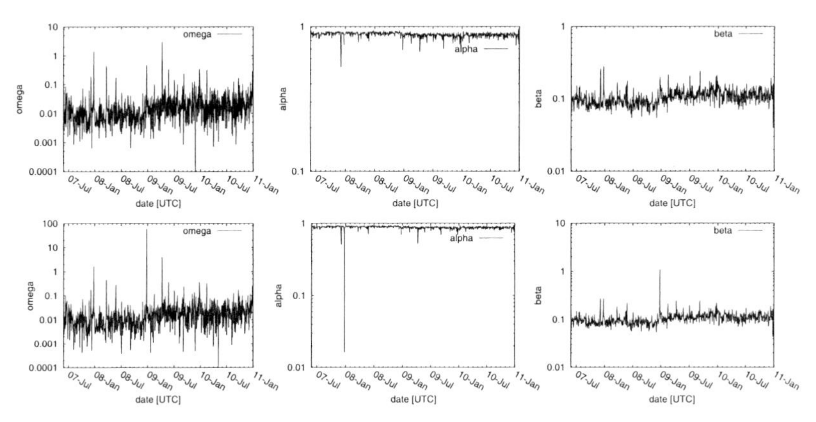

図 9.39　2007 年 5 月 27 日から 2010 年 12 月 28 日までの USD/JPY 取引約定時間間隔 1,124 営業日に対して求めた (上段) EACD(1,1) モデルのパラメータ推定値と (下段) WACD(1,1) モデルのパラメータ推定値
(左) ω, (中央) α, (右) β.

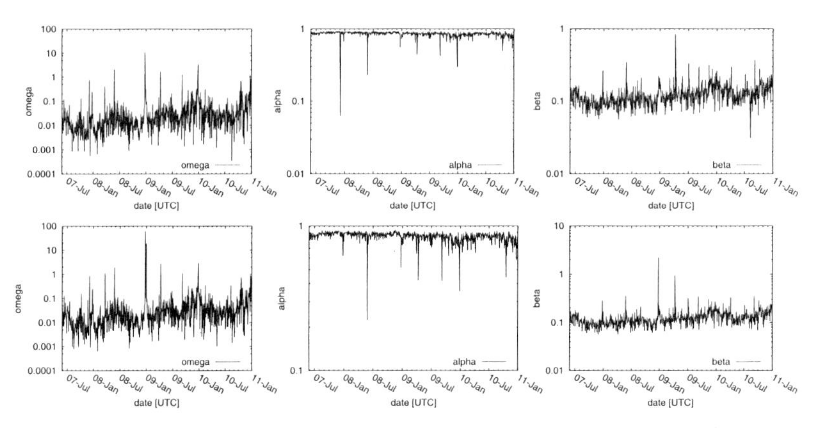

図 9.40　2007 年 5 月 27 日から 2010 年 12 月 28 日までの EUR/JPY 取引約定時間間隔 1,124 営業日に対して求めた (上段) EACD(1,1) モデルのパラメータ推定値と (下段) WACD(1,1) モデルのパラメータ推定値
(左) ω, (中央) α, (右) β.

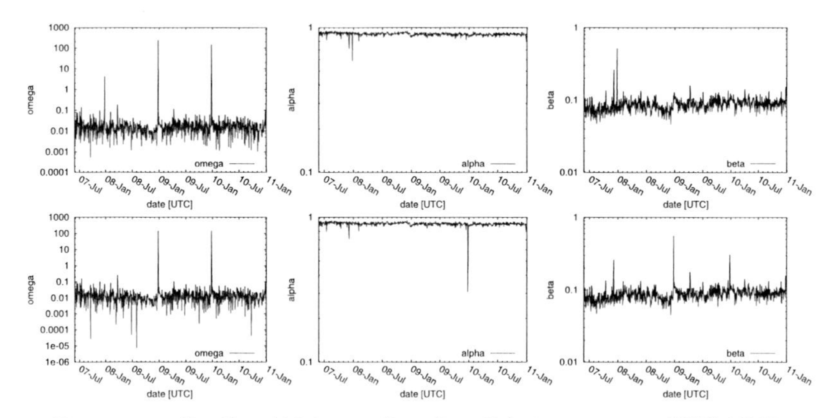

図 9.41　2007 年 5 月 27 日から 2010 年 12 月 28 日までの EUR/USD 取引約定時間間隔 1,124 営業日に対して求めた (上段) EACD(1,1) モデルのパラメータ推定値と (下段) WACD(1,1) モデルのパラメータ推定値
(左) ω, (中央) α, (右) β.

て図示している．EACD(1,1) 推定値と WACD(1,1) 推定値の間には似通った傾向がそれぞれの通貨ペアについて確認できる．実際, USD/JPY, EUR/JPY, EUR/USD の推定値のうちいくつかの営業日については $\alpha+\beta>1$ となることがあるが, 多くの営業日については α と β の推定値は定常条件 $\alpha+\beta<1$ の範囲であった．これらのパラメータ推定値の変化は市場参加者による注文取引の傾向の違いから生じていると考えられる [74]．マクロ経済的な要因と取引時間間隔との関係についてはより詳しい分析が必要である．

9.2.3　シェアを用いた方法

ここでは, 外国為替市場の高頻度時系列データを用いることにより外国為替市場全体の状態を定量化する方法を紹介する．

M 種類の通貨ペアの週 T における通貨 i と通貨 j の注文シェア $p_{ij}(T)$・取引シェア $q_{ij}(T)$ をそれぞれ

$$p_{ij}(T)=\frac{A_{ij}(T)}{\sum_{i=1}^{M}\sum_{j=1}^{M}A_{ij}(T)} \tag{9.7}$$

$$q_{ij}(T)=\frac{D_{ij}(T)}{\sum_{i=1}^{M}\sum_{j=1}^{M}D_{ij}(T)} \tag{9.8}$$

と定義する．ここで $A_{ij}(T)$ と $D_{ij}(T)$ は通貨 i と通貨 j の注文回数と取引約定回数である．これより, 気配から計算される通貨 i の通貨シェア $P_i(T)$ と取引約定の通貨シェア $Q_i(T)$ はそれぞれ

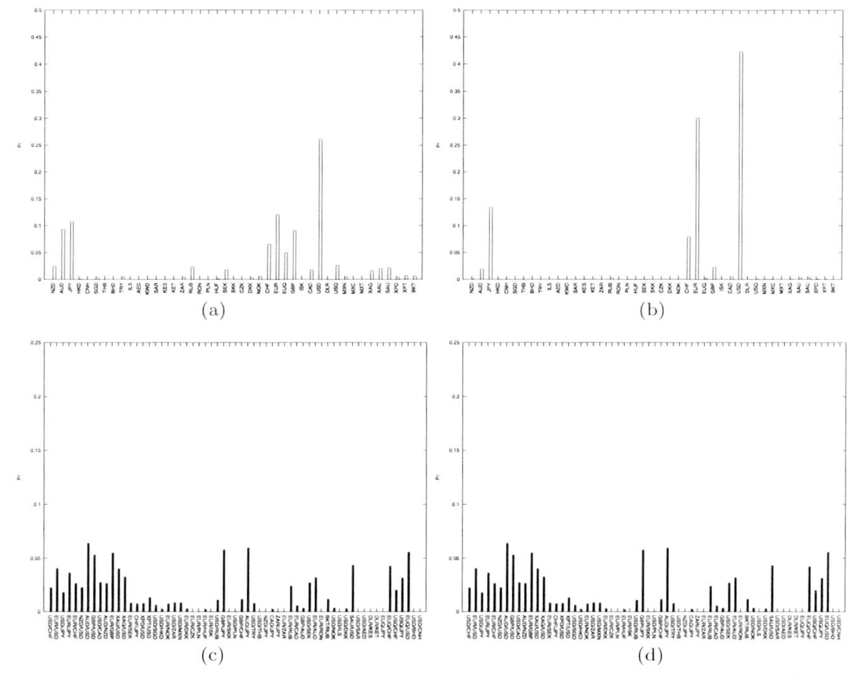

図 9.42　2010 年 10 月 25 日から 30 日までの通貨ペアのシェア分布と通貨のシェア分布
(a) 気配更新の通貨シェア, (b) 取引約定の通貨シェア, (c) 気配更新の通貨ペア・シェア,
(d) 取引約定の通貨ペア・シェア.

$$P_i(T) = \sum_{j=1}^{M} p_{ij}(T) \tag{9.9}$$

$$Q_i(T) = \sum_{j=1}^{M} q_{ij}(T) \tag{9.10}$$

と計算できる. 図 9.42 は前述の EBS Data Mine Level1.0 のデータを用いて計算した通貨ペアおよび通貨シェアの分布を示している.

2 つの期間 T_1 と期間 T_2 に対する通貨ペア注文シェア・通貨ペア取引シェアの分布間類似性を Jensen–Shannon ダイバージェンス (【補】S1.7.3 項) を用いて

$$J_{cp}(T_1, T_2) = -\sum_{i=1}^{M}\sum_{j=1}^{M} \frac{p_{ij}(T_1) + p_{ij}(T_2)}{2} \ln \frac{p_{ij}(T_1) + p_{ij}(T_2)}{2} + \frac{1}{2}\sum_{k=1}^{2}\sum_{i=1}^{M}\sum_{j=1}^{M} p_{ij}(T_k) \ln p_{ij}(T_k) \tag{9.11}$$

と定義する ($q_{ij}(T)$ に関しても同様). 同様に期間 T_1 と期間 T_2 に対する通貨注文シェ

ア・通貨取引シェアの分布間類似性は

$$J_c(T_1, T_2) = -\sum_{i=1}^{M} \frac{P_i(T_1) + P_i(T_2)}{2} \ln \frac{P_i(T_1) + P_i(T_2)}{2} + \frac{1}{2} \sum_{k=1}^{2} \sum_{i=1}^{M} P_i(T_k) \ln P_i(T_k) \tag{9.12}$$

と定義される ($Q_i(T)$ に関しても同様). この方法では市場全体の気配と取引約定の頻度を計算するためにすべてのデータを用いるため, 多くの計算量を必要とする. しかしながら, 並列計算技術を用いることで計算の高速化を図り現実的な時間で計算することは可能である.

図 9.43 は通貨シェアから計算された 2007 年 6 月から 2012 年 11 月までの類似度行列を示している. 濃い黒色は 2 期間の通貨ペア・シェアまたは通貨シェアの形状が似通っていることを示しており, 淡色はこれらの期間のシェア分布が異なっていることを表す. 通貨注文シェアは世界同時多発金融危機発生期間中, それ以前・その後と異なっていたことが確認される. また, 世界同時多発金融危機収束後は, 二度と危機発生前のシェア分布に戻ることはなかった. このことから, 世界同時金融危機が収束したあと, 市場参加者の通貨需要は発生前と異なる状況であったと予想される. さらに, 2010 年 4 月に顕在化したユーロ・ショックを含む黒っぽい領域は 5 月後半までしか持続していない. このことから 2010 年 5 月後半から別の状態に外国為替市場は移ったと推察される.

2008 年ごろから顕在化した大規模な世界同時金融危機は世界経済の転換局面というべきものであり, 多くの市場参加者の行動が複数の通貨にまたがって同期し, 通貨注

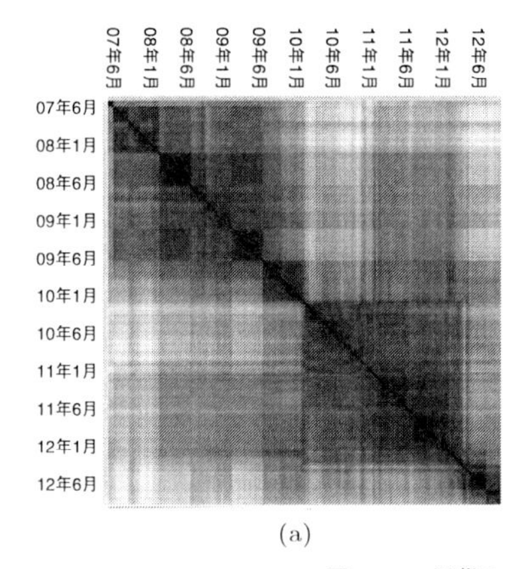

(a)

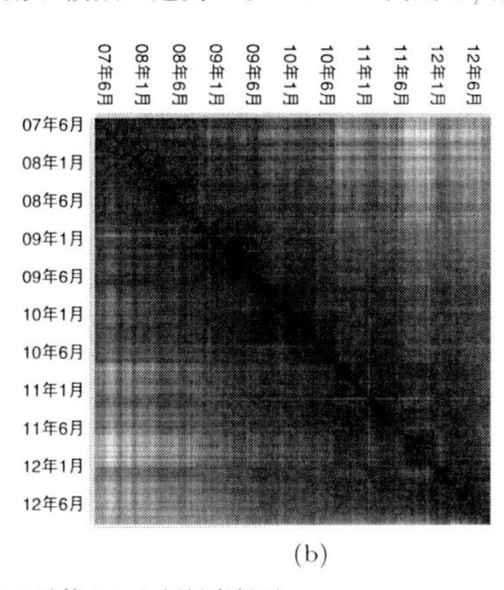

(b)

図 9.43 通貨シェアから計算された類似度行列

(a) 気配価格更新, (b) 取引約定. 左上から右と下に向かって 2007 年 6 月から 2012 年 11 月まで 1 週間ごとのシェアの類似度を示している. 濃色は類似性が高いことを, 淡色は類似性が低いことを示す.

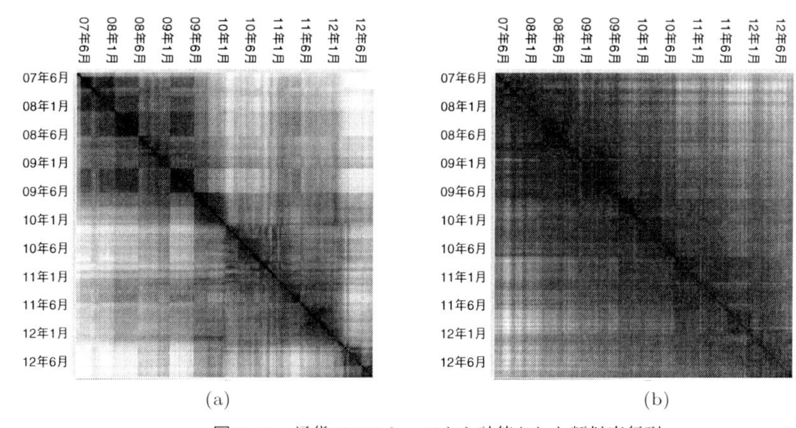

図 **9.44** 通貨ペアのシェアから計算された類似度行列

(a) 気配価格更新, (b) 取引約定. 左上から右と下に向かって 2007 年 6 月から 2012 年 11 月まで 1 週間ごとのシェアの類似度を示している.

文・取引のパターン全体に及ぶ変化が発生している様子が認められた. 図 9.44 は通貨ペア・シェアから計算された 2007 年 6 月から 2012 年 11 月までの類似性行列を示している. 通貨シェアから計算される類似度行列とほぼ同様の傾向を示している.

9.2.4 ゆらぎのスケーリング

物質や情報の流れがある経路を通じて行われることをノード (node) とリンク (link) によって表現してみる. そして, ある体系をネットワーク (network) としてモデル化してみる. さらに, このネットワーク構造を通じてノード間を担体 (constituents) が輸送されているとする. これらの例として, 生態系の物質代謝や, インターネット, 輸送ネットワーク, 金融市場などがあげられる. 生態系ではノードが種であり, ネットワーク構造は食物連鎖を表している. この場合輸送される担体は物質である. インターネットではノードはコンピュータ, リンクは通信ケーブルを表し, 輸送される担体は情報である. 輸送ネットワークの代表として自動車交通を考えると, ノードは交差点を表しリンクは道路, 担体は自動車となる. 金融市場に対しては, 通信回線を通じて接続された人間がノードであり, 人間が交換する売買情報 (気配行動) が担体となっている.

輸送される物質の個数 (流量) を輸送経路上の N 点において, 期間 $[t\Delta t, (t+1)\Delta t]$ ごとに観測した量を, 多変量時系列を用いて表現する. このとき, N 次元多変量時系列 $x_{i,\Delta t}(t)$ $(t = 1, \ldots, T, i = 1, \ldots, N)$ に対して各時系列の標本平均値 $\overline{x_{i,\Delta t}}$ と標本標準偏差 $\sigma_{i,\Delta t}$ を以下で定義する.

$$\overline{x_{i,\Delta t}} = \frac{1}{T} \sum_{t=1}^{T} x_{i,\Delta t}(t) \tag{9.13}$$

$$\sigma_{i,\Delta t} = \sqrt{\frac{1}{T}\sum_{t=1}^{T}\Big(x_{i,\Delta t}(t) - \overline{x_{i,\Delta t}}\Big)^2} \tag{9.14}$$

多くのネットワーク上を流れる担体の各観測点を通過する単位時間あたりの担体数(流量) に対して, これら標本平均と標本標準偏差の間にスケーリング則が見出されることがある [66, 170].

$$\sigma_{i,\Delta t} \propto \overline{x_{i,\Delta t}}^{\alpha(\Delta t)} \tag{9.15}$$

ここで, $1/2 \leq \alpha(\Delta t) \leq 1$ である. このべき則は発見者である Taylor にちなみ **Taylor の法則** (Taylor's law, Taylorism) あるいはゆらぎのスケーリング関係と呼ばれている [212].

もし, $\alpha(\Delta t) = 1/2$ とすると, これらの時系列を作り出すメカニズムは内因性のゆらぎが支配的であり, 担体の各ノードへの到着頻度はそれぞれ独立でランダムに生じていることを意味している. 一方, $\alpha(\Delta t) = 1$ のとき, 担体の各ノードへの到着は同期して生じていることを意味する. 同期的に担体の到着が生じるのは, 体系の変動が共通の外性ゆらぎに支配されている, あるいは, ノード間の相互作用によって, 同期現象が生じた場合である.

$\alpha(\Delta t)$ がこれらの中間的値をとる場合は, 両者のゆらぎが混合した状態となっており, 担体の各ノードへの到着頻度は部分的には独立しているが, 全体として同期している場合も存在していると理解される. Taylor の法則が成立する場合, 平均が小さい (大きい) ノードに対して, その相対ゆらぎ (= 標準偏差/平均値) は大きく (小さく) なる.

他方, Hurst 指数 $H(i)$ (【補】 S3.2 節) は

$$\sigma_{i,\Delta t} = C_1(\Delta t)^{H(i)} \tag{9.16}$$

として定義され, ゆらぎのスケーリング指数 $\alpha(\Delta t)$ と Hurst 指数 $H(i)$ との間には,

$$(\Delta t)^{H(i)} = C_2\overline{x_{i,\Delta t}}^{\alpha(\Delta t)} \tag{9.17}$$

なる関係が存在する. 両辺の自然対数をとり

$$\frac{\partial^2 H(i)\ln\Delta t}{\partial(\ln\Delta t)\partial(\ln\overline{x_{i,\Delta t}})} = \frac{\partial^2(\alpha(\Delta t))\ln\overline{x_{i,\Delta t}}}{\partial(\ln\Delta t)\partial(\ln\overline{x_{i,\Delta t}})} \tag{9.18}$$

と偏微分することにより

$$\frac{\mathrm{d}\alpha(\Delta t)}{\mathrm{d}(\ln\Delta t)} \approx \frac{\mathrm{d}H(i)}{\mathrm{d}(\ln\overline{x_{i,\Delta t}})} \tag{9.19}$$

とも書くことができる (詳細は Eisler et al. [69] 参照).

Eisler and Kertész は NYSE で取引される 2,647 証券と NASDAQ で取引される 4,039 証券の取引ボリュームについて, 平均値と標準偏差との関係を調査した [68, 69]. 分析の結果, スケーリング指数 $\alpha(\Delta t)$ は時間窓 $\Delta t = 2$[min] で 0.73 程度となり, 時間窓を大きくするにつれて, 1 に漸近する挙動が見出されることが報告されている. また,

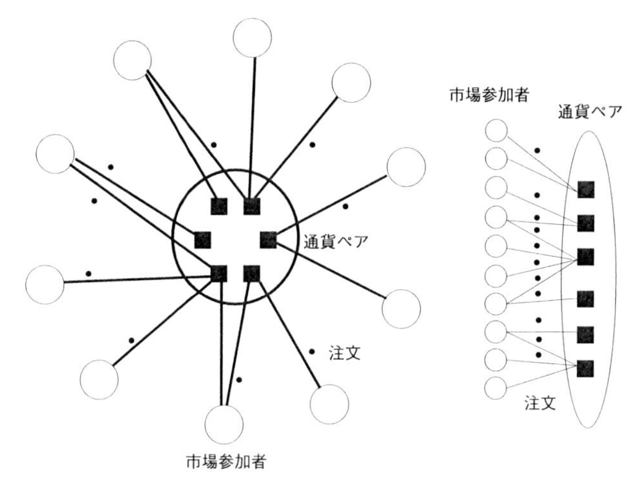

図 9.45 外国為替市場における市場参加者とブローキング・システムの概念図
市場参加者と通貨ペアは二部グラフとして表現されうる. 市場参加者が行うある通貨ペアに対する注文行動はこの二部グラフ上を流れる情報担体の流れとして理解される.

Jian et al. [132] は同様の分析を中国の証券市場 (SHSE (533 証券) と SZSE (821 証券)) で取引される証券の取引ボリュームに対して行った. 分析の結果, 同様にスケーリング関係が見出され, $\alpha(\Delta t)$ は $\Delta t = 10$[min] で 0.9 程度となり, Eisler and Kertész [68], Eisler et al. [69] の報告同様に Δt を大きくするにつれて 1 に近付くことを見出した. スケーリング指数 $\alpha(\Delta t)$ の違いは, 金融市場参加者の情報に対する依存性の違いを示していると考えられている. Sato et al. [198] は外国為替市場における注文頻度と取引頻度について Taylor の法則を分析している. Taylor の法則から求められるゆらぎのスケーリング指数 α は観測時期によって変化し, スケーリング指数は相関係数の平均値と強い関連があることが確認されている. さらに, スケーリング指数にも相関係数同様に計測する時間間隔を短くしていくと, スケーリング指数が 0.5 に近付いていくいわゆる Epps 効果が確認できる.

外国為替市場においては, 市場参加者はブローキング・システムを通じて図 9.45 のように結び付けられており, このネットワーク上では注文行動が輸送される担体となる. 図 9.46 に EBS platform 上で取引されるすべての通貨ペアの気配更新回数と取引約定回数に対する 1 週間標本平均値と標本標準偏差に認められるスケーリング関係の例を示す. $\Delta t = 1$[min] とした場合の 1 週間に観測される注文行動頻度時系列から推定を行った.

スケーリング指数は観測週に依存して変化しており気配更新回数で 0.6 から 0.72 までの値を, 取引約定回数で 0.66 から 0.68 の値をとる. 図 9.47 に示すように計測する時期によってスケーリング指数の値は変化している. (I) 2007 年 8 月のフランス大手

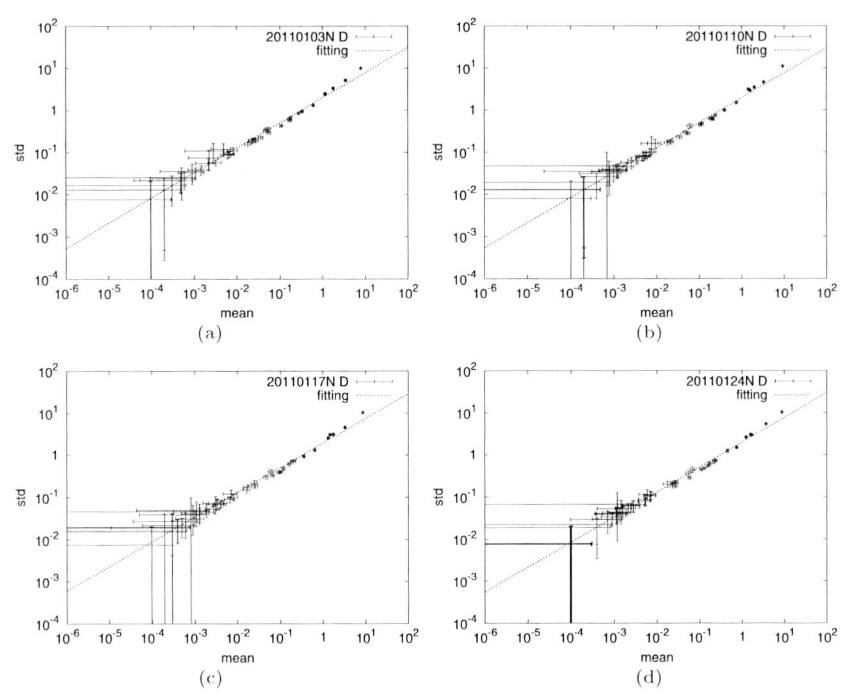

図 **9.46**　2011 年 1 月の 4 週間における約定回数の平均値と標準偏差との間の両対数プロット
スケーリング関係が確認される．平均値と標準偏差の標本誤差はジャックナイフ法により求めた．(a) 2011 年 1 月 3 日の週, (b) 2011 年 1 月 11 日の週, (c) 2011 年 1 月 17 日の週, (d) 2011 年 1 月 24 日の週.

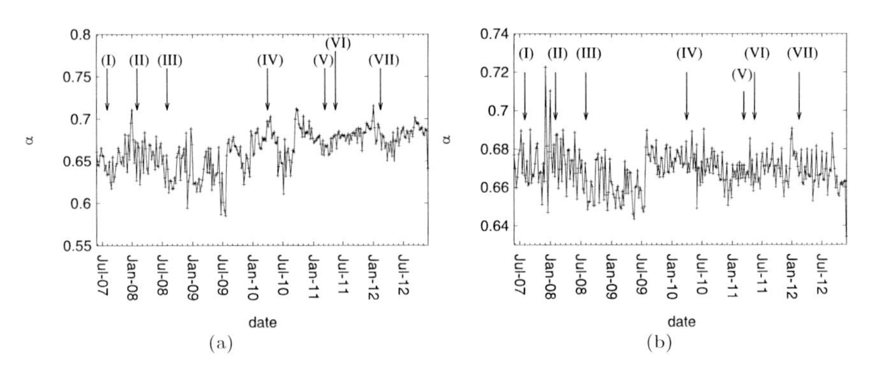

図 **9.47**　2007 年 6 月 1 日から 2012 年 11 月 30 日までの EBS Data Mine Level1.0 データを用いて計算されたゆらぎのスケーリング指数
$\Delta t = 1$ [min] として 1 週間ごとにべき指数 $\alpha(\Delta t)$ を推定. (a) 注文回数, (b) 約定回数.

銀行 BNP パリバが傘下のミューチャル・ファンドの解約を凍結したことを発端とするパリバ・ショックの時期にスケーリング指数が気配, 約定ともに若干上昇していることがわかる. (II) 2008 年 1 月に起きたイギリス・ベア・スターンズ銀行の取り付けさわぎ (ベア・スターンズ・ショック) の前にスケーリング指数が大きく動いている. (III) 2008 年 9 月に起こったアメリカ・リーマン・ブラザーズの破綻 (リーマン・ショック) のあと, スケーリング指数は減少していく. 2009 年 9 月を境にスケーリング指数は再び上昇に転じ, (IV) 2010 年 3 月と 5 月のユーロ・ショックの時期に大きく変化を示している. (V) 2011 年 3 月の東日本大震災の影響はそれほどでもないが (VI) 2011 年 5 月のアメリカ債務危機が顕在化した時期にスケーリング指数の変化が確認できる. さらに, (VII) 2012 年 2 月の日本銀行による金融緩和の直前にスケーリング指数は気配, 取引約定ともに大きく上昇していることが確認できる.

市場全体における気配更新や約定更新の相関は時期に依存して変化していると推察されるが, この変化の様子をスケーリング指数の時間変化はとらえている可能性がある. そして, この値の大小は外国為替市場全体での市場参加者の行動や取引発生の同調性の時間依存性と関係すると考えられる.

10

エージェント・モデルによる金融市場の解釈

本章ではエージェント・モデルを用いた，金融市場の高頻度データ分析結果の解釈について議論する．近年のマーケット・マイクロストラクチャや情報工学，経済物理学 [19] の研究では，金融市場のエージェント・モデルが複数提案されている [20, 44, 126, 134, 137, 146, 158, 183, 197, 229]. ここでは，金融市場のエージェント・モデルの先行研究を概説し，単純なエージェント・モデルの中でも比較的複雑なエージェント・モデルである Alfrano–Lux モデルを紹介し，エージェント・モデルの分析の一例を示す.

10.1 エージェント・モデルとは

1980 年代から 1990 年代の複雑系研究の進展を受け，情報科学，経済学，物理学の研究者の中でエージェント・モデル (agent-based model; ABM) の枠組みを用いて社会科学で扱われる問題が研究されるようになっていった [20, 23].

エージェント・モデルに関する研究は古く 1970 年代後半に社会学の分野で提案された 2 択行動 (binary decision) を説明する Granovetter モデル [95] や Schelling の Segregation モデル [199] などがエージェント・モデルのひとつの原型と考えられる．また，Ising [127] により提案された磁性体の数理モデルである Ising モデルも集団行動のモデルとして物理学の分野から社会現象を理解するときに利用される.

エージェント・モデルとはエージェント (agent)[*1)] と呼ばれる動的素子を考え，エージェント間の相互作用の結果として集団現象の創発を理解しようとするアプローチである．そして，これらの眼鏡を使って微視的モデルから経済システムのマクロな性質への接近が試みられる．これらは，計量経済学や計量ファイナンスの研究者が価格のゆらぎを観測し，確率の眼鏡を使って，それを最もよく説明する確率過程を考えようとする行為と補完的なアプローチと思われる．エージェント・モデルを用いて考察される問題と計量経済学や計量ファイナンスにおいて仮定される時系列モデルとがどのような

*1) エージェント (agent) とはラテン語における行為者を意味する agens に由来する.

関係にあるか興味が尽きない.

このエージェント・モデルの対象のひとつとして,金融市場をエージェント・モデルを用いてとらえる研究がある. これらのモデルでは,図 10.1 のように,外部状態に基づきエージェントが行動を選択すると考える. そして,エージェントの行動から市場価格が決定されると仮定する. 金融市場で認められる**循環的因果** (circular causality) をモデル化し過去の市場状態に現在のエージェントの行動が影響を受けると考えるモデルもある.

エージェントの種類として,ファンダメンタルズに基づき行動する合理的トレーダー (rational traders),非合理的行動をするノイズ・トレーダー (noise traders),トレンドに追従し,順ばり戦略をとるトレンド追従型トレーダー (trend followers),トレンドと逆向きの行動をとる逆ばりトレーダー (contrarians) などトレーダーの行動原理に応じて分類される. その他,トレーダー戦略の進化的な発展を考慮したモデルがある [123, 183].

1990 年代ごろから複雑系研究と関係して金融市場のモデルを単純なエージェント・モデルを用いて分析しようとする研究が行われるようになっていった. この種の研究では,マイノリティー・ゲーム,スピン・モデル,ディーラー・モデルなど多くのモデルが提案されている. 経済物理学においては,金融市場の記述的理解に重点がおかれ,できる限り単純なモデルを用いるエージェント・モデルが好まれる傾向がある. このようなモデルを単純なエージェント・モデル (simple agent-based model) と呼ぶことにする.

一方,人工知能や情報工学の分野や計算ファイナンスの分野ではマルチエージェン

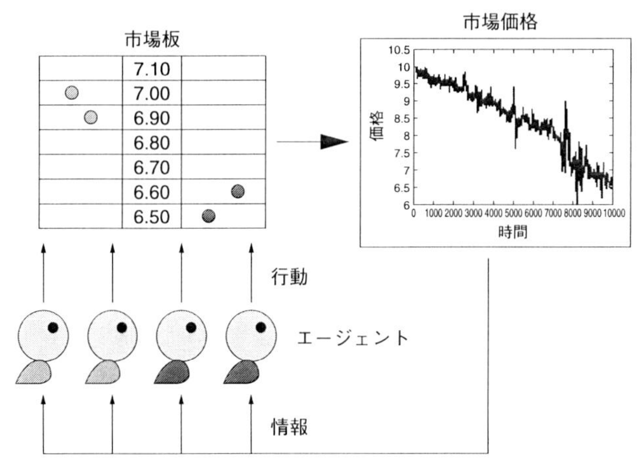

図 10.1 金融市場のエージェント・モデルの概念図
複数のエージェントが外部からの影響を受けて意思決定を行い,その決定に基づき市場価格が決定される.

ト・システムや人工市場 (artificial market) の研究でより複雑なエージェント・モデルが提案されている. 人工知能や情報工学の分野では, エージェント・モデルのエージェントの機能性をより重視し, エージェントや市場に対する詳細なアルゴリズムを定義したエージェント・モデルが研究されている [208]. エージェントの行動は詳細なアルゴリズムとして記述され, 数理的な分析よりはむしろ数値シミュレーションを用いた定量分析が好まれる傾向にある. ここではこのようなモデルを詳細なエージェント・モデル (detailed agent-based model) と呼ぶことにする.

単純なエージェント・モデルと詳細なエージェント・モデルとはそれぞれ得手不得手があり補完的に発展している. 以下では Helbing [122] のエージェント・モデルに関する分類と比較研究に従い, 単純なエージェント・モデルと詳細なエージェント・モデルの長所と短所について概説する.

10.1.1　単純なエージェント・モデル

単純なエージェント・モデルでは金融市場において確認されるいくつかの性質を再現できるモデルが探索的に開発されてきた. 単純であるため現実の観測データからパラメータの推定を行ったり, 振舞いに関する解析的な現象の理解を行うことができるという長所を持つ. この種のアプローチでは, KISS (keep it simple and straightforward) 原理に従いパラメータの少ないできる限り本質を取り出したモデルの形成を目指す.

一方で, 単純なエージェント・モデルでは現象を単純化しすぎることにより現象の重要な箇所を無視してしまっている可能性がある. また, 現象の一部のみしかモデル化できないという短所を持つ . そのため, 単純なエージェント・モデルから得られる結果を実際の意思決定に使うことができるかについては消極的な意見が多い. また, 単純なエージェント・モデルであっても複数の現象を同時に満足するように拡張を続けていくうちに, 情報工学で好まれる詳細なエージェント・モデルへと発展していく傾向がある.

マイノリティー・ゲームは, Challet and Zhang によって提案されたエル・ファロルのバー問題 (El Farol Bar problem) を起源とする市場モデルである [49]. Arthur [20] はアメリカ・ニューメキシコ州サンタ・フェに実在するバーを題材として, 1 つのゲームを提案した. この問題を具体的な値を用いて説明する. 100 人のエージェントがその日の夕食を食べるためにバーに行くか行かないかを 1 日ごとに決定する問題を考える. エージェント間での相談はないものと仮定する. バーの定員は 100 人であるが, ある閾値 (例として 60 人とする) の客が来るとバーのサービスが低下してしまい, 客は満足を得ることができないと考える. このような 2 択ゲームをエージェントが繰り返す場合に, 各エージェントがどのような意思決定をすれば閾値内に収まるかを考える問題である.

Challet and Zhang は Arthur のエル・ファロルのバー問題を金融市場のエージェ

ント・モデルに拡張している [49]. エージェントは各ターンで必ず売りあるいは買いのどちらかの立場をとり, 過去に市場価格が上昇, 下降したという記憶列からその立場を判断する戦略を持っている. それぞれの戦略には得点があり, 少数派 (minority) を選択した戦略は得点が加算される. そして, 高得点の戦略ほど, 利用される頻度は多くなる. また, 売り (または買い) の立場をとるエージェント数の差に応じて市場価格は下降 (上昇) する. オリジナルのマイノリティー・ゲームではモデル・パラメータ (記憶総数とエージェント数の比) のある臨界値において, 平均得点に対して最適な記憶長が存在する非平衡相転移が生じることが見出されている [55].

Ising モデル [127] の歴史は古く 1920 年代にまでさかのぼる. もともとは強磁性体のモデルであったが, その後社会科学にも適用されるようになった. Ising モデルでは, 1 と -1 の 2 種類のスピン状態を仮定し, N 個のスピン状態 $s_i(t)$ $(i = 1, \ldots, N)$ それぞれは周囲のスピン状態と向きがそろうように自らのスピン状態を決めるとする. 1971 年に社会集団内のバイアスについての数理モデルとして Ising モデルが用いられた例がある [221, 225].

スピン・モデルを改良したエージェント・モデルを用いて市場の変動を説明するモデルが複数提案されている [18, 137, 158]. スピン・モデルでは, エージェントは過去の価格変動に応じて売買行動 (スピン:買い手 $= 1$, 売り手 $= -1$) を確率的に選択する. そして, エージェントの提示する売り買い (スピン) の総和を超過需要 (供給) と定義し, 市場価格を上昇 (下降) させる原動力になると考える. さらに, ± 1 の選択確率は価格変動に対するロジスティック曲線に従い, エージェントの投資態度の選択確率は市場状態に依存する. これは金融市場における意思決定の相互依存性をモデル化したものであり, バブルやクラッシュの発生を, ほとんどのスピン (意思決定) がそろうという共同現象の対称性の破れとして理解することを提案している. スピン・モデルに関する優れたサーベイ論文として藤原・海蔵寺 [80] によるものがある. さらに, 状態を 3 状態として買い手 $= 1$, 売り手 $= -1$, 参加しない $= 0$ とした 3 択行動エージェントのモデル [194] や多値モデルへの拡張が存在する.

10.1.2　詳細なエージェント・モデル

詳細なエージェント・モデルは現実を模倣したできる限り詳細なエージェントの記述を行うことにより現実に近い金融市場の状況を再現できる. 実際の金融市場で用いられる取引ルールを注文板上に実装して, 現実の市場さながらの取引をエージェント・モデルにより再現できる長所を持つ. 一方で, 複雑なエージェントのアルゴリズムを記述するために, パラメータ数がきわめて多くなるという問題がある. そのため, モデルの解析においても説明的となりすぎるきらいがあり, 現実のデータからパラメータをどのように一致させるかという問題に直面する. さらにあまりに多くの自由度があるためにほぼどのような状況をも再現できる可能性がある. または, 同じ結果を導くエージェント内部状態の複数の決め方が存在する可能性がある.

詳細なエージェント・モデルの研究は, エージェント・アルゴリズムをより複雑にすることにより, 現実の市場において人間にかわり取引を行うことができるようにする自動取引 (automated trading) の研究とも密接に関係している. そのため, 金融市場のエージェント・モデルにとどまらず, 人工知能の研究におけるマルチエージェント [174] の研究とも接点がある.

マルチエージェントの研究では, 複数のエージェントと呼ばれる行為主体を考えこの行為主体間での行動の連鎖としてエージェント集団の相互作用の発展の様子をとらえその原因を考える. エージェントをコンピュータのプログラム・コードとして記述できるため, きわめて複雑な振舞いをするエージェントを実装することができる.

詳細なエージェント・モデルの応用例として, 市場制度設計の文脈においてサーキット・ブレーカーの影響を調べた研究がある [144]. 人工市場 [130] を用いることによりエージェントの市場内での振舞いについてシミュレーションを通じた研究を行うことができるようになってきている. たとえば, ティック・サイズと取引量の関係に関する人工市場シミュレーションによる研究が行われている [172]. 複雑なエージェントのアルゴリズムを実装し, 仮想的な電子取引市場において人間のトレーダーとプログラム・トレーダーが同時に取引を行うことのできる U-mart [143, 202] (`http://www.u-mart.org/` 参照) と呼ばれる枠組みでは, インターネット経由で市場サーバにヒューマン・エージェントとソフトウエア・エージェントがインターフェースを通じて注文を出すことができる. 注文板上で実際に価格優先, 時間優先のルールに従い先物取引を行うことが可能である.

10.2　Alfrano–Lux エージェント・モデル

ここでは, 解析的な取り扱いができる比較的詳細なエージェント・モデルのひとつである Alfrano–Lux モデルを紹介する [7, 8]. Alfrano–Lux モデルの基礎に Kirman アント・モデル [142] がある. Kirman は, 2 か所の異なる餌を集めるアリの行動から, 異質で相互作用するエージェント間の情報伝達に対する単純な統計モデルを考案している.

10.2.1　Kirman のアント・モデル

Kirman [142] は 2 種類の異なる餌のもとに集まるアリの行動を観察しモデル化することで, 2 状態を遷移するエージェント・モデルを次のように定式化した.

- エージェントは状態 1 であるか, 状態 2 であるかのどちらかである
- エージェントの総数は N 人である
- 状態 1 であるエージェントの数は n 人で, 状態 2 であるエージェントの数は $N-n$

人である

- エージェントは状態 1 と状態 2 についての意見のパラメータ ϵ に依存して, 状態変化を以下の確率で推移させると仮定する

$$p_1 = p(n \to n+1) = \Big(1 - \frac{n}{N}\Big)\Big(\epsilon + (1-\delta)\frac{n}{N-1}\Big) \tag{10.1}$$

$$p_2 = p(n \to n-1) = \frac{n}{N}\Big(\epsilon + (1-\delta)\frac{N-n}{N-1}\Big) \tag{10.2}$$

ここで $1-\delta$ は各状態のエージェントが他方の状態のエージェントを引き付けるバンドワゴン (hearding) 効果の強さである

もし, $p_1 + p_2 = 1$ であれば必ずエージェントは状態を変化させることを意味し, $p_1 + p_2 < 1$ であれば $p_3 = 1 - p_1 - p_2$ の確率で n は状態が変化しないことを意味する. これは単純なマルコフ連鎖モデルであり, Polya の壺モデル [17] と関係する.

Polya の壺モデルは, 自己組織的なほとんど可換な経路依存システムである. 白と青の 2 種類の玉が壺の中に混ざって入れられているとする. 各ステップにおいて, ランダムに壺の中から同じ確率で 1 つの玉を取り出す. 取り出した玉の色に従い, いくつかの玉を壺に加える (または取り除く). Polya の壺モデルでは取り出した玉の色とそのときに行う操作とを表現するために置換行列

$$\begin{bmatrix} a & b \\ c & d \end{bmatrix}$$

が一般に用いられる. ここで a, b, c, d は以下を表現する.

a: 白玉が取り出されたときに壺に加える白玉の数

b: 青玉が取り出されたときに壺に加える白玉の数

c: 白玉が取り出されたときに壺に加える青玉の数

d: 青玉が取り出されたときに壺に加える青玉の数

特に, $\epsilon = 1/2$ かつ $\delta = 1$ のとき相互作用は存在せず, Kirman アント・モデルは Ehrenfest の壺モデル [70, 83] と一致する. Ehrenfest の壺モデルを置換行列で表現すると

$$\begin{bmatrix} -1 & 1 \\ 1 & -1 \end{bmatrix}$$

となる.

10.2.2 Alfarano–Lux モデル

Alfrano–Lux モデルでは, 定数 N 人のトレーダーがそれぞれ次の 2 種類の戦略のどちらかをとると仮定する. これらの状態はそれぞれファンダメンタリスト (fundamentalists) とチャーティスト (ノイズ・トレーダー) (chartists, noise traders) であるとし, 2 種類の戦略のどちらかを選択するとする. ファンダメンタリストとチャーティストはそれぞれ以下のように行動すると考える.

- ファンダメンタリスト：相場の実際の価格と想定価格の高低によって買うか売るかを決定する
- チャーティスト (ノイズ・トレーダー)：根拠のない信念や雰囲気などに従い買うか売るか決定する

Alfarano–Lux エージェント・モデルでは Kirman のアント・モデルで仮定される対称な状態推移を非対称に拡張し, 状態固有の遷移確率が非対称となる場合を扱っている. さらに, エージェントがとりうる 2 状態は市場参加者の典型的な投資行動に対する群行動を表現するモデルとして用い, これらの状態に従い異なる投資行動をエージェントが選択すると仮定する. また, 各戦略を採用する市場参加者の人数の変化は式 (10.1), (10.2) で示した 2 状態遷移過程に従うと仮定する.

10.2.3　群行動を考慮したエージェントの状態遷移

市場参加者は 2 つの状態をとり状態 1 であるエージェントの数は n 人, 状態 2 であるエージェントの数は $N-n$ 人とする. 2 種類のエージェントの間で Kirman のアント・モデルと同様の状態変化を考える. ただし, 状態 1 のエージェントは自発的なパラメータ a_1 と群行動パラメータ b で状態 2 に遷移し, 状態 2 のエージェントは自発的パラメータ a_2 と群行動パラメータ b で状態 1 に遷移するとする.

状態 1 はチャーティストに対応させ, 状態 2 をファンダメンタリストに対応させる. 市場参加者はこれらのどちらかの状態にあると仮定する. 以下で市場参加者のうちチャーティスト状態であるエージェントの数を n 人 (ファンダメンタリストの数は $N-n$ 人) とし, 比率 $z=n/N$ の定常分布を考えてみる. ファンダメンタリストとチャーティストによる価格決定の方法については 10.2.5 項参照.

短い時間 Δt の間でのチャーティストの人数 n の増減は次の遷移確率に従うと仮定する.

$$p(n \to n+1) = (N-n)(a_1 + bn)\Delta t \tag{10.3}$$

$$p(n \to n-1) = n\big(a_2 + b(N-n)\big)\Delta t \tag{10.4}$$

この遷移確率から時刻 t において n 人のエージェントが存在する確率を $\bar{\omega}_n(t)$ とすると, 次のマスター方程式が導かれる.

$$\begin{aligned}\frac{\Delta\bar{\omega}_n(t)}{\Delta t} &= \bar{\omega}_{n+1}p(n\to n+1) + \bar{\omega}_{n-1}p(n\to n-1)\\ &\quad -\bar{\omega}_n p(n\to n-1) - \bar{\omega}_n p(n\to n+1)\end{aligned} \tag{10.5}$$

さらに, $N \to \infty$ とし, $z=n/N$ を用いて式 (10.5) のマスター方程式を Fokker–Planck 方程式に変形する処方箋 [17] を用いると

$$\frac{\partial\omega(z,t)}{\partial t} = -\frac{\partial}{\partial z}\Big[A(z)\omega(z,t)\Big] + \frac{1}{2}\frac{\partial^2}{\partial z^2}\Big[D(z)\omega(z,t)\Big] \tag{10.6}$$

が導出される. ここで,

$$
\begin{aligned}
A(z) &= a_1 - (a_1 + a_2)z \\
D(z) &= 2b(1-z)z
\end{aligned}
\tag{10.7}
$$

である.

10.2.4 エージェントの定常分布

式 (10.6) の Fokker–Planck 方程式の定常分布 $\omega_0(z)$ は $\frac{\partial \omega}{\partial t} = 0$ として与えられるので,

$$
-\frac{\mathrm{d}}{\mathrm{d}z}\Big[A(z)\omega(z,t)\Big] + \frac{1}{2}\frac{\mathrm{d}^2}{\mathrm{d}z^2}\Big[D(z)\omega(z,t)\Big] = 0 \tag{10.8}
$$

の解である. これを境界条件 $\omega_0(0) = \omega_0(1) = 0$ のもとで解くと,

$$
\omega_0(z) = \frac{1}{\mathrm{B}(\epsilon_1, \epsilon_2)} z^{\epsilon_1 - 1}(1-z)^{\epsilon_2 - 1} \tag{10.9}
$$

となる. これは人数の割合に対する均衡分布を与える. ここで, $\mathrm{B}(\epsilon_1, \epsilon_2)$ はベータ関数である. また, $\epsilon_1 = a_1/b, \epsilon_2 = a_2/b$ となるため, 定数 a_1, a_2, b の大きさによらず, 比 ϵ_1, ϵ_2 によって $\omega_0(z)$ の形状が決まる. 図 10.2 は $\omega_0(z)$ の例である. ϵ_1, ϵ_2 の値によって $\omega_0(z)$ はモードの位置が変化する.

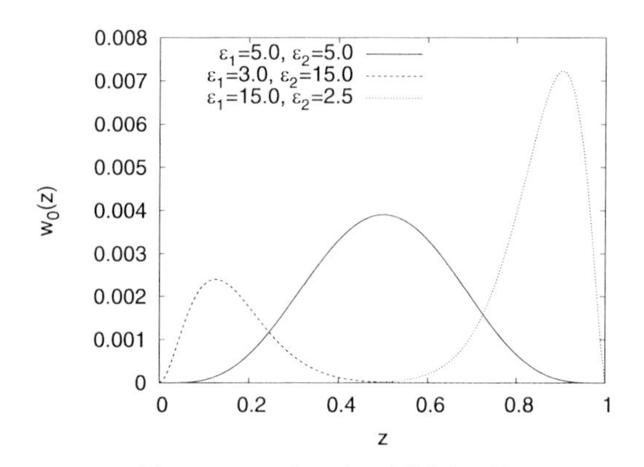

図 10.2 エージェントの定常分布の例

左のグラフが $\epsilon_1(=3.0) < \epsilon_2(=15.0)$ の場合で, 右のグラフは $\epsilon_1(=15.0) > \epsilon_2(=2.5)$ の場合である. 中央のグラフは $\epsilon_1 = \epsilon_2 = 5.0$ の場合である. $\epsilon_1 = \epsilon_2$ のとき $\omega_0(z)$ は左右対称となる.

10.2.5 価格決定の方法

市場での取引価格は需要と供給から決定されるとする. ファンダメンタリストの超過需要を以下のようにする.

$$
\mathrm{ED}_F(t) = N_F \ln \frac{p_F}{p(t)} \tag{10.10}
$$

ここでファンダメンタリストは真の市場価格 p_F と現在の価格 $p(t)$ との差に応じて需給バランスを変化させると仮定している．本モデルでは簡単化のため，ファンダメンタリストの予想価格 p_F は一定であるとする．N_F はファンダメンタリストの市場内の人数であり，チャーティストの人数を n とすると，$N_F = N - n$ となる．また，チャーティストの超過需要は以下と仮定する．

$$\mathrm{ED}_C = -r_0 N_c \xi \tag{10.11}$$

ここで，r_0 は価格形成においてチャーティストが与える影響を表しており，ξ はチャーティスト全体の雰囲気を表現している．N_C はチャーティストの人数であり，$N_C = n$ である．超過需要 ED_F と ED_C ともに買い優勢なら正の値をとり，売り優勢なら負の値をとる．

需要と供給が釣り合う価格 ($\mathrm{ED}_F + \mathrm{ED}_C = 0$ における価格 p) を均衡価格とし，市場での取引価格とする．このとき取引価格は

$$p(t) = p_F \exp\left(r_0 \frac{z(t)}{1 - z(t)} \xi(t) \right)$$

で表現される．ここで，$z(t) = n(t)/N$ である．

10.2.6 対数収益率の無条件分布

時間間隔 Δt における対数収益率を

$$\begin{aligned} r(t) &= \ln \frac{p_{t+\Delta t}}{p_t} \\ &= r_0 \frac{z(t)}{1 - z(t)} \eta(t) \end{aligned} \tag{10.12}$$

と定義する．ここで，$\eta(t) = \xi(t + \Delta t) - \xi(t)$ であり，z の変化は ξ の変化に比べて遅いとして近似している．ノイズ η の選び方は任意であるが，$\eta(t)$ は一様分布 $U(-1.0, 1.0)$ に従うと仮定すると，0 に対して左右対称となる．そのため対数収益率の確率密度関数も左右対称となる．対数収益率の絶対値 $v = |r|$ とおき，この確率密度関数を求めてみよう．式 (10.9) と式 (10.12) より，v の無条件確率密度関数は

$$p_v(v) = \frac{1}{r_0} \frac{\epsilon_2}{\epsilon_1 - 1} \left[1 - \beta \left(\frac{v}{v + r_0}; \epsilon_1 - 1, \epsilon_2 + 1 \right) \right] \tag{10.13}$$

となる．ここで，$\beta(x; a, b)$ は正則化済不完全ベータ関数である (p.125 の式 (8.42) 参照)．公式 $\beta(x; a, b) = 1 - \beta(1 - x; b, a)$ と正則化済不完全ベータ関数の級数展開の関係を用いると，v の確率密度関数の分布の裾の形状を以下のように求めることができる．

$$
\begin{aligned}
p_u(v) &= \frac{1}{r_0}\frac{\epsilon_2}{\epsilon_1 - 1}\beta\left(\frac{r_0}{v+r_0}; \epsilon_2+1, \epsilon_1-1\right) \\
&= \frac{1}{r_0}\frac{\epsilon_2}{\epsilon_1 - 1}\sum_{k=0}^{\infty}\frac{\Gamma(\epsilon_1-1)(-1)^k}{\Gamma(k+1)\Gamma(\epsilon_1-1-k)}\frac{1}{\epsilon_2+1+k}\left(\frac{r_0}{v+r_0}\right)^{\epsilon_2+1+k} \\
&\sim v^{-(\epsilon_2+1)}
\end{aligned}
$$

よって, $p_v(v)$ はべき分布に漸近し, べき指数は ϵ_2 により与えられる. このことから価格の対数収益率の定常確率密度関数において仮定される, べき乗の裾野というものを Alfrano–Lux モデルから導出できることがわかる.

ほかにも Sato and Takayasu [197] によるエージェント・モデルからランダム乗算過程 [210] を経由した価格変化の確率密度関数にみられるべきの裾野を説明した研究がある. また, Yamada et al. [227] はエージェントの順ばりと逆ばり戦略の割合の差異から価格まわりのポテンシャルの時間変化が生じることを主張している. これは価格変化にしばしばみられる平均回帰的な動きと中心から飛び出そうとする動きの差異がエージェントの順ばりと逆ばり戦略の市場参加者の割合から生じていると説明している. さらに, Feng et al. [77] は金融市場のエージェント・モデルから対数収益率のボラティリティに対する確率モデルを導出している.

関 連 図 書

1) Abergel, F. and A. Jedidi (2011) "A mathematical approach to order book modelling," in *Econophysics of Order-driven Markets: Proceedings of Econophys-Kolkata V*: Springer, pp. 93–108.

2) Abergel, F. and A. Jedidi (2015) "Long time behavior of a Hawkes process-based limit order book," *SIAM J. Financ. Math.*, Vol. 6, No. 1, pp.1026–1043.

3) Admati, A. R. and P. Pfleiderer (1988) "A theory of intraday trading patterns," *Rev. Fin. Stud.*, Vol. 1, pp. 3–40.

4) Aït-Sahalia, Y. and J. Jacod (2009) "Testing for jumps in a discretely observed process," *Ann. Statist.*, Vol. 37, No. 1, pp. 184–222.

5) Al-Osh, M. and A. Alzaid (1988) "Integer-valued moving average (INMA) process," *Statist. Papers*, Vol. 29, pp. 281–300.

6) Aldridge, I. (2010) *High-Frequency Trading*, New Jersey: Wiley & Sons.

7) Alfrano, S., T. Lux, and F. Wagner (2005) "Estimation of agent-based models: The case of an asymmetric herding model," *Comput. Econ.*, Vol. 26, pp. 19–49.

8) Alfrano, A., T. Lux, and F. Wagner (2007) "Empirical validation of stochastic models of interacting agents," *Eur. Phys. J. B*, Vol. 55, pp. 183–187.

9) Amihud, Y. and H. Mendelson (1987) "Trading mechanisms and stock returns: An empirical investigation," *J. Finance*, Vol. XLII, No. 3, pp. 533–553.

10) Andersen, T. G. (1996) "Return volatility and trading volume: An information flow interpretation of stochastic volatility," *J. Finance*, Vol. 51, pp. 169–204.

11) Andersen, T. G. and T. Bollerslev (1997) "Intraday periodicity and volatility persistence in financial markets," *J. Empir. Finance*, Vol. 4, pp. 115–158.

12) Andersen, T. G. and T. Bollerslev (1998) "Deutsche Mark–Dollar Volatility: Intraday activity patterns, macroeconomic announcements, and longer run dependence," *J. Finance*, Vol. 53, No. 1, pp. 219–265.

13) Andersen, T. G., T. Bollerslev, and A. Das (2001a) "Variance-ratio statistics and high-frequency data: Testing for changes in intraday volatility patterns," *J. Finance*, Vol. LVI, No. 1, pp. 305–327.

14) Andersen, T. G., T. Bollerslev, F. X. Diebold, and H. Ebens (2001b) "The distribution of realized stock return volatility," *J. Fin. Econ.*, Vol. 61, pp. 43–76.

15) Andersen, T. G., T. Bollerslev, F. X. Diebold, and P. Labys (2001c) "The distribution of realized exchange rate volatility," *J. Amer. Statist. Assoc.*, Vol. 96, pp. 42–55.

16) Andersen, T. G., T. Bollerslev, F. X. Diebold, and P. Labys (2003) "Modeling and forecasting realized volatility," *Econometrica*, Vol. 71, No. 2, pp. 579–625.

17) Aoki, M. (1996) *New Approaches to Macroeconomics Modeling: Evolutionary Stochastic Dynamics, Multiple Equilibria and Externalities as Field Effect*, New York: Cambridge University Press.
18) 青木正直 (2003) 『異質的エージェントの確率動学入門』, 共立出版.
19) 青山秀明・家富　洋・池田裕一・相馬　亘・藤原義久 (2008) 『経済物理学』, 共立出版.
20) Arther, W. (1991) "Designing economic agents that act like human agents: A behavioral approach to bounded rationality," *The American Economic Review*, Vol. 81, pp. 353–359.
21) Artzner, P., F. Delbaen, J.-M. Eber, and D. Heath (1999) "Coherent measures of risk," *Math. Finance*, Vol. 9, No. 3, pp. 203–228.
22) Asano, A., K. Itoh, and Y. Ichioka (1990) "The nearest neighbor median filter: Some deterministic properties and implementations," *Pattern Recogn.*, Vol. 23, pp. 1059–1066.
23) ロバート・アクセルロッド著, 寺野隆雄監訳 (2003) 『対立と協調の科学—エージェント・ベース・モデルによる複雑系の解明』, ダイヤモンド社.
24) Bacry, E., S. Delattre, M. Hoffmann, and J.-F. Muzy (2013) "Modelling microstructure noise with mutually exciting point processes," *Quant. Fin.*, Vol. 13, No. 1, pp. 65–77.
25) Baillie, R. T. and T. Bollerslev (1991) "Intra-day and inter-market volatility in foreign exchange rates," *Rev. Fin. Stud.*, Vol. Rev. Econ. Studies, pp. 565–585.
26) Bali, T. G. and L. Peng (2006) "Is there a risk–return tradeoff? Evidence from high-frequency data," *J.Appl. Econom.*, Vol. 21, No. 8, pp. 1169–1198.
27) Ball, C. A. (1988) "Estimation bias introduced by discrete security prices," *J. Finance*, Vol. 43, pp. 841–865.
28) Ball, C. A. and W. N. Torous (1984) "The maximum likelihood estimation of security price volatility: Theory, evidence and application to option pricing," *J. Bus.*, Vol. 57, No. 1, pp. 97–112.
29) Bandi, F. M. and J. R. Russell (2006) "Separating microstructure noise from volatility," *J. Fin. Econ.*, Vol. 79, pp. 655–692.
30) Barndorff-Nielsen, O. E. and N. Shephard (2004a) "Econometric analysis of realized covariation: High-frequency based covariance, regression and correlation in financial economics," *Econometrica*, Vol. 72, pp. 885–925.
31) Barndorff-Nielsen, O. E. and N. Shephard (2004b) "A feasible central limit theory for realized volatility under leverage." Working Paper, University of Oxford.
32) Barndorff-Nielsen, O. E. and N. Shephard (2006) "Impact of jumps on returns and realised variances: Econometric analysis of time-deformed Lévy processes," *J. Econometrics*, Vol. 131, pp. 217–252.
33) Barndorff-Nielsen, O. E., S. E. Graversen, J. Jacod, M. Podolskij, and N. Shephard (2006) "A central limit theorem for realized power and bipower variations of continuous semimartingales," in Y. Kabanov, R. Liptser, and J. Stoyanov eds. *From Stochastic Calculus to Mathematical Finance*, Berlin: Springer, pp. 33–68.
34) Barndorff-Nielsen, O. E., P. R. Hansen, A. Lunde, and N. Shephard (2008) "Designing realised kernels to measure the ex-post variation of equity prices in the presence of noise," *Econometrica*, Vol. 76, No. 6, pp. 1481–1536.

35) Barndorff-Nielsen, O. E., S. Kinnebrock, and N. Shephard (2009) "Measuring downside risk-realised semivariance," in M. Watson, T. Bollerslev, and J. Russell eds. *Volatility and Time Series Econometrics: Essays in Honor of Robert Engle*: Oxford University Press.

36) Barndorff-Nielsen, O. E., P. R. Hansen, A. Lunde, and N. Shephard (2011) "Multivariate realised kernels: Consistent positive semi-definite estimators of the covariation of equity prices with noise and non-synchronous trading," *J. Econometrics*, Vol. 162, No. 2, pp. 149–169.

37) Bauwens, L. and D. Veredas (2004) "The stochastic conditional duration model: A latent factor model for the analysis of financial durations," *J. Econometrics*, Vol. 119, pp. 381–412.

38) Beck, C. and F. Schlögl (1993) *Thermodynamics of Chaotic Systems: An Introduction*: Cambridge University Press.

39) Beckers, S. (1983) "Variances of security price returns based on high, low and closing prices," *J. Bus.*, Vol. 56, No. 1, pp. 97–112.

40) BIS (2001/2004/2007/2010/2013) "Triennial Central Bank Survey."

41) Biswas, A. and P. X.-K. Song (2009) "Discrete-valued ARMA processes," *Statist. Prob. Let.*, Vol. 79, pp. 1884–1889.

42) Blume, M. and R. F. Stambaugh (1983) "Biases in computed returns," *J. Fin. Econ.*, Vol. 12, pp. 387–404.

43) Bollerslev, T., R. F. Engle, and J. M. Wooldridge (1994) "ARCH models," in R. F. Engle and D. L. McFadden eds. *Handbook of Econometrics*, Vol. IV, pp. 2959–3038.

44) Bornholdt, S. (2001) "Expectation bubbles in a spin model of markets: Intermittency from frustration across scales," *Int. J. Mod. Phys. C*, Vol. 12, pp. 667–674.

45) Bouchaud, J.-P., Y. Gefen, M. Potters, and W. Matthieu (2004) "Fluctuations and response in financial markets: The subtle nature of "random" price changes," *Quant. Fin.*, Vol. 4, No. 2, pp. 176–190.

46) Brannas, K. and E. Brannas (2004) "Conditional heteroskedasticity in count data regression: Self-feeding activity in fish," *Comm. Statist. Theory Methods*, Vol. 33, No. 11, pp. 2745–2758.

47) Brogaard, J. A. (2010) "High frequency trading and its impact on market quality," July. Kellogg School of Management, Northwestern University.

48) Campbell, J. Y., A. W. Lo, and A. C. MacKinlay (1997) *The Econometrics of Financial Markets*, New Jersey: Princeton University Press.

49) Challet, D., M. Marsili, and Y.-C. Zhang (2000) "Modeling market mechanism with minority game," *Physica A*, Vol. 276, pp. 284–315.

50) Cho, D. and E. W. Frees (1988) "Estimating the volatility of discrete stock prices," *J. Finance*, Vol. 43, pp. 451–466.

51) Christensen, K. and M. Podolskij (2007) "Realized range-based estimation of integrated variance," *J. Econometrics*, Vol. 141, No. 2, pp. 323–349.

52) Christensen, K., S. Kinnebrock, and M. Podolskij (2010) "Pre-averaging estimators of the ex-post covariance matrix in noisy diffusion models with non-synchronous data," *J. Econometrics*, Vol. 159, pp. 116–133.

53) Clark, P. K. (1973) "A subordinated stochastic process model with finite variance for speculative prices," *Econometrica*, Vol. 41, No. 1, pp. 135–155.

54) Cont, R., S. Stoikov, and R. Talreja (2010) "A stochastic model for order book dynamics," *Oper. Res.*, Vol. 58, No. 3, pp. 549–563.

55) Coolen, A. (2005) *The Mathematical Theory of Minority Games*, Oxford: Oxford University Press.

56) Copeland, T. E. and D. Galai (1983) "Information effects on the bid–ask spread," *J. Finance*, Vol. 38, pp. 1457–1469.

57) Corsi, F. (2009) "A simple approximate long-memory model of realized volatility," *J. Fin. Economet.*, Vol. 7, No. 2, pp. 174–196.

58) Corsi, F., D. Pirino, and R. Reno (2010) "Threshold bipower variation and the impact of jumps on volatility forecasting," *J. Econometrics*, Vol. 159, No. 2, pp. 276–288.

59) Dacorogna, M. M., U. A. Müller, R. J. Nagler, R. B. Olsen, and O. V. Pictet (1993) "A geographical model for the daily and weekly seasonal volatility in the foreign exchange market," *J. Int. Money Finance*, Vol. 12, pp. 413–438.

60) Dacorogna, M. M., R. Gençay, U. A. Müller, R. B. Olsen, and O. V. Pictet (2001) *An Introduction to High-Frequency Finance*, San Diego: Academic Press.

61) Daley, D. and D. Vere-Jones (2003) *An Introduction to the Theory of Point Processes, Volume I: Elementary Theory and Methods*, New York: Springer.

62) Darolles, S., C. Gourieroux, and G. Le Fol (2000) "Intraday transaction price dynamics," *Annales d'Economie et de Statistique*, Vol. 60, pp. 207–238.

63) Dickey, D. A. and W. A. Fuller (1981) "Likelihood ratio tests for autoregressive time series with a unit root," *Econometrica*, Vol. 49, pp. 155–160.

64) Ding, Z., C. Granger, and R. Engle (1993) "A long memory property of stock market returns and a new model," *J. Emp. Financ.*, Vol. 1, pp. 83–106.

65) Drost, F. and T. Nijman (1993) "Temporal aggregation of GARCH processes," *Econometrica*, Vol. 61, pp. 909–927.

66) Duch, J. and A. Arenas (2007) "A model to study the scaling of fluctuations on complex networks," *Eur. Phys. J. Special Topics*, Vol. 143, pp. 253–255.

67) Easley, D. and M. O'Hara (1987) "Price, trade size, and information in securities markets," *J. Fin. Econ.*, Vol. 19, pp. 69–90.

68) Eisler, Z. and J. Kertész (2006) "Scaling theory of temporal correlations and size-dependent fluctuations in the traded value of stocks," *Phys. Rev. E*, Vol. 73, pp. 046109–1–7.

69) Eisler, Z., I. Bartos, and J. Kertész (2008) "Fluctuation scaling in complex systems: Taylor's law and beyond," *Adv. Phys.*, Vol. 57, pp. 89–142.

70) Ehrenfest, P. and T. Ehrenfest (1907) "Über zwei bekannte Einwände gegen das Boltzmannsche H-Theorem," *Physikalishce Zeitschrift*, Vol. 8, pp. 311–314.

71) Embrechts, P., C. Klüppelberg, and T. Mikosch (1997) *Modelling Extremal Events for Insurance and Finance*, Berlin: Springer.

72) Engle, R. F. (2000) "The econometrics of ultra-high-frequency data," *Econometrica*, Vol. 68, No. 1, pp. 1–22.

73) Engle, R. F. (2002) "Dynamic conditional correlation—A simple class of multivariate GARCH models," *J. Bus. Econ. Statist.*, Vol. 20, No. 3, pp. 339–350.

74) Engle, R. F. and J. R. Russell (1998) "Autoregressive conditional duration: A new model for irregularly spaced transaction data," *Econometrica*, Vol. 66, No. 5, pp. 1127–1162.

75) Engle, R. F., T. Ito, and W. L. Lin (1990) "Meteor showers or heat waves? Heteroskedastic intra-daily volatility in the foreign exchange markets," *Econometrica*, Vol. 58, pp. 525–542.

76) Epps, T. W. (1979) "Comovements in stock prices in the very short run," *J. Amer. Statist. Assoc.*, Vol. 74, pp. 291–298.

77) Feng, L., B. Li, B. Podobnik, T. Preis, and H. Stanley (2012) "Linking agent-based models and stochastic models of financial markets," *Proc. Natl. Acad. Sci. USA*, Vol. 109, No. 22, pp. 8388–8393.

78) Foster, F. D. and S. Viswanathan (1993) "Variations in trading volume, return volatility, and trading costs: Evidence on recent price formation models," *J. Finance*, Vol. XLVIII, No. 1, pp. 187–211.

79) Fried, R., T. Bernholt, and U. Gather (2006) "Repeated median and hybrid filter," *Comput. Stat. Data An.*, Vol. 50, pp. 2313–2338.

80) 藤原義久・海蔵寺大成 (2003)「ボラティリティと市場モデル—経済物理から経済科学へ—」,『シミュレーション』, 第 21 巻, 96–103 頁.

81) Fukasawa, M. (2010) "Central limit theorem for the realized volatility based on tick time sampling," *Finance Stoch.*, Vol. 14, pp. 209–233.

82) Gabaix, X., P. Gopikrishnan, V. Plerou, and H. Stanley (2003) "A theory of power-law distributions in financial market fluctuations," *Nature*, Vol. 423, pp. 267–270.

83) Garibaldi, U. and M. A. Penco (2000) "Ehrenfest's urn model generalized: An exact approach for market partition models," *Statistica Applicata*, Vol. 12, No. 2, pp.249–271.

84) Gatheral, J. and R. C. Oomen (2010) "Zero-intelligence realized variance estimation," *Finance Stoch.*, Vol. 14, No. 2, pp. 249–283.

85) Ghysels, E. and J. Jasiak (1994) "Stochastic volatility and time deformation: An application to trading volume and leverage effects." Working Paper, CRDE.

86) Ghysels, E., C. Gouriéroux, and J. Jasiak (1995) "Trading patterns, time deformation and stochastic volatility in foreign exchange markets." Working Paper, CIRANO.

87) Giot, P. and S. Laurent (2004) "Modelling daily Value-at-Risk using realized volatility and ARCH type models," *J. Empir. Finance*, Vol. 11, No. 3, pp. 379–398.

88) Glosten, L. R. and P. R. Milgrom (1985) "Bid, ask, and transaction prices in a specialist market with heterogeneously informed traders," *J. Fin. Econ.*, Vol. 14, pp. 71–100.

89) Glosten, L. R., R. Jaganathan, and D. E. Runkle (1993) "On the relation between the expected value and the volatility of the nominal excess return on stocks," *J. Finance*, Vol. 48, No. 5, pp. 1779–1801.

90) Goodhart, C. and L. Figliuoli (1991) "Every minute counts in financial markets," *J. Int. Money Finance*, Vol. 10, No. 1, pp. 23–52.
91) Goodhart, C. A. E. and M. O'Hara (1997) "High frequency data in financial markets: Issues and applications," *J. Empir. Finance*, Vol. 4, pp. 73–114.
92) Gopikrishnan, P., M. Meyer, L. Amaral, and H. Stanley (1998) "Inverse cubic law for the distribution of stock price variations," *Eur. Phys. J. B*, Vol. 3, pp. 139–140.
93) Gottlieb, G. and A. Kalay (1985) "Implications of the discreteness of observed stock prices," *J. Finance*, Vol. 40, pp. 135–153.
94) Gouriéroux, C., J. Jasiak, and L. Gaëlle (1999) "Intra-day market activity," *J. Fin. Markets*, Vol. 2, pp. 193–226.
95) Granovetter, M. (1978) "Threshold models of collective behavior," *Am. J. Sociol.*, Vol. 83, pp. 1420–1443.
96) Griffin, J. E. and R. C. Oomen (2008) "Sampling returns for realized variance calculations: Tick time or transaction time," *Economet. Rev.*, Vol. 27, No. 1-3, pp. 230–253.
97) Griffin, J. E. and R. C. Oomen (2011) "Covariance measurement in the presence of non-synchronous trading and market microstructure noise," *J. Econometrics*, Vol. 160, No. 1, pp. 58–68.
98) Guillaume, D. M., M. M. Dacorogna, R. R. Déve, U. A. Müller, R. B. Olsen, and O. V. Pictet (1997) "From the bird's eye to the microscope: A survey of new stylised facts of the intra-daily foreign exchange markets," *Finance Stoch.*, Vol. 1, No. 2, pp. 95–129.
99) Hamilton, J. D. (1994) *Time Series Analysis*, New Jersey: Princeton University Press.
100) Hansen, P. R. and A. Lunde (2005) "A realized variance for the whole day based on intermittent high-frequency data," *J. Fin. Economet.*, Vol. 3, No. 4, pp. 525–554.
101) Hansen, P. R. and A. Lunde (2006) "Realized variance and market microstructure noise (with comments and rejoinder)," *J. Bus. Econ. Statist.*, Vol. 24, pp. 127–218.
102) Harris, L. E. (1990) "Estimation of stock price variances and serial covariances from discrete observations," *J. Financ. Quant. Anal.*, Vol. 25, pp. 291–306.
103) Harris, L. E. (1991) "Stock price clustering and discreteness," *Rev. Fin. Stud.*, Vol. 4, No. 3, pp. 389–415.
104) Hasbrouck, J. (1991) "Measuring the information content of stock trades," *J. Finance*, Vol. 46, No. 1, pp. 179–207.
105) Hasbrouck, J. (1997) "The dynamics of discrete bid and ask quotes," *J. Finance*, Vol. LIV, No. 6, pp. 2109–2142.
106) Hasbrouck, J. (2007) *Empirical Market Microstructure: The Institutions, Economics, and Econometrics of Securities Trading*, Oxford: Oxford University Press.
107) Hasbrouck, J. and T. Ho (1987) "Order arrival, quote behavior and the return-generating process," *J. Finance*, Vol. 42, pp. 1035–1048.

108) Hausman, J. A., A. W. Lo, and A. C. MacKinlay (1992) "An ordered probit analysis of transaction stock prices," *J. Fin. Econ.*, Vol. 31, pp. 319–379.
109) Hautsch, N. (2004) *Modelling Irregularly Spaced Financial Data*, Berlin, Heidelberg: Springer.
110) Hawkes, A. G. (1971) "Spectra of some self-exciting and mutually exciting point processes," *Biometrika*, Vol. 58, pp. 83–90.
111) 林 高樹 (2009)「高頻度データと時間変更」,『統計数理』, 第 57 巻, 第 1 号, 39–65 頁.
112) 林 高樹 (2010)「高頻度データ解析：市場リスク計測手法の新展開」,『オペレーションズ・リサーチ』, 第 55 巻, 第 9 号, 546–552 頁.
113) 林 高樹 (2012)「高頻度データ分析 (2)：不等間隔データ分析」, 刈屋武昭・前川功一・矢島美寛・福地純一郎・川崎能典編『経済時系列分析ハンドブック』, 朝倉書店, 463–479 頁.
114) 林 高樹 (2015)「高頻度注文板データによる 2014 年東証ティックサイズ変更の国内株式市場への影響分析」,『証券アナリストジャーナル』, 第 53 巻, 第 4 号, 29–39 頁.
115) Hayashi, T. and S. Kusuoka (2008) "Consistent estimation of covariation under nonsynchronicity," *Statist. Inf. Stoch. Proc.*, Vol. 11, No. 1, pp. 93–106.
116) Hayashi, T. and N. Yoshida (2005) "On covariance estimation of non-synchronously observed diffusion processes," *Bernoulli*, Vol. 11, No. 2, pp. 359–379.
117) Hayashi, T. and N. Yoshida (2008) "Asymptotic normality of a covariance estimator for nonsynchronously observed diffusion processes," *Ann. Inst. Statist. Math.*, Vol. 60, No. 2, pp. 357–396.
118) 林 高樹・吉田朋広 (2008)「高頻度金融データと統計科学」, 国友直人・山本 拓監修・編『21 世紀の統計科学 I：経済・社会の統計科学』, 東京大学出版会, 267–304 頁.
119) Hayashi, T. and N. Yoshida (2011) "Nonsynchronous covariation process and limit theorems," *Stoc. Proc. Appl.*, Vol. 121, No. 11, pp. 2416–2454.
120) Heinen, A. (2003) "Modelling time series count data: An autoregressive conditional Poisson model." July. MPRA Paper No. 8113.
121) Heinen, A. and E. Rengifo (2007) "Multivariate autoregressive modeling of time series count data using copulas," *J. Empir. Finance*, Vol. 14, pp. 564–583.
122) Helbing, D. ed. (2012) *Social Self-Organization*, Berlin: Springer.
123) Hes, T. and K. R. Schenk-Hoppé (2005) "Evolutionary finance: Introduction to the special issue," *J. Math. Econ.*, Vol. 41, pp. 1–5.
124) Ho, T. and H. R. Stoll (1981) "Optimal dealer pricing under transactions and return uncertainty," *J. Fin. Econ.*, Vol. 9, pp. 47–73.
125) Hoshikawa, T., T. Kanatani, K. Nagai, and Y. Nishiyama (2008) "Nonparametric estimation methods of integrated multivariate volatilities," *Economet. Rev.*, Vol. 27, No. 1-3, pp. 112–138.
126) Iori, G. (1999) "Avalanche dynamics and trading friction effects on stock market returns," *Int. J. Mod. Phys. C*, Vol. 10, pp. 1149–1162.
127) Ising, E. (1925) "Beitrag zur theorie des ferromagnetismus," *Z. Phys.*, Vol. 31, pp. 253–258.
128) Ito, T. and Y. Hashimoto (2006) "Price impacts of deals and predictability of the exchange rate movements." NBER Working Paper Series.

129) Ito, T., R. K. Lyons, and M. T. Melvin (1998) "Is there private information in the FX market? The Tokyo experiment," *J. Finance*, Vol. 53, pp. 1111–1130.
130) 和泉　潔 (2003) 『人工市場』, 森北出版.
131) Jacod, J., Y. Li, P. A. Mykland, M. Podolskij, and M. Vetter (2007) "Microstructure noise in the continuous case: The pre-averaging Approach— JLMPV-9," *Stoc. Proc. Appl.*, Vol. 119, No. 7, pp. 2249–2276.
132) Jian, Z.-Q., L. Guo, and W.-X. Zhou (2007) "Endogenous and exogenous dynamics in the fluctuations of capital fluxes," *Eur. Phys. J. B*, Vol. 57, pp. 347–355.
133) Johnson, B. (2010) *Algorithmic Trading and DMA: An Introduction to Direct Access Trading Strategies*, London: 4 Myeloma Press.
134) Johnson, N., M. Hart, P. Hui, and D. Zheng (2000) "Trader dynamics in a model market," *Int. J. Theo. App. Fin.*, Vol. 3, pp. 443–450.
135) de Jong, F. and T. Nijman (1997) "High frequency analysis of lead–lag relationships between financial markets," *J. Empir. Finance*, Vol. 4, pp. 259–277.
136) Jorda, O. and M. Marcellino (2003) "Modeling high-frequency foreign exchange data dynamics," *Macroecon. Dyn.*, Vol. 7, pp. 618–635.
137) Kaizoji, T. (2000) "Speculative bubbles and crashes in stock market: An interacting-agent model of speculative activity," *Physica A*, Vol. 287, pp. 493–506.
138) Karatzas, I. and S. E. Shreve (1991) *Brownian Motion and Stochastic Calculus*, New York: Springer, 2nd edition.
139) Karpoff, J. M. (1987) "The relation between price changes and trading volume: A survey," *J. Financ. Quant. Anal.*, Vol. 22, No. 1, pp. 109–126.
140) 木島正明・田中敬一 (2007) 〈金融工学の新潮流 1〉『資産の価格付けと測度変換』, 朝倉書店.
141) Kim, J. H. (2006) "Wild bootstrapping variance ratio tests," *Econ. Letters*, Vol. 92, No. 1, pp. 38–43.
142) Kirman, A. (1993) "Ants, rationality and recruitment," *Q. J. Econ.*, Vol. 108, pp. 137–156.
143) 喜多　一・森　直樹・小野　功・佐藤　浩・小山友介・秋元圭人 (2009) 『人工市場で学ぶマーケットメカニズム—U-Mart 工学編』, 共立出版.
144) Kobayashi, S. and T. Hashimoto (2011) "Benefits and limits of circuit breaker: Institutional design using artificial futures market," *Evolutionary and Institutional Economics Review*, Vol. 7, No. 2, pp. 355–372.
145) 近藤真史 (2015) 「東証立会市場における呼値の単位の変更の影響」, 『JPX ワーキング・ペーパー』, Vol. 7.
146) Krawiecki, A., J. Hołyst, and D. Helbing (2002) "Volatility clustering and scaling for financial time series due to attractor bubbling," *Phys. Rev. Lett.*, Vol. 89, pp. 158701–1–4.
147) Kunitomo, N. (1992) "Improving the Parkinson method of estimating security price volatilities," *J. Bus.*, Vol. 65, No. 2, pp. 295–302.
148) Kunitomo, N. and S. Sato (2013) "Separating information maximum likelihood estimation of the integrated volatility and covariance with micro-market noise," *North Amer. J. Econ. Fin.*, Vol. 26, pp. 282–309.

149) Kyle, A. S. (1985) "Continuous auctions and insider trading," *Econometrica*, Vol. 53, No. 6, pp. 1315–1335.
150) Lamoureux, C. G. and W. D. Lastrapes (1990) "Heteroskedasticity in stock return data: Volume versus GARCH effects," *J. Finance*, Vol. 45, No. 1, pp. 221–229.
151) LeBaron, B. (1994) "Nonlinear diagnostics, simple trading rules, and high frequency foreign exchange rates," in N. Gershenfeld and A. Weigend eds. *Forecasting the Future and Understanding the Past a Comparison of Approaches*, Reading, MA: Addison-Wesley.
152) Lee, C. M. and M. J. Ready (1991) "Inferring trade direction from intraday data," *J. Finance*, Vol. 46, No. 2, pp. 733–746.
153) Lillo, F. and D. Farmer (2004) "The long memory of the efficient market," *Stud. Nonlinear Dyn. Economet.*, Vol. 8, p. 1.
154) Lo, A. W. and A. C. MacKinlay (1988) "Stock market prices do not follow random walks: Evidence from a simple specification test," *Rev. Fin. Stud.*, Vol. 1, pp. 41–66.
155) Lo, A. W. and A. C. MacKinlay (1989) "The size and power of the variance ratio test in finite samples: A Monte Carlo investigation," *J. Econometrics*, Vol. 40, pp. 203–238.
156) Lo, A. W. and A. C. MacKinlay (1990) "An econometric analysis of nonsynchronous-trading," *J. Econometrics*, Vol. 45, pp. 181–211.
157) Lundin, M., M. M. Dacorogna, and U. A. Müller (1999) "Correlation of high-frequency financial time series," in P. Lequeux ed. *Financial Markets Tick by Tick*, Chichester: Wiley, pp. 91–126.
158) Lux, T. and M. Marchesi (1999) "Scaling and criticality in a stochastic multi-agent model of a financial market," *Nature*, Vol. 397, pp. 498–500.
159) Lyons, R. K. (2001) *The Microstructure Approach to Exchange Rates*, Cambridge: MIT Press.
160) Maillet, B. and T. Michel (2005) "Extreme distribution of realized and range-based risk measures." Preprint.
161) Malliavin, P. and M. E. Mancino (2002) "Fourier series method for measurement of multivariate volatilities," *Finance Stoch.*, Vol. 6, pp. 49–61.
162) Mancini, C. (2009) "Nonparametric threshold estimation for models with stochastic diffusion coefficient and jumps," *Scand. J. Statist.*, Vol. 36, No. 2, pp. 270–296.
163) Mandelbrot, B. B. (1963) "The variation of certain speculative prices," *J. Bus.*, Vol. 36, pp. 394–411.
164) Mantegna, R. N. and H. E. Stanley (1995) "Scaling behaviour in the dynamics of an economic index," *Nature*, Vol. 376, pp. 46–49.
165) Mantegna, R. N. and H. E. Stanley (2000) *An Introduction to Econophysics: Correlations and Complexity in Finance*, New Jersey: Cambridge University Press.
166) Martens, M. (2004) "Estimating unbiased and precise realized covariances." *EFA 2004 Maastricht Meetings Paper*, No.4299 (in SSRN Electronic Library).

167) 増田弘毅・森本孝之 (2009)「高頻度データ系列におけるジャンプ検出の実証分析」,『日本統計学会誌』, 第 39 巻, 第 1 号, 33–63 頁.

168) Masuda, H. and T. Morimoto (2012) "An optimal weight for realized variance based on intermittent high-frequency data," *Japan. Econ. Rev.*, Vol. 63, No. 4, pp. 497–527.

169) McNeil, A. J., R. Frey, and P. Embrechts (2005) *Quantitative Risk Management*, New Jersey: Princeton University Press.

170) Argollo de Menezes, M. and A.-L. Barabási (2004) "Fluctuations in network dynamics," *Phys. Rev. Lett.*, Vol. 92, pp. 028701–1–4.

171) Merton, R. C. (1980) "On estimating the expected return on the market," *J. Fin. Econ.*, Vol. 8, pp. 323–361.

172) 水田孝信・早川 聡・和泉 潔・吉村 忍 (2013)「人工市場シミュレーションを用いた取引市場間におけるティックサイズと取引量の関係性分析」,『JPX ワーキング・ペーパー』, Vol. 2.

173) 森本孝之・川崎能典 (2006)「イントラデイ VaR による GARCH モデルの比較実証」,『統計数理』, 第 54 巻, 第 1 号, 5–21 頁.

174) 生天目 章 (1998)『マルチエージェントと複雑系』, 森北出版.

175) Neely, C. J. and P. A. Weller (2003) "Intraday technical trading in the foreign exchange market," *J. Int. Money Finance*, Vol. 22, No. 2, pp. 223–237.

176) Nelson, D. B. (1991) "Conditional heteroskedasticity in asset returns: A new approach," *Econometrica*, Vol. 59, No. 2, pp. 347–370.

177) Nelson, D. B. and C. Q. Cao (1992) "Inequality constraints in the univariate GARCH model," *J. Bus. Econ. Statist.*, Vol. 10, No. 2, pp. 229–235.

178) Niederhoffer, V. and M. Osborne (1966) "Market making and reversal on the stock exchange," *J. Amer. Statist. Assoc.*, Vol. 61, pp. 897–916.

179) O'Hara, M. (1995) *Market Microstructure Theory*: Blackwell (大村敬一・宗近肇・宇野 淳訳 (1996)『マーケット・マイクロストラクチャー：株価形成・投資家のパズル』, 金融財政事情研究会).

180) Ohta, W. (2006) "An analysis of intraday patterns in price clustering on the Tokyo Stock Exchange," *J. Bank. Financ.*, Vol. 30, No. 3, pp. 1023–1039.

181) Oya, K. (2011) "Bias-corrected realized variance under dependent microstructure noise," *Math. Comput. Sim.*, Vol. 81, No. 7, pp. 1290–1298.

182) Parkinson, M. (1980) "The extreme value method for estimating the variance of the rate of return," *J. Bus.*, Vol. 53, No. 1, pp. 61–65.

183) Ponzi, A. and Y. Aizawa (2000) "Evolutionary financial market models," *Physica A*, Vol. 287, pp. 507–523.

184) Quoreshi, A. S. (2008) "A vector integer-valued moving average model for high frequency financial count data," *Econ. Letters*, Vol. 101, No. 3, pp. 258–261.

185) Renò, R. (2003) "A closer look at the Epps effect," *Int. J. Theor. Appl. Finance*, Vol. 6, No. 1, pp. 87–102.

186) Richardson, M. and T. Smith (1994) "A direct test of the mixture of distributins hypothesis: Measuring the daily flow of information," *J. Financ. Quant. Anal.*, Vol. 29, pp. 101–116.

187) Robert, C. Y. and M. Rosenbaum (2012) "Volatility and covariation estimation when microstructure noise and trading times are endogenous," *Math. Finance*, Vol. 22, No. 1, pp. 133–164.

188) Rogers, L. and S. E. Satchell (1991) "Estimating variance from high, low and closing prices," *Ann. Appl. Probab.*, Vol. 1, No. 4, pp. 504–512.

189) Roll, R. (1984) "A simple implicit measure of the effective bid–ask spread in an efficient market," *J. Finance*, Vol. 39, pp. 1127–1140.

190) Russell, J. R. (1999) "Econometric modeling of multivariate irregularly-spaced high-frequency data." Working paper, University of Chicago.

191) Rydberg, T. H. and N. Shephard (2000) "BIN models for trade-by-trade data. Modelling the number of trades in a fixed interval of time." *Econometric Society World Congress 2000 Contributed Papers 0740*, Econometric Society.

192) Rydberg, T. H. and N. Shephard (2003) "Dynamics of trade-by-trade price movements: Decomposition and models," *J. Fin. Economet.*, Vol. 1, pp. 2–25.

193) Sato, A.-H. (2007) "Frequency analysis of tick quotes on the foreign exchange market and agent-based modeling: A spectral distance approach," *Physica A*, Vol. 382, pp. 258–270.

194) 佐藤彰洋 (2007) 「3 択行動エージェントによる金融市場のモデル化」, 『情報処理学会論文誌 数理モデル化と応用 (TOM)』, 第 48 巻, 9–16 頁.

195) 佐藤彰洋 (2008) 「外国為替市場参加者の特異性検出方法：特異性の伝播と同期」, 『情報処理学会論文誌 数理モデル化と応用 (TOM)』, 第 2 巻, 98–107 頁.

196) Sato, A.-H. (2011) "Comprehensive analysis of information transmission among agents: Similarity and heterogeneity of collective behavior," in S.–H. Chen, T. Terano, and R. Yamamoto eds. *Agent-Based Approaches in Economic and Social Systems VI: Post-Proceedings of The AESCS International Workshop 2009, Agent-Based Social Systems 8*, Tokyo: Springer, pp. 3–17.

197) Sato, A.-H. and H. Takayasu (1998) "Dynamical models of stock market exchanges: From microscopic determinism to macroscopic randomness," *Physica A*, Vol. 250, pp. 231–252.

198) Sato, A.-H., T. Hayashi, and J. A. Holyst (2012) "Comprehensive analysis of market conditions in the foreign exchange market," *J. Econ. Inter. Coord.*, Vol. 7, pp. 167–179.

199) Schelling, T. C. (1978) *Micromotives and Macrobehavior*, New York, NY: Norton, pp. 137–157.

200) Scholes, M. and J. Williams (1977) "Estimating beta from nonsynchronous data," *J. Fin. Econ.*, Vol. 5, pp. 309–327.

201) Shimizu, Y. and N. Yoshida (2006) "Estimation of diffusion processes with jumps from discrete observations," *Statist. Inf. Stoch. Proc.*, Vol. 9, No. 3, pp. 227–277.

202) 塩沢由典・松井啓之・中島義裕・小山友介・谷口和久 (2009) 『人工市場で学ぶマーケットメカニズム—U-Mart 経済学編』, 共立出版.

203) Shiryaev, A. N. (1999) *Essentials of Stochastic Finance: Facts, Models, Theory*, Singapore: World Scientific.

204) Smith, T. (1994) "Econometrics of financial models and market microstructure effects," *J. Financ. Quant. Anal.*, Vol. 29, No. 4, pp. 519–540.

205) Sortino, F. A. and S. Satchell (2001) *Managing Downside Risk in Financial Markets*, Burlington: Butterworth-Heinemann.

206) Stoll, H. R. (1978) "The supply of dealer services in securities markets," *J. Finance*, Vol. 33, No. 4, pp. 1133–1151.

207) Suyari, H. (2006) "Mathematical structure derived from the q-multinomial coefficient in Tsallis statistics," *Physica A*, Vol. 368, pp. 63–82.

208) 高橋大志・寺野隆雄 (2003) 「エージェントモデルによる金融市場のミクロマクロ構造の分析：リスクマネジメントと資産価格変動」, 『電子情報通信学会論文誌』, 第 J86-D-1 巻, 第 8 号, 618–628 頁.

209) Takahashi, M., Y. Omori, and T. Watanabe (2009) "Estimating stochastic volatility models using daily returns and realized volatility simultaneously," *Comput. Statist. Data Anal.*, Vol. 53, No. 6, pp. 2404–2426.

210) Takayasu, H., A.-H. Sato, and M. Takayasu (1997) "Stable infinite variance fluctuations in randomly amplified Langevin systems," *Phys. Rev. Lett.*, Vol. 79, pp. 966–969.

211) Tauchen, G. E. and M. Pitts (1983) "The price variability–volume relationship on speculative markets," *Econometrica*, Vol. 51, No. 2, pp. 485–505.

212) Taylor, L. (1961) "Aggregation, variance and the mean," *Nature*, Vol. 189, pp. 732–753.

213) Tsallis, C. (1988) "Possible generalization of Boltzmann–Gibbs statistics," *J. Stat. Phys.*, Vol. 52, pp. 479–487.

214) Tsallis, C., R. Mendes, and A. Plastino (1998) "The role of constraints within generalized nonextensive statistics," *Physica A*, Vol. 261, pp. 534–554.

215) Tsay, R. S. (2005) *Analysis of Financial Time Series*, New York: Wiley Interscience, 2nd edition.

216) Tsay, R. S. and J.-H. Yeh (2003) "Non-synchronous trading and high-frequency beta." Preprint.

217) 生方雅人 (2009) 「マイクロストラクチャーノイズの従属性の検証：個別銘柄の高頻度データによる分析」, 『日本統計学会誌』, 第 39 巻, 第 1 号, 1–31 頁.

218) Ubukata, M. and K. Oya (2009) "Estimation and testing for dependence in market microstructure noise," *J. Fin. Economet.*, Vol. 7, No. 2, pp. 106–151.

219) 生方雅人・坂和秀晃 (2007) 「注文駆動市場における IR 活動のスプレッド要因への影響」, 『現代ファイナンス』, 第 22 巻, 97–113 頁.

220) 内田雅之 (2008) 「確率微分方程式の母数推定」, 国友直人・山本　拓監修・編『21 世紀の統計科学 III：数理・計算の統計科学』, 東京大学出版会, 179–206 頁 (第 7 章).

221) トニス・ヴァーガ著・新田　功・永原裕一訳 (1999) 『複雑系と相場』, 白桃書房.

222) Voev, V. and A. Lunde (2007) "Integrated covariance estimation using high-frequency data in the presence of noise," *J. Fin. Economet.*, Vol. 5, No. 1, pp. 68–104.

223) Wang, Y. and J. Zhou (2010) "Vast volatility matrix estimation for high-frequency financial data," *Ann. Statist.*, Vol. 38, No. 2, pp. 943–978.

224) Watanabe, T. (2000) "Bayesian analysis of dynamic bivariate mixture Models: Can they explain the behavior of returns and trading volume?" *J. Bus. Econ. Statist.*, Vol. 18, No. 2, pp. 199–210.

225) Weidlich, W. (2000) *Sociodynamics*, Berlin: Springer.

226) Weigend, A. S. and N. A. Gershenfeld (1994) *Time Series Prediction: Forecasting the Future and Understanding the Past : Proceedings of the NATO Advanced Research Workshop on Comparative Time Series Analysis*, Boston: Addison-Wesley.

227) Yamada, K., H. Takayasu, and M. Takayasu (2008) "The grounds for time dependent market potentials from dealers' dynamics," *Eur. Phys. J. B*, Vol. 63, pp. 529–532.

228) Yang, D. and Q. Zhang (2000) "Drift-independent volatility estimation based on high, low, open and close prices," *J. Bus.*, Vol. 73, No. 3, pp. 477–491.

229) Zhang, Y.-C. (1998) "Evolving models of financial markets," *Europhysics News*, Vol. 29, pp. 51–54.

230) Zhang, L. (2011) "Estimating covariation: Epps effect, microstructure noise," *J. Econometrics*, Vol. 160, pp. 33–47.

231) Zhang, L., P. A. Mykland, and Y. Aït-Sahalia (2005) "A tale of two time scales: Determining integrated volatility with noisy high-frequency data," *J. Amer. Statist. Assoc.*, Vol. 100, pp. 1394–1411.

232) Zhou, B. (1996) "High frequency data and volatility in foreign exchange rates," *J. Bus. Econ. Statist.*, Vol. 14, pp. 45–52.

索　　引

欧　文

あ　行

か　行

さ　行

た　行

な　行

は　行

ま 行

ら 行

著者略歴

林　高樹（はやし　たかき）

2000年　シカゴ大学大学院統計学研究科博士課程修了
　　　　コロンビア大学大学院統計学研究科助教授を経て
現　在　慶應義塾大学大学院経営管理研究科教授,
　　　　首都大学東京大学院社会科学研究科経営学専攻特任教授
　　　　Ph. D.（統計学）

佐藤彰洋（さとう　あきひろ）

2000年　東北大学大学院情報科学研究科博士課程修了
現　在　京都大学大学院情報学研究科助教，科学技術振興機構
　　　　さきがけ研究員，キヤノングローバル戦略研究所研究員
　　　　博士（情報科学）

ファイナンス・ライブラリー13
金融市場の高頻度データ分析
―データ処理・モデリング・実証分析―　　定価はカバーに表示

2016年7月20日　初版第1刷

著　者　林　高樹
　　　　佐藤彰洋
発行者　朝倉誠造
発行所　株式会社　朝倉書店
東京都新宿区新小川町6-29
郵便番号　162-8707
電　話　03(3260)0141
FAX　03(3260)0180
http://www.asakura.co.jp

〈検印省略〉

中央印刷・渡辺製本

ISBN 978-4-254-29543-6　C 3350　　Printed in Japan